U0599665

图表细说电工实用技术

图表细说电工基础

君兰工作室 编
黄海平 审校

科学出版社
北京

内 容 简 介

本书重点介绍初级电工应该掌握的电工基础知识，主要内容包括电与电子的基础、静电与电荷、电和磁、直流电路、交流电路、电工材料、电控器件、电气接口与线路安装、照明、电动机、电工仪表和电气图形符号等。

本书内容丰富，形式新颖、独特，通过图表的形式进行讲解，清晰、简洁、直观，易学易用，具有较高的参考阅读价值。

本书适合广大初级、中级电工技术人员，电工技术爱好者阅读，也可供工科院校相关专业师生阅读，还可供岗前培训人员参考阅读。

图书在版编目（CIP）数据

图表细说电工基础/君兰工作室编；黄海平审校．—北京：科学出版社，2014.5

（图表细说电工实用技术）

ISBN 978-7-03-039514-6

Ⅰ.图…　Ⅱ.①君…②黄…　Ⅲ.①电工技术-图解　Ⅳ. TM-64

中国版本图书馆CIP数据核字（2014）第003823号

责任编辑：孙力维　杨　凯 / 责任制作：魏　谨
责任印制：赵德静 / 封面设计：东方云飞

北京东方科龙图文有限公司 制作
http://www.okbook.com.cn

科 学 出 版 社 出版
北京东黄城根北街16号
邮政编码：100717
http://www.sciencep.com

新科印刷有限公司 印刷

科学出版社发行　各地新华书店经销

*

2014年5月第 一 版　开本：787×1092　1/16
2014年5月第一次印刷　印张：14 1/2
印数：1—4 000　字数：320 000

定价：34.00元

（如有印装质量问题，我社负责调换）

前　言

为了帮助广大电工技术的初学人员较快地掌握电工基础知识，较快地走上电工工作岗位，我们根据初学人员的特点和要求，结合多年的实际工作经验，特别编写了这本《图表细说电工基础》。希望读者通过阅读本书能对电工技术更有兴趣，活学活用其中的知识，提高自己的实际工作技能。

本书重点讲解初级电工应该掌握的基础知识，包括电与电子的基础、静电与电荷、电和磁、直流电路、交流电路、电工材料、电控器件、电气接口与线路安装、照明、电动机、电工仪表和电气图形符号等。

本书的排版形式采用了全新的图表形式。版面清晰、简洁、直观。重点突出，易学易用，有较高的参考价值和较为舒适的阅读体验。

本书适合广大初级、中级电工人员，电工技术爱好者阅读，也可供工科院校相关专业师生阅读，还可供岗前培训人员参考阅读。

参加本书编写的人员还有张景皓、张玉娟、张钧皓、鲁娜、张学洞、黄青、张永奇、王文婷、凌玉泉、刘守真、高惠瑾、朱雷雷、凌黎、谭亚林、王兰君、刘彦爱、贾贵超等，在此一并表示感谢。

由于编者水平有限，书中难免存在错误和不当之处，敬请广大读者批评指正。

编　者

目　录

第1章

电与电子的基础

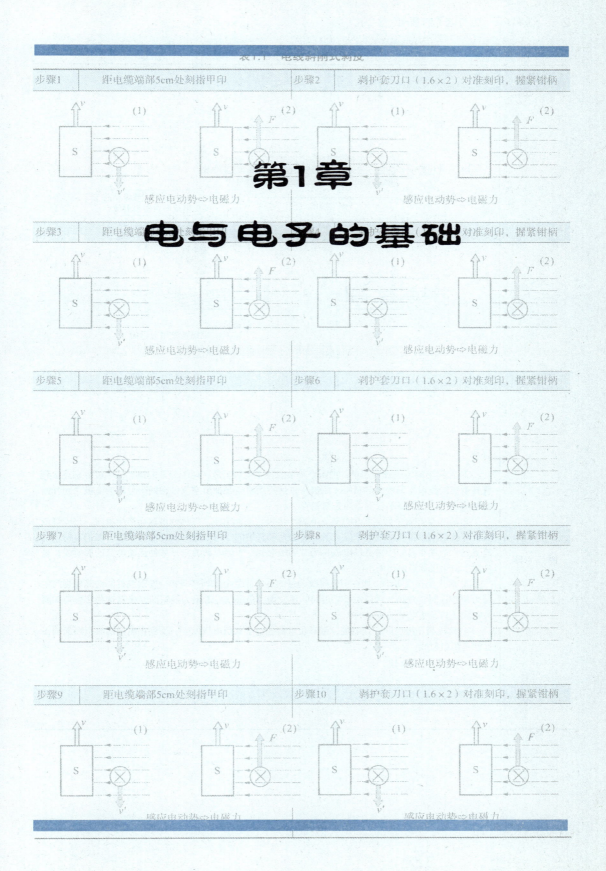

表1.1 阴极射线

知识点	阴极射线
图　示	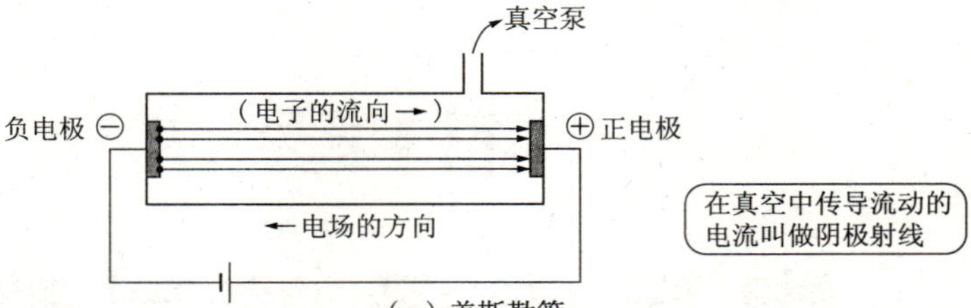 （a）盖斯勒管 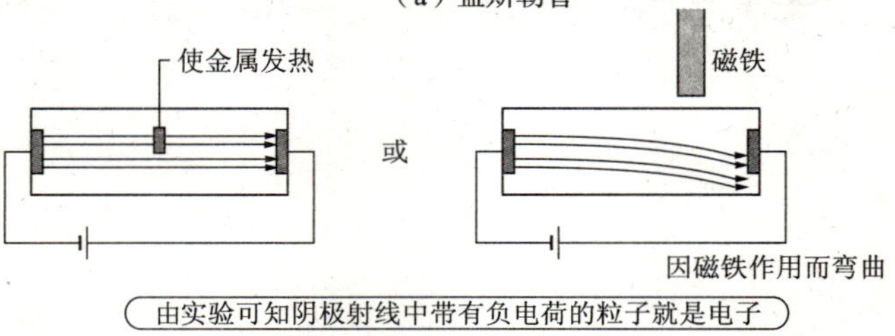 （b）实验
说　明	① 在封闭的玻璃管容器里，把两个小金属板（电极）放在两个分开的地点，电极分别连接到管外电源的正极（阳极）和负极（阴极），然后用真空泵抽出空气，在两个分离的电极之间开始有电流发生，这个玻璃管容器叫盖斯勒管 ② 在盖斯勒管中封入各种气体，在两个电极之间加电压，气体放电就会产生电流，日光灯或霓虹灯就是利用了气体放电来发光的。将盖斯勒管中的气体抽出后发光变得暗淡，但仍有持续电流流过，这种在真空中传播的电流称为“阴极射线”，当时认为它是某种运输电流的放射线，是从阴极向阳极运送电流的 ③ 后来经多次实验，如在阴极射线经过的途中放置金属等障碍物，发现放射线对障碍物产生压力，并且同时发热。再用磁铁靠近时，还发现阴极射线沿着磁力线弯曲。根据这些实验得知阴极射线是具有负电荷与质量的粒子 ④ 负极与正极之间存在电场，带有负电荷的电子从负电极发生，受到正电极的吸引而运动，这就是阴极射线

表1.2　电子在磁场内的运动

知识点1	左手定则
图　示	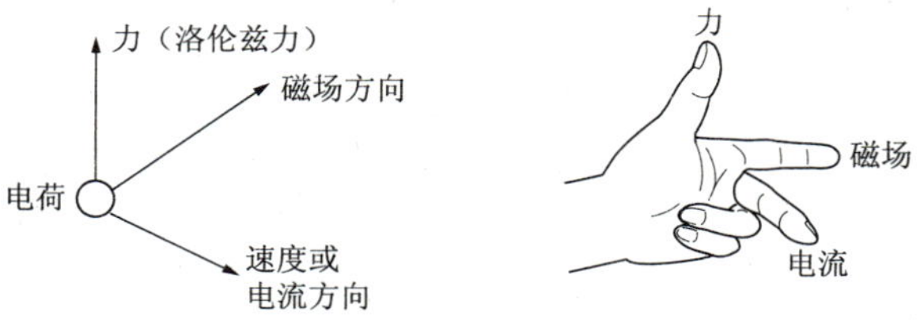
说　明	定则是以左手的三个手指相互垂直时，食指的方向表示磁场，中指的方向表示电流的方向，拇指则表示作用力的方向
知识点2	**电子在磁场内的运动**
图　示	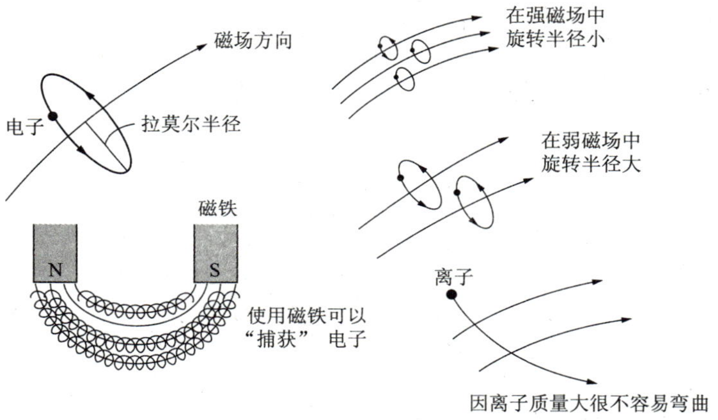
说　明	电子在加速时拉莫尔半径扩大，减速时拉莫尔半径缩小。所以电子一边旋转一边向着与电场和磁场都垂直的方向前进，这种电子的运动称为电子的漂移
知识点3	**摆线运动**
图　示	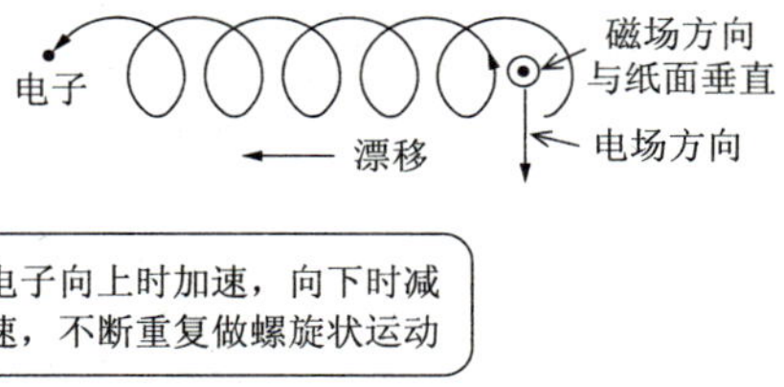
说　明	在电场与磁场相互垂直存在的场合，电子做摆线运动，电子在磁场的周围做圆运动时，如果电子的行进方向与电场的方向平行则电子加速，方向相反则电子为减速状态

表1.3　从金属发射的电子

知识点1	通过加热从金属发射电子
图　示	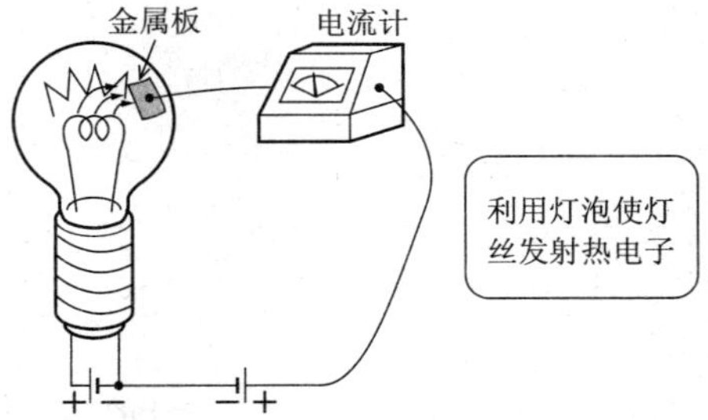
说　明	在金属原子之间存在很多能自由运动的“自由电子”。在白炽灯的灯丝附近将金属板与电流计连接，灯泡发光时电流计的指针摆动，应该是真空的空间却有电流流过。如果把金属板当做负极就没有电流流过，这就是飞出的负电子受到负金属板的排斥所致 金属中的电子与周围的原子有互相吸引的力，称为库仑力。由于存在库仑力，电子不能随意飞离金属。但如果将金属加热，电子可以得到很多的动能，因此就能飞离金属
知识点2	通过光照从金属发射电子
图　示	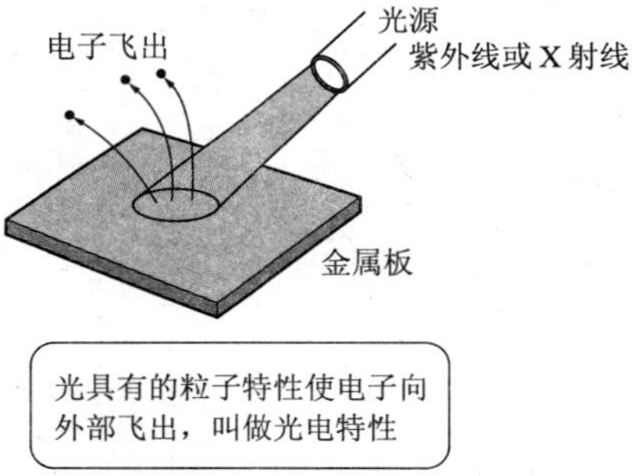
说　明	另外一种使电子从金属脱离的方法是用光给电子能量。在光中从波长长的红外线到波长短的紫外线，直到X射线都可以给电子能量，波长越短能量越高，可以使金属表面发射出越多电子

表1.4　能带理论

知识点1	能带理论
图　示	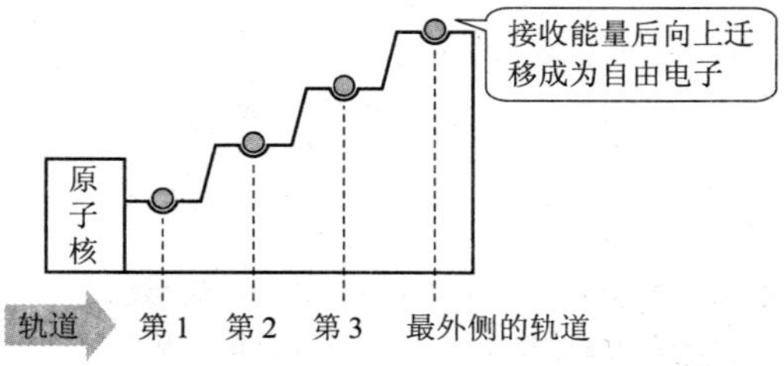

续表1.4

说　明	电子只存在于围绕原子核的轨道上，不会到其他地方，即电子存在于与电子所具有能量相当的轨道上
知识点2	各能带区的作用
图　示	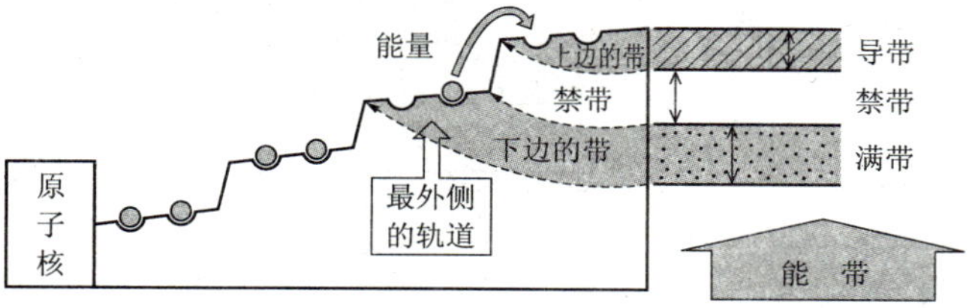 (a) 使两个原子接近，轨道分裂成两条　(b) 能带的构造
说　明	① 满带。相当于原子最外层轨道的能带。位于满带的电子如果得到能量往往能越过禁带进入导带 ② 禁带。位于满带之上，电子不能在此停留。禁带的宽度随金属、绝缘体、半导体而各不同，因此要使电子从满带越过禁带进入导带所需能量也因物质而异 ③ 导带。虽然可以存在电子，但通常几乎不存在电子。得到能量时从满带飞向导带的电子称为自由电子。自由电子在晶体中可以自由运动 在理解复杂难懂的原子中的电子迁移时，能带是一种便利的手段。电子要从满带越过禁带进入导带，必须具备比相当于禁带宽度还要大的能量，这个能量的单位称为电子伏（eV）。例如，从固体表面将一个电子拉到外面所需能量（称为功函数），对金属而言是2 ~ 5 eV

表1.5　金属、绝缘体、半导体的能带

知识点1	金　属
图　示	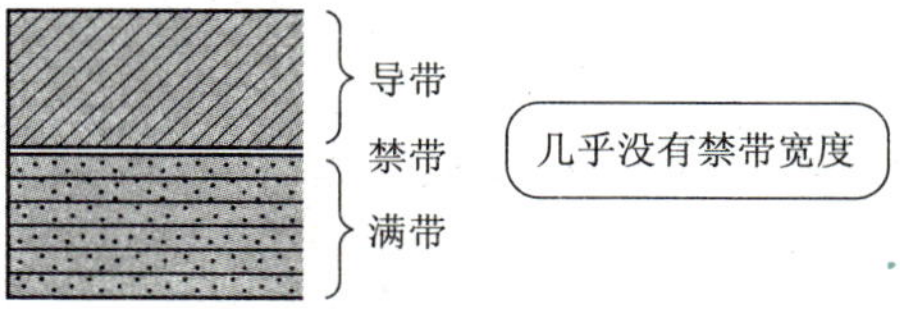
说　明	图所示为金属（导体）的能带，禁带的能量（禁带宽度）接近于0，即电子从满带迁移到导带所需能量是0.01 eV左右。所以金属的电子只需得到些微能量就可立即迁移到旁边的导带。换言之，金属可以自由地吸收少量的能量
知识点2	绝缘体
图　示	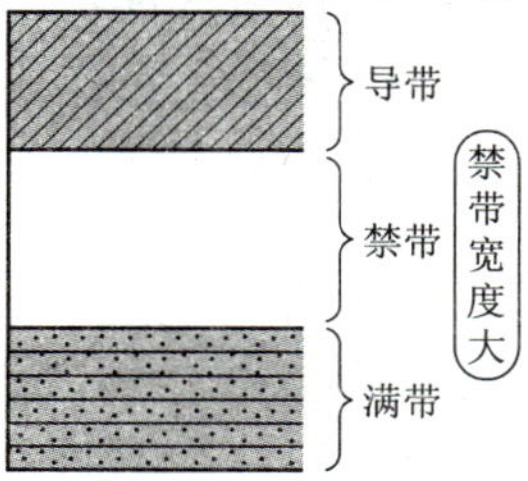

续表1.5

说　明	从绝缘体的能带示意图可以看出，与金属的能带相比，绝缘体的禁带宽度大，将满带及导带分离开。在绝缘体的满带，电子完全被埋没，所以这些电子如果得不到大的能量就不可能迁移到上面的导带，即对于电子而言，禁带宽度非常大，若是没有1.2 eV以上的能量就不可能迁移
知识点3	**半导体**
图　示	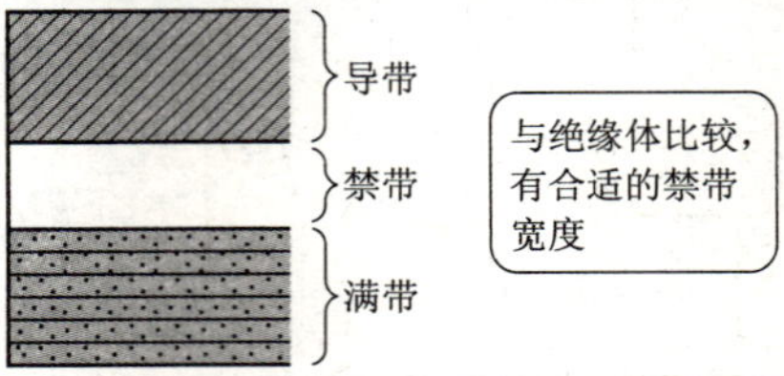
说　明	半导体通常处于仅有极少量的电子能从满带迁移到导带的状态。这些电子是在常温下得到了热能，从下边的能带迁移到上边的能带。半导体有许多种类，禁带宽度也有不同的值。例如，电子电路元件常用的锗（Ge）是0.78 eV，硅（Si）是1.21 eV左右。在室温下半导体导带不能存在电子。但如果半导体的温度上升，电子得到的热能也会增加，使上升到导带的电子数量增加，因此有电流流动，半导体电阻下降

表1.6　P型半导体和N型半导体

知识点1	**N型半导体**
图　示	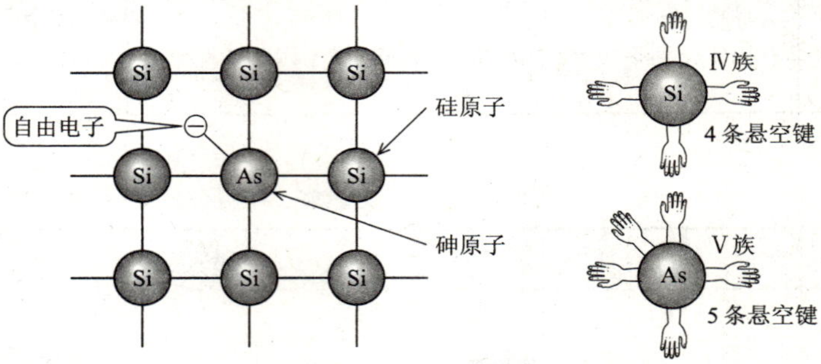
说　明	具有5条悬空键的砷进入有4条悬空键的硅，结果多出了1条悬空键。实际上键就意味着电子，即多出1个电子。虽然砷原子或硅原子原子核的正电荷与电子的负电荷在晶体的整体上是均衡的，但是结果产生出电子能自由行动的晶体。这种场合，从一个砷原子可以产生一个自由电子，这种掺了杂质的半导体称为N型半导体
知识点2	**P型半导体**
图　示	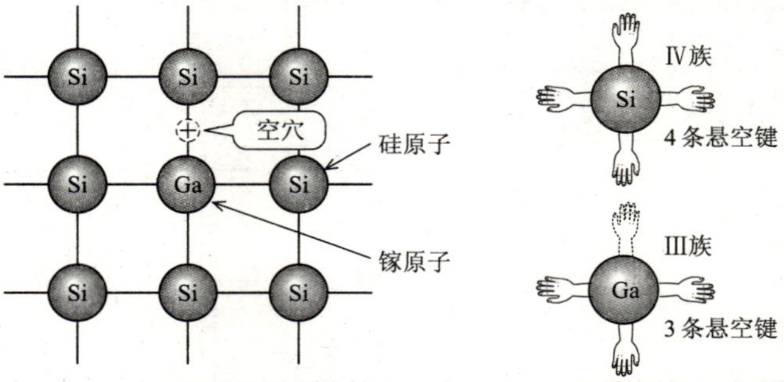

续表1.6

<table>
<tr><td>说　明</td><td>周期表中的Ⅲ族元素有硼、铝、镓、铟等，这些原子的最外层有3个电子，所以是3价元素。如果把Ⅲ族元素镓（Ga）的原子掺入到硅的晶体中，硅有4条悬空键，镓有3条悬空键，悬空键互相吸引对方的电子，但因缺少一个电子而形成空穴，换个说法就是好像存在一个正电荷，这种掺了杂质的半导体称为P型半导体</td></tr>
<tr><td>知识点3</td><td>能带构造</td></tr>
<tr><td>图　示</td><td>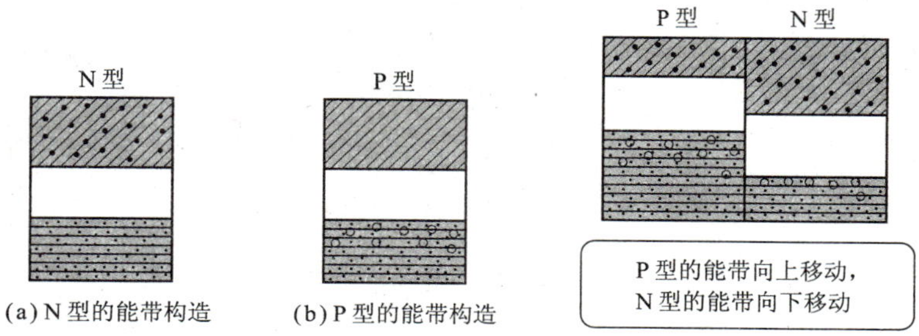
</td></tr>
<tr><td>说　明</td><td>① N型半导体的导带中存在许多电子，在下面的满带里没有空穴［图（a）］
② P型半导体的满带中有空穴，在上面的导带里没有电子［图（b）］。电子电路里使用的半导体二极管就是P型半导体与N型半导体结合的产物。P型和N型半导体的能带都按右图所示进行变化。在这种状态下加电场时，根据电场方向的不同可以控制电子的移动，因此可以作为二极管使用</td></tr>
</table>

表1.7　放电现象

<table>
<tr><td>知识点1</td><td>等离子体放电</td></tr>
<tr><td>图　示</td><td>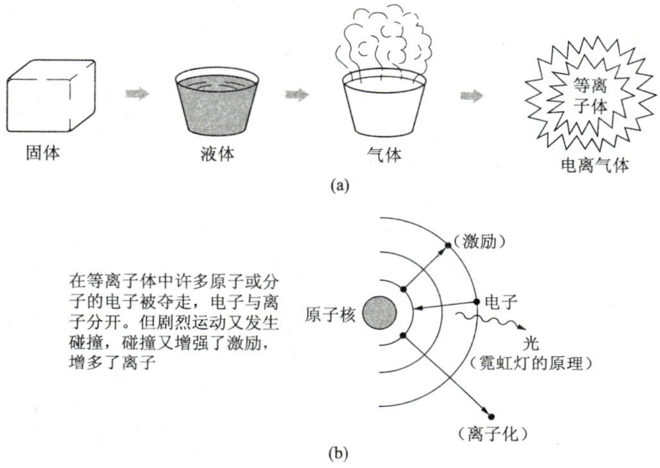
</td></tr>
</table>

续表1.7

<table>
<tr><td>图　示</td><td>

(c)
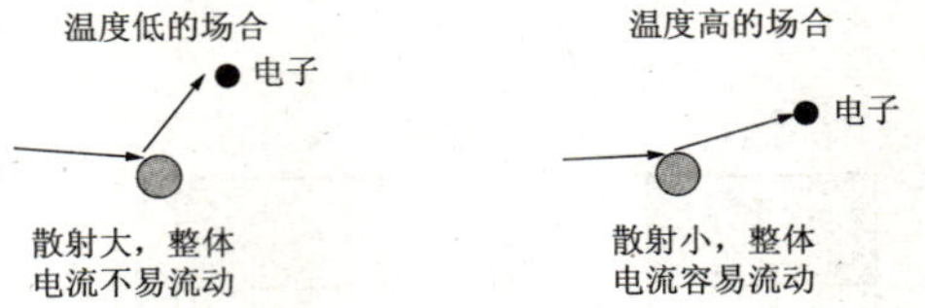

(d)</td></tr>
<tr><td>说　明</td><td>① 众所周知，从固体到液体、从液体到气体的状态变化都需要能量，如果再给气体以能量，从气体原子夺走电子，就成为离子与电子以同样数量存在的电离气体
② 电离气体中电子与离子的密度接近相等，并且把电中性的电离气体命名为等离子体
③ 等离子体中的粒子有激烈的热运动。离子的质量比电子重几万倍以上，所以电子的运动速度远比离子快。等离子体的一个特征是电子与离子具有不同的温度，通常用电子温度表示等离子的温度
④ 等离子体的另一特征是温度越高，克服带电粒子吸引力、排斥力的能量越强。因此，在温度上升的同时，散射也减少，电流也容易流动</td></tr>
<tr><td>知识点2</td><td>辉光放电</td></tr>
<tr><td>图　示</td><td>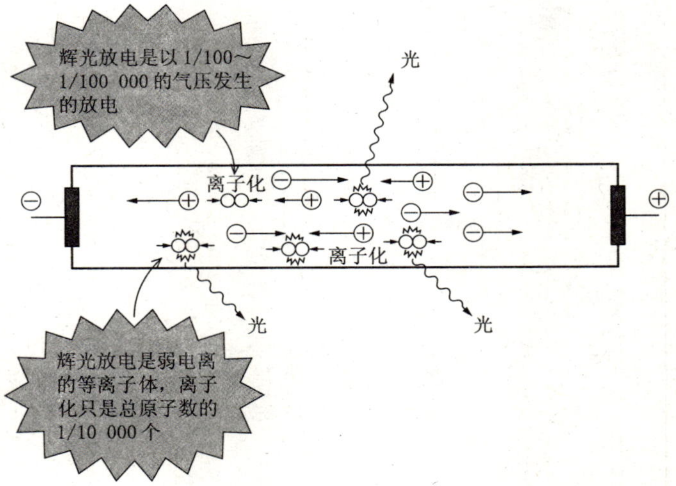

(a) 日光灯及霓虹灯</td></tr>
</table>

续表1.7

图　示

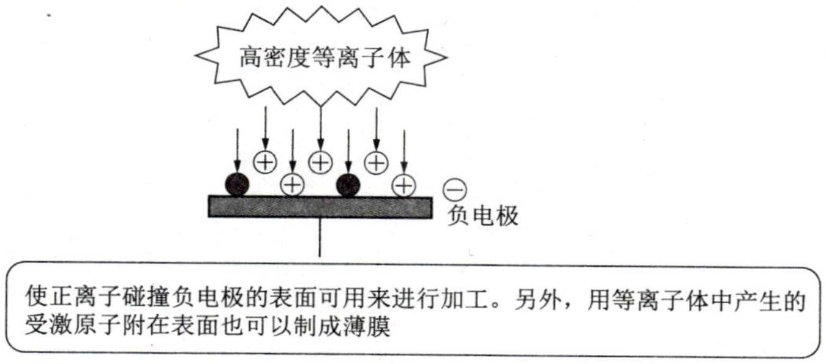

高密度等离子体
负电极
使正离子碰撞负电极的表面可用来进行加工。另外，用等离子体中产生的受激原子附在表面也可以制成薄膜

(b) 其他技术应用

说　明

① 我们常见的辉光放电就是霓虹灯或日光灯［图（a）］。所谓辉光放电，可以认为是“等离子体的弱电离”。发生辉光放电的气压是标准大气压的百分之一至十万分之一。日光灯玻璃管的端部有发出电子的电极（负电极），接通电源后先是灯管中的气体（氩气或汞的蒸气）开始电离，然后这些电子流向灯管的另一端（正电极）。由电离产生的离子与电子方向相反，从正电极流向负电极。在灯管中，电子、离子、原子、分子激烈运动并发生碰撞。日光灯发的光就是由于这种激烈碰撞引起原子、分子的重复激励及弛缓所致

② 由于离子比电子重得多，如果是强力碰撞，则可以用来切削被碰撞的表面。另外，利用受激原子与表面的化学反应也可以在表面制成薄膜［图（b）］

知识点3	弧光放电

图　示

弧光放电也叫强电离等离子体，电子数量比日光灯内部多10万～100万倍

(a)

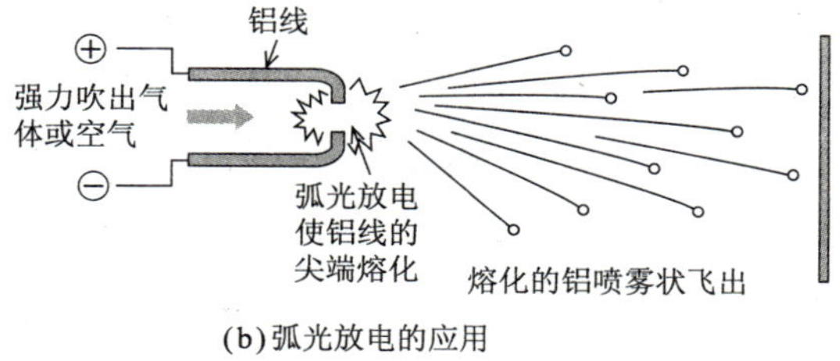

强力吹出气体或空气
弧光放电使铝线的尖端熔化
熔化的铝喷雾状飞出

(b) 弧光放电的应用

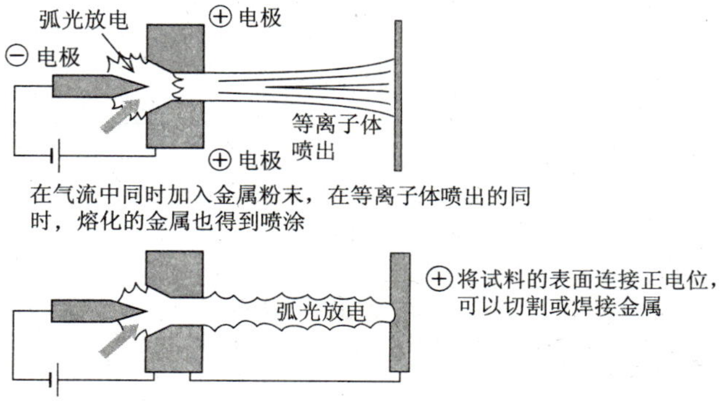

在气流中同时加入金属粉末，在等离子体喷出的同时，熔化的金属也得到喷涂

⊕ 将试料的表面连接正电位，可以切割或焊接金属

(c) 弧光放电的应用

续表1.7

<table>
<tr><td>说　明</td><td>① 从辉光放电再进一步加强电离就进入弧光放电区域。发生弧光放电的气压比辉光放电的气压高，也有一些场合是在大气压下进行。弧光放电也叫做“强电离等离子体”或“热等离子体”
② 在利用弧光放电得到高热的技术中，有可以将所有金属材料熔化，并且喷射到机械零件等的表面的方法，叫做等离子体喷涂
③ 除了等离子体喷涂以外，还可以使试料表面带正电位。弧光放电与等离子体喷涂同时到达试料的表面。这种场合能使部分表面的温度上升，可用于金属之间的焊接或切割</td></tr>
<tr><td>知识点4</td><td>放电与激光</td></tr>
<tr><td>图　示</td><td>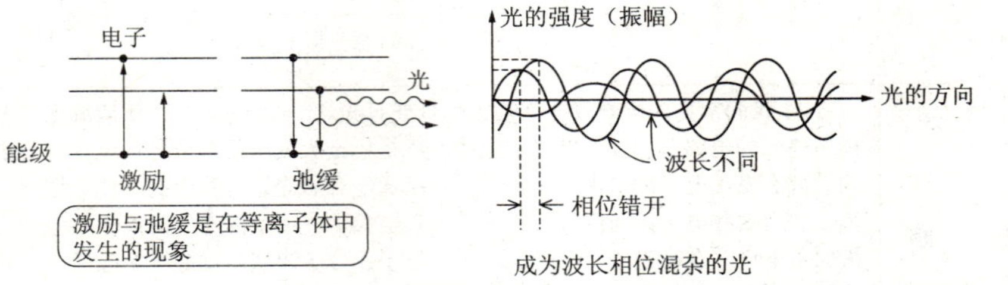

(a) 由于激励与弛缓发出的光
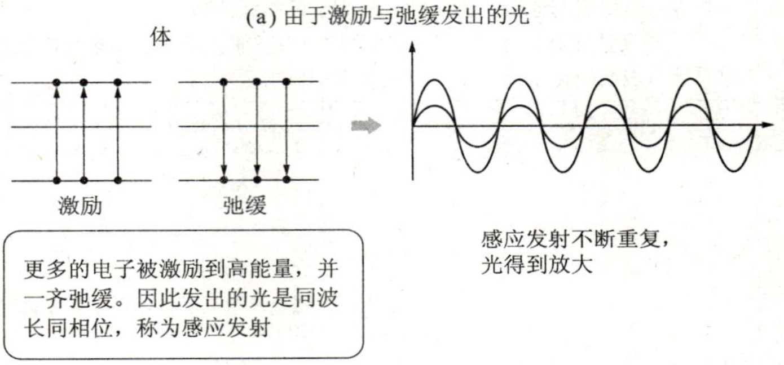

(b) 激光
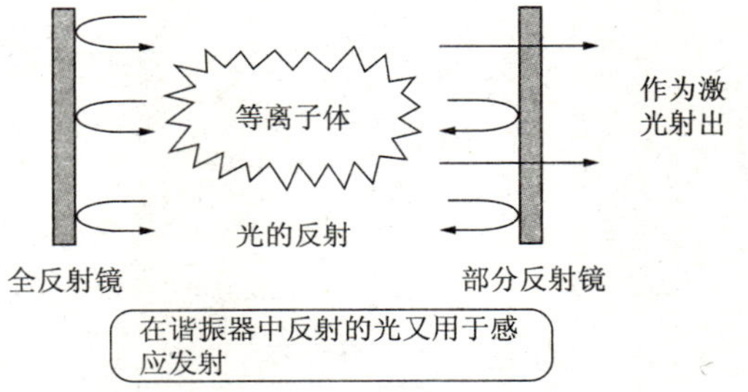

(c) 激光谐振器</td></tr>
<tr><td>说　明</td><td>① 在等离子体中存在许多高速运动的电子。具有高动能的电子与其他气体粒子碰撞可使这些粒子离子化或将电子激励到高能级。利用不同种类气体的混合或控制压力将许多气体置于高能级非常重要，因为置于某种确定高能级的电子一齐下降到低能级时发的光就是同波长、同相位的，这种发光叫做感应发射。感应发射又进一步帮助气体粒子激励，重复同样的过程就使光得以放大
② 实际应用中的激光发射管一边安装全反射镜，另一边是部分透过镜，称为激光谐振器。从等离子体发出的光在谐振器中往复反射，由于感应发射而得到放大。另一部分光穿过部分透过镜作为激光射到外部
③ 激光的重要特征是不发散而且指向性极高，这意味着可以将能量集中</td></tr>
</table>

表1.8　预防雷击

知识点	如何防止雷击
图　　示	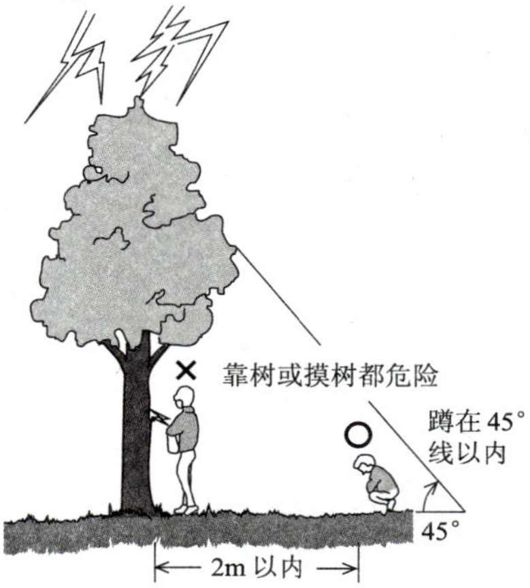
说　　明	① 钢筋混凝土建筑的内部或用金属物保卫的车中是安全的。另外，配电线、输电线的下面或其他容易落雷的高物旁边也安全 ② 高大的树旁非常危险，要距离树木2m以上 ③ 在室内要离开家电制品及墙壁1m以上。亭子或屋檐下等处，以及构成雷电流通路的柱子附近也很危险 ④ 周围没有避难场所时，尽量保持弯腰的姿势 ⑤ 向上举钓鱼竿、高尔夫球杆、网球拍、球棒等长的东西（与金属或非金属无关）很危险 ⑥ 身上闪光的东西（项链、手表等）与落雷无关

第2章

静电与电荷

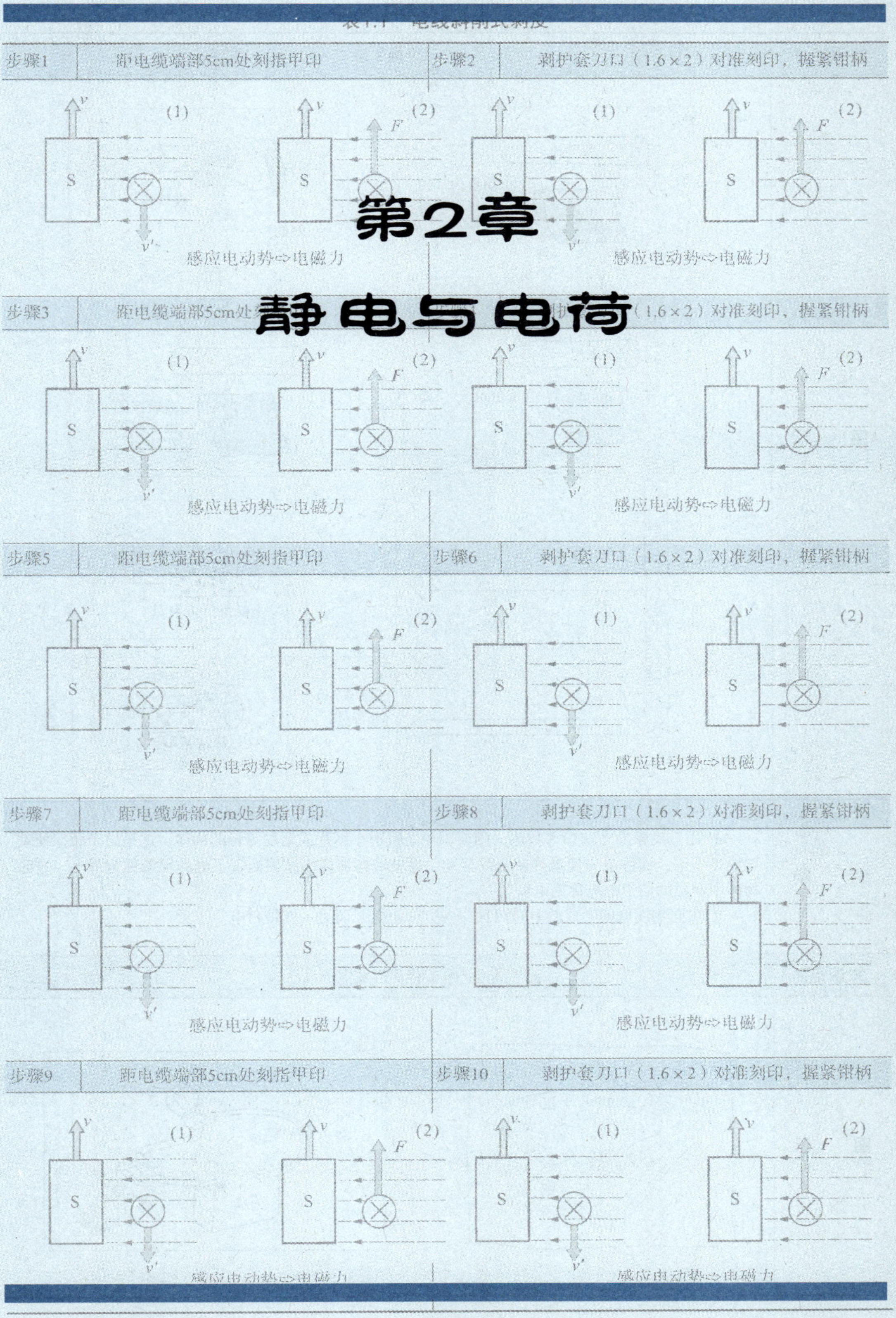
步骤1
距电缆端部5cm处刻指甲印
步骤2
剥护套刀口（1.6×2）对准刻印，握紧钳柄
感应电动势⇨电磁力
感应电动势⇨电磁力
步骤3
(1.6×2）对准刻印，握紧钳柄
感应电动势⇨电磁力
感应电动势⇨电磁力
步骤5
距电缆端部5cm处刻指甲印
步骤6
剥护套刀口（1.6×2）对准刻印，握紧钳柄
感应电动势⇨电磁力
感应电动势⇨电磁力
步骤7
距电缆端部5cm处刻指甲印
步骤8
剥护套刀口（1.6×2）对准刻印，握紧钳柄
感应电动势⇨电磁力
感应电动势⇨电磁力
步骤9
距电缆端部5cm处刻指甲印
步骤10
剥护套刀口（1.6×2）对准刻印，握紧钳柄

表2.1 电 荷

知识点 1	摩擦生电
图 示	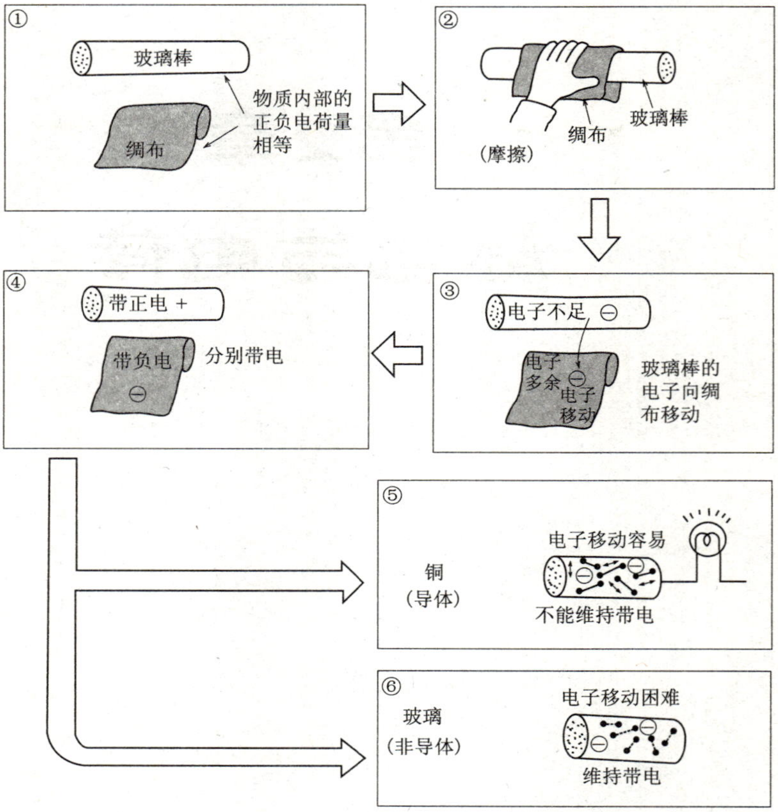
说 明	① 用毛皮摩擦玻璃棒等物体，则玻璃棒能吸附小纸片或毛发等轻的物体，这是由于摩擦使玻璃棒带了电，而静电力使纸片或毛发移动。像玻璃棒那样因摩擦而带了电的现象称为带电，这时物体中显出的所带的电称为电荷 ② 不同物质摩擦生成的电有两种，一方带正电，而另一方带负电
知识点2	电子移动形成电流
图 示	 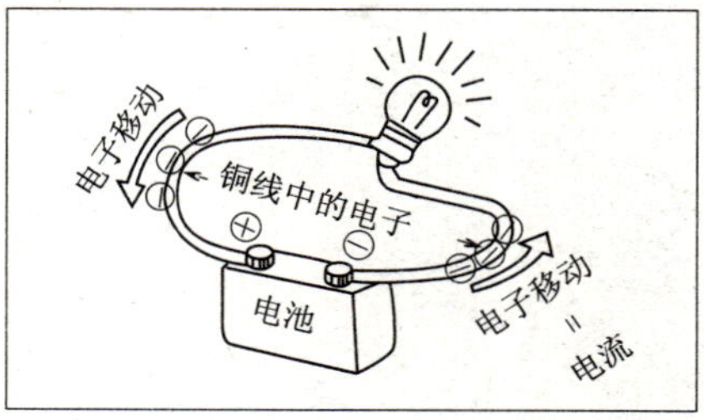

续表2.1

说 明

不带电的物体因摩擦而一方带正电，另一方带负电，这可以认为是在两种物体接触的部分自由电子由一方向另一方移动而引起的。所谓不带电的物体是由于原子核的正电荷与周围围绕的电子所具有的负电荷平衡（所带电量相等），因此在外部不显出带电性质

现在，若将某物体进行摩擦，则由于摩擦能量，被夺去一定数量自由电子的物体负电量不够，就变成带正电，而反之，得到一定数量自由电子的物体则由于负电量过剩，就变成带负电。这样物体带电最初表示了物体中所含自由电子的过多或不足的状态。但这一现象也适用于从电池或发电机取出大电流时的情况，在导线内部使一开始就存在的自由电子移动，这样就得到电流

知识点3	带电与质量变化

图 示

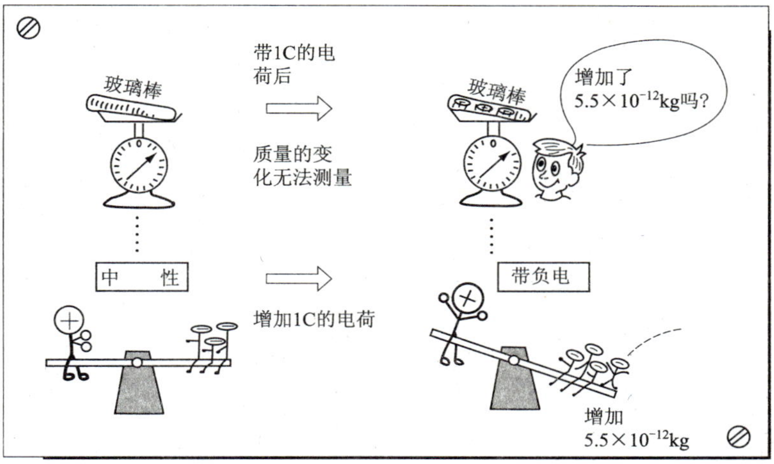

说 明

通过将两种物体摩擦而带电时，也许会产生一个疑问，物体质量会发生变化吗？从理论上讲，由于带电物体质量应该要发生变化，但实际上完全没有问题

1个电子具有的质量实际上是非常小的，约9.1×10^{-31}kg，电量约1.6×10^{-19}C。这里电量的单位C称为库仑，表示1s流过1A电流的电量

假设给予1C的电荷，由于1C的电荷引起多余或不足的电子总个数为6×10^{18}左右，导致质量的增减为5.5×10^{-12}kg左右，因此完全可以忽略

知识点4	非导体容易摩擦生电

图 示

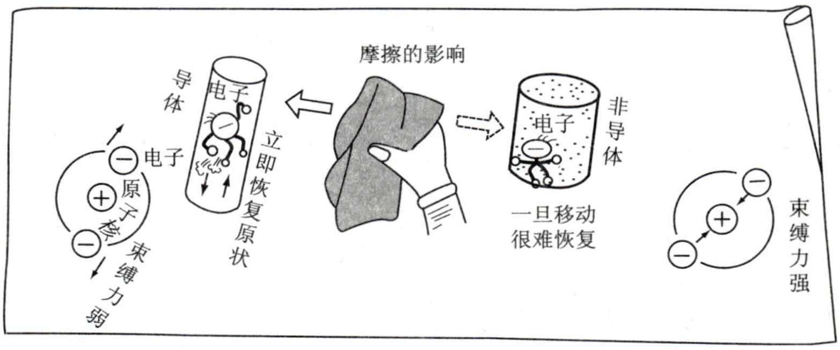

续表2.1

说　明	银或铜等导体有很多与原子核吸引力非常弱的电子（这称为自由电子），因此只要一点点能量（摩擦力也属于这一范围）就能使电子移动，但移动的电子也容易恢复原状。根据这一情况，导体不能产生摩擦生电的原因是因为即使因摩擦而带电，电子立即移动恢复原状，因此不能维持带电状态 而非导体中的电子很难移动，移动之后就很难恢复原状，因此能够长期维持带电状态

表2.2　电荷之间的作用力

知识点 1	库仑定律
图　示	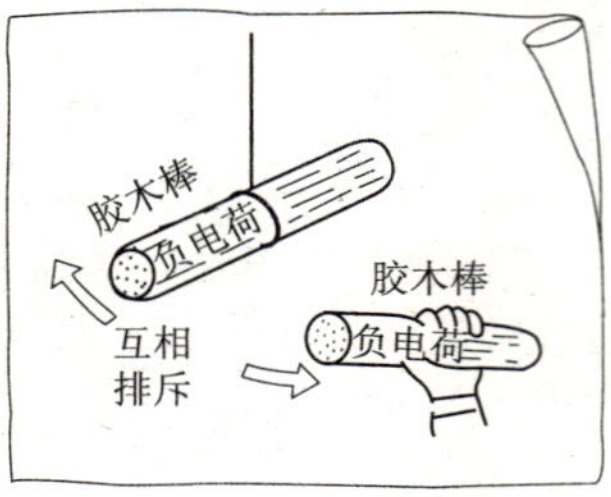 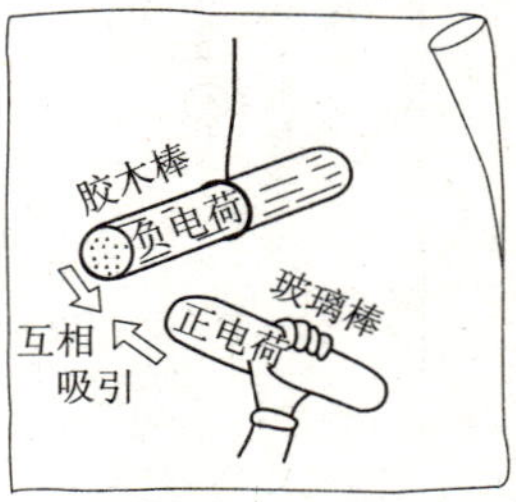
说　明	用干燥毛皮去摩擦水平吊着的胶木棒，再拿另一根用毛皮摩擦的胶木棒去靠近它，则吊着的胶木棒要远离。若用绸布摩擦的玻璃棒去靠近它，则吊着的胶木棒要接近。用毛皮摩擦胶木棒，胶木棒带负电；而用绸布摩擦玻璃棒，玻璃棒带正电。因而，开始是负电之间接近，所以产生排斥力，而玻璃棒与胶木棒是正负电起作用，所以是吸引力
知识点 2	**电荷之间作用力的大小和方向**
图　示	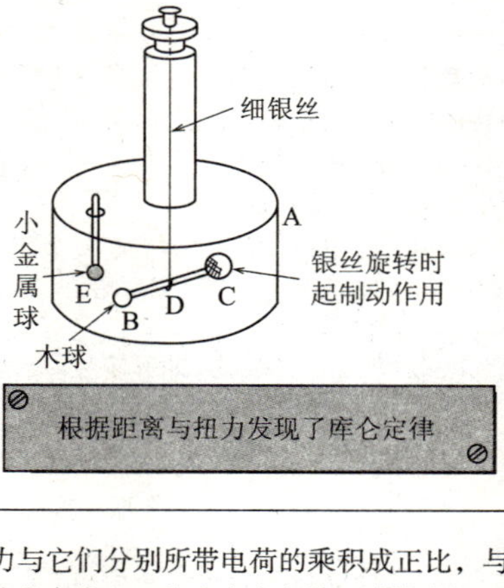
说　明	两个带电体之间的作用力与它们分别所带电荷的乘积成正比，与距离的平方成反比。另外，作用力的方向位于连接两电荷的直线上，称为库仑定律，计算式如下所示： $F=9\times10^9\times\frac{Q_1Q_2}{r^2}$（N） 式中，$Q_1$及$Q_2$的单位为库［仑］，符号为C。另外，前面已经提到，1s通过1C的电量时，电流的大小为1安［培］（A）。力F的单位为牛［顿］（N） 电荷产生的力有吸引力及排斥力。Q_1与Q_2的乘积为正时，二者符号相同，表示排斥力；Q_1与Q_2的乘积为负时，二者符号相反，表示吸引力

表2.3　静电感应与静电屏蔽

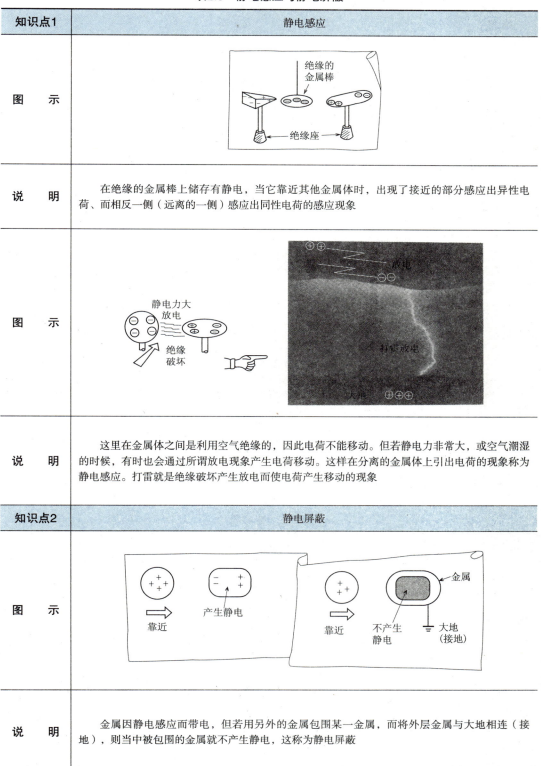

知识点1	静电感应
图　示	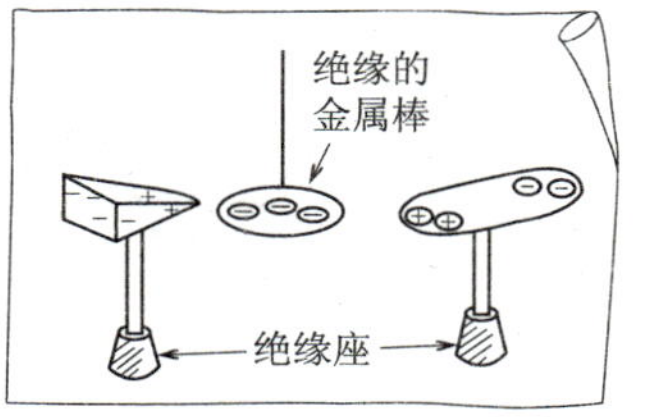
说　明	在绝缘的金属棒上储存有静电，当它靠近其他金属体时，出现了接近的部分感应出异性电荷、而相反一侧（远离的一侧）感应出同性电荷的感应现象
图　示	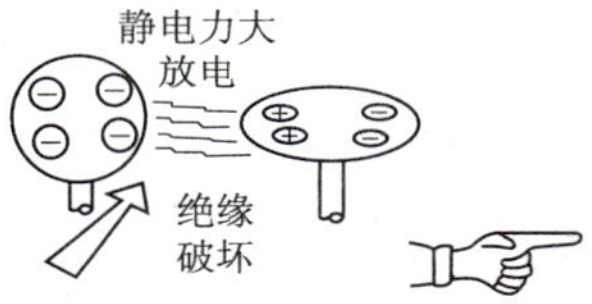 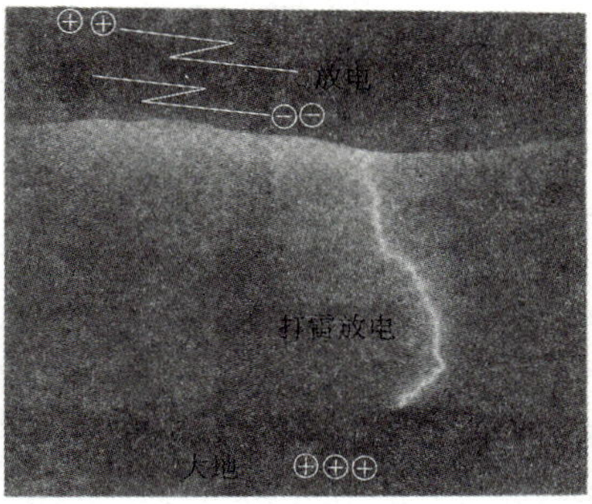
说　明	这里在金属体之间是利用空气绝缘的，因此电荷不能移动。但若静电力非常大，或空气潮湿的时候，有时也会通过所谓放电现象产生电荷移动。这样在分离的金属体上引出电荷的现象称为静电感应。打雷就是绝缘破坏产生放电而使电荷产生移动的现象
知识点2	**静电屏蔽**
图　示	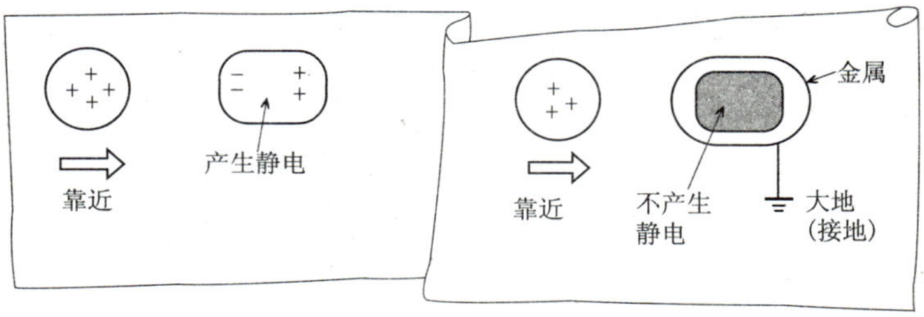
说　明	金属因静电感应而带电，但若用另外的金属包围某一金属，而将外层金属与大地相连（接地），则当中被包围的金属就不产生静电，这称为静电屏蔽

表2.4 电 场

知识点	电 场
图 示	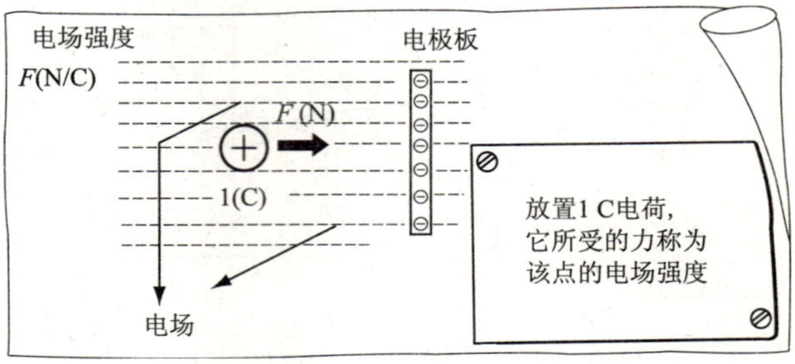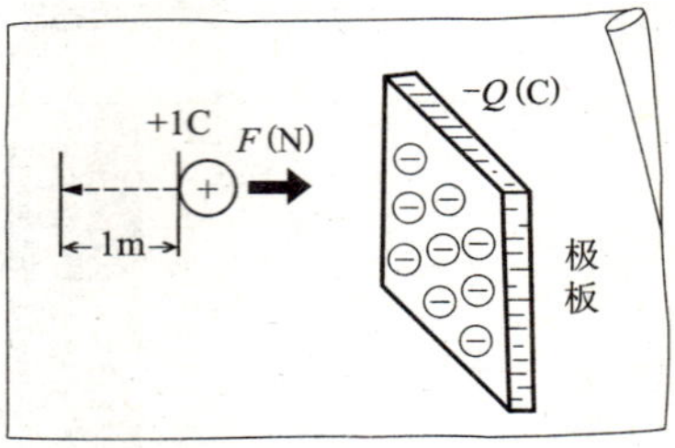
说 明	现在考虑力所反映的场，并将其称为电场来加以表述，这在研究静电时是非常方便的。这个力是在空间产生的，为了对此进行说明，如同磁场中考虑磁力线那样，在电场中也考虑有一个称为电力线的假想作用线。电场对电荷有力的作用，其大小根据对1C正电荷作用几N的力来决定 将该力的大小及其作用方向称为电场的大小与方向。即电场的大小（或称为电场强度）用作用于电荷的力来表示。如图所示，若有1C正电荷时，有F（N）的力作用，则该点的电场强度为F（N/C）。现在若有一个力与该力F相反，并使该1C的电荷移动1m，则所做的功为F（N）×1（m）=F（N·m）=F（J）

表2.5 电容器

知识点	储存电荷的电容器
图 示	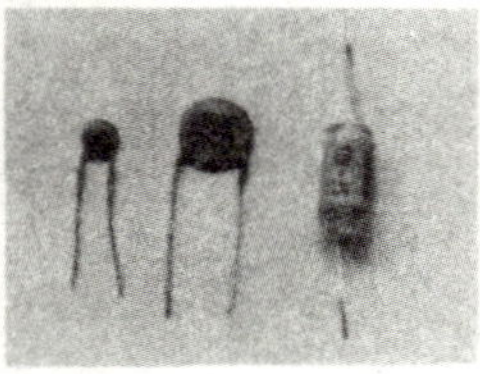
说 明	导体或绝缘体上储存了电荷，会产生各种作用，但有些情况也会产生不利的一面。而电容器能储存大量电荷，利用它作为电路元件是非常有用处的

表2.6　电容器的构成

知识点1	电容器的基本构造
图　示	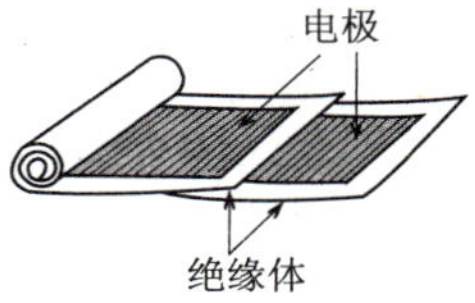 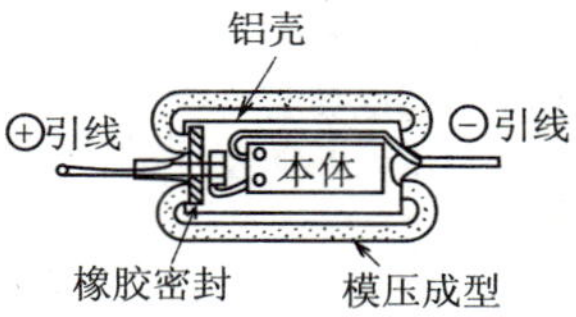
说　明	电容器有各种构造，使用的绝缘材料也有许多种，简单地说，它是将两片金属板靠近，在其中间充满电介质（绝缘体），从金属板引出两个端子，从而具有储存电荷的性质
知识点2	**纸质电容器**
图　示	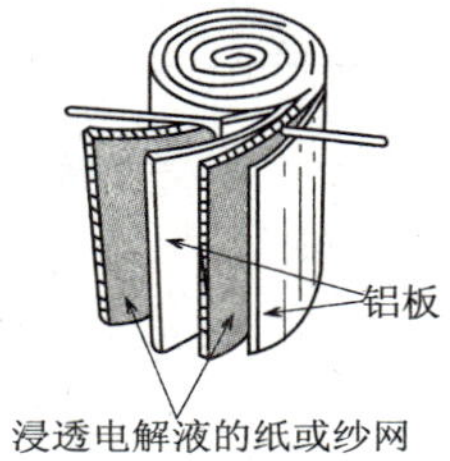
说　明	纸质电容器属于固定电容器，它是由电容器纸（厚0.08～0.012mm）与铝箔（厚0.01mm）制成，特别是如果电容器纸含有石蜡或氯化萘等，则能够承受高达1000V左右的电压
知识点3	**电解电容器**
图　示	
说　明	电解电容器是将铝箔作为阳极，在硼酸铵溶液中进行电解，将其表面生成的薄膜（$5\times10^{-5}\sim25\times10^{-5}$mm）作为电介质，是一种小型、大容量且便宜的电容器 电解电容器在使用中不断地重新生长电介质薄膜，但若长时间不用，性能会恶化。电解电容器具有极性，使用时必须要注意正负极性

表2.7　电容器充电及耐压

知识点	电容器充电及耐压
图　示	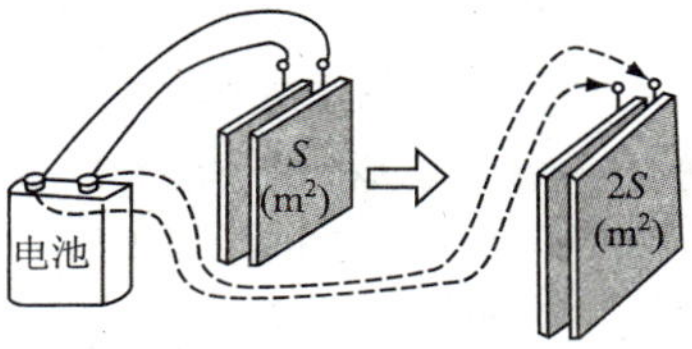

续表2.7

说　明	① 将电压加在电容器上，则电极板上储存电荷。如果电极板短路，或者绝缘不够，则在电极板间有电流流过，电极板上的正负电荷中和，就不能储存电荷 ② 若电容器加上超过一定大小的电压，有时绝缘会损坏，使电容器不能使用。因此，必须标明电容器能够承受多大的电压，该值称为电容器的耐压。电容器上通常标明耐压大小，电容器必须在耐压以下使用

表2.8 电容量

知识点1	电容器的电容量
图　示	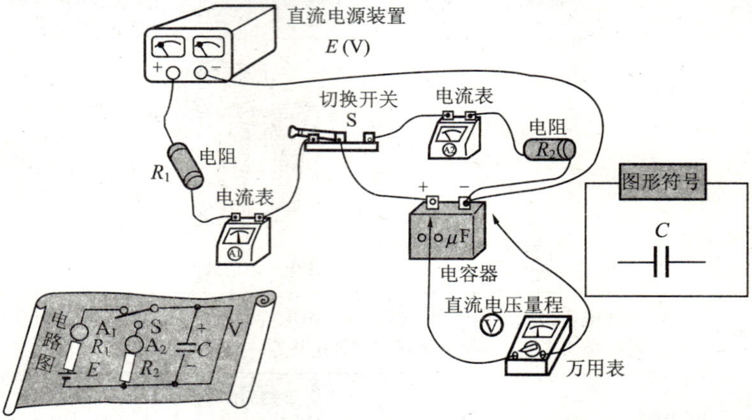
说　明	表示电容器储存能力大小的量称为电容量或容量。表示电容量的符号为C，单位为法［拉］（符号为F）。基本单位是法［拉］，但实际上这个单位太大，因此通常用它的百万分之一，即μF（微法）表示
知识点2	电荷Q、电容量C和电压V的关系
图　示	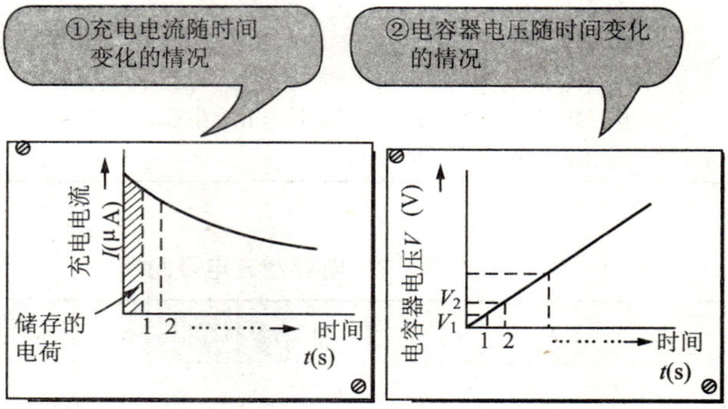
说　明	将开关接通，用直流电源装置对电容器进行充电，电荷不断储存。从图中可看出，开始时流过的电流较大，慢慢地电流越来越小，最终电流停止（储存电荷的电流称为充电电流，电路计算时一般是考虑储存电荷后的状态）。另外，随着电荷的积累，电容器的端电压也不断上升

续表2.8

图　示

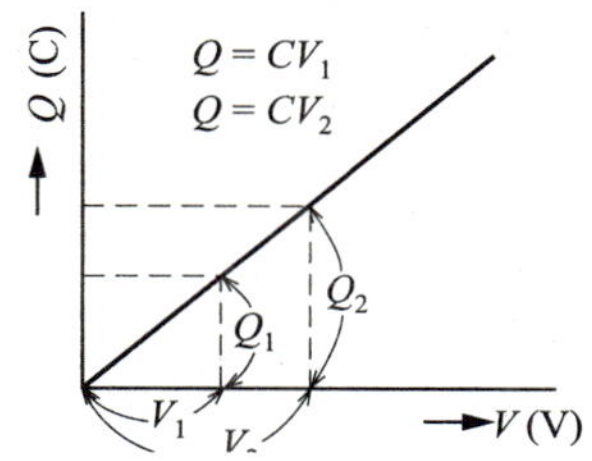

说　明

随着时间的增加，充电电流不断减少，电容器储存电荷不断增加，端电压不断上升。因此，用图形表示电荷Q与端电压V的关系，Q与V成正比。设比例常数为C，则下式成立：

$Q=CV$（Q：电荷；C：电容量；V：端电压）

由上式可知，电容器储存的电荷与电容量C的大小有关，C越大，即使以低电压也能储存更多的电荷；而C如果很小，则即使以高电压也只能储存很少的电荷

知识点3　大量储存电荷的条件

图　示

绝缘体的种类	ε_S
空气	近似为1
纸	1.2 ~ 2.6
胶木	2.7 ~ 2.9
云母	4.5 ~ 7.5
石蜡	2.1 ~ 2.5
橡胶	2.0 ~ 3.5
玻璃（石英）	3.5 ~ 4.5
酚醛树脂	4.5 ~ 5.5
陶瓷（氧化钛）	30 ~ 100

说　明

电容量C取决于电极板的间隔d（m）、相对的面积A（m^2）以及极板间的物质种类等，与结构上的条件有很大关系。一般而言，电容器的电容量C与极板的间隔d成反比，与相对面积A成正比，其大小可由下式求出：

$$C=\varepsilon\frac{A}{d}$$

式中，ε称为介电常数，取决于放入电极板之间的物质。介电常数ε可用下式表示：

$$\varepsilon=\varepsilon_0\varepsilon_S=8.85\times10^{-12}\times\varepsilon_S$$

式中，ε_0表示真空中的介电常数；ε_S表示某物质的介电常数与真空中介电常数相比的倍数，称为相对介电常数

图　示

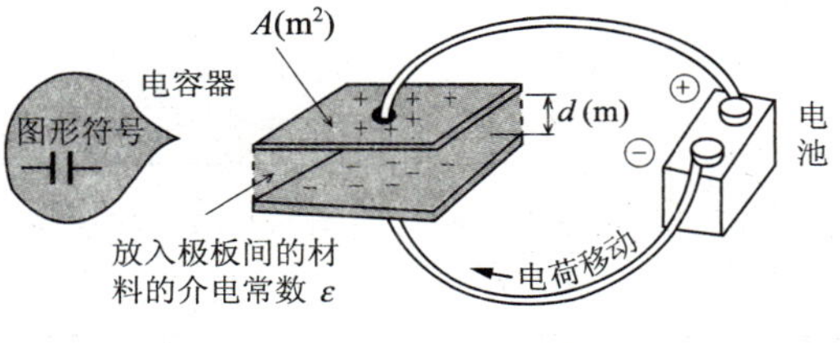

续表2.8

说　明	使用ε越大的材料，越能储存更多的电荷
图　示	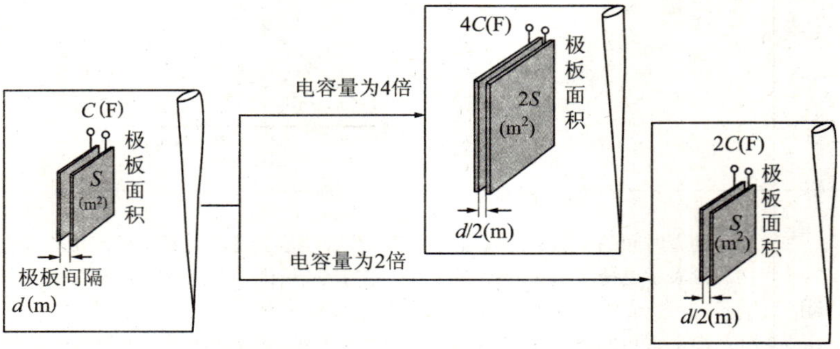
说　明	如果电容器极板的间隔缩小为1/2，则电容量变为2倍，在此基础上，再使相对面积变大为2倍，则电容量变为4倍

表2.9　电容器串并联

知识点1	电容器的并联
图　示	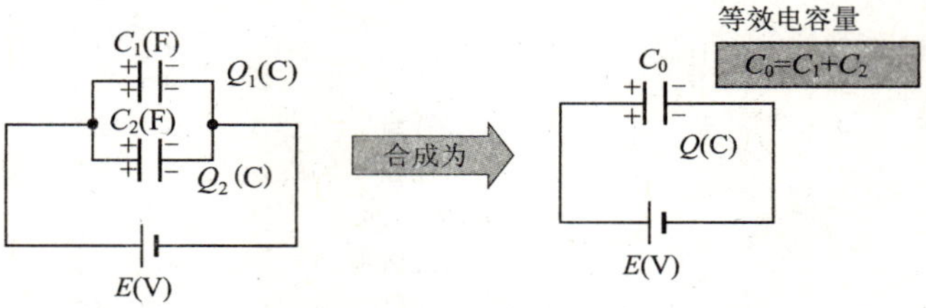
说　明	将电容器 C_1（F）与电容器 C_2（F）并联，当与电压为 E（V）的直流电源连接时，两个电容器储存的电荷分别为 $Q_1=C_1E$ 及 $Q_2=C_2E$，总的储存电荷 Q（C）为 $Q=Q_1+Q_2=C_1E+C_2E=(C_1+C_2)E$ 式中，令 $C_1+C_2=C_0$，则 $Q=C_0E$（C）
图　示	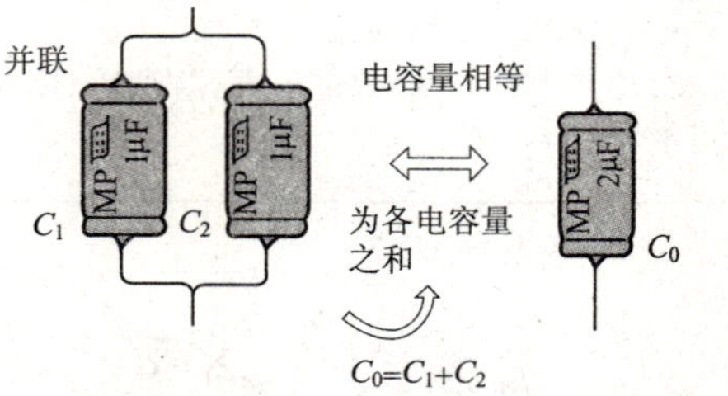
说　明	将 C_1 与 C_2 两个电容器并联，总电容量与1个电容量为 C_1+C_2 的电容器相等，即电容器并联的等效电容量为各电容量之和

续表2.9

知识点2	电容器串联
图　　示	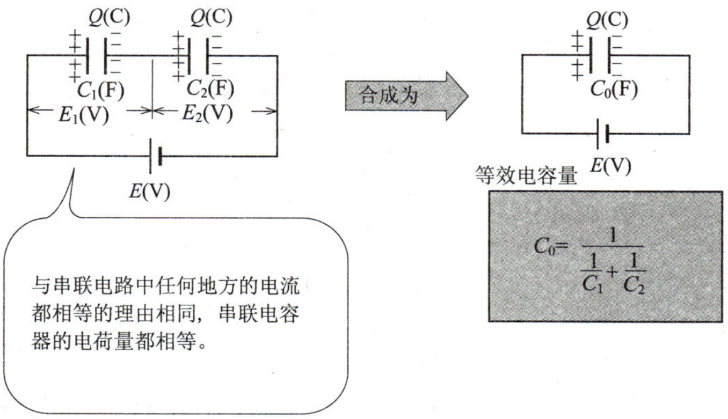
说　　明	将电容器 C_1（F）与 C_2（F）串联，当与电压为 E（V）的直流电源连接时，该电路中产生电荷移动，在两个电容器中储存电荷。由于两个电容器串联，因此两电容器的电荷移动相同，两电容器储存的电荷也相同。但是端电压 E_1 与 E_2 不相等，分别为 $E_1=Q/C_1$ 及 $E_2=Q/C_2$。总的电压为 $E=E_1+E_2=\frac{Q}{C_1}+\frac{Q}{C_2}=Q\left(\frac{1}{C_1}+\frac{1}{C_2}\right)$ 所以，$Q=\frac{1}{\left(\frac{1}{C_1}+\frac{1}{C_2}\right)}E$。 式中，设 $1/[(1/C_1)+(1/C_2)]=C_0$，则 $Q=C_0E$（C）
图　　示	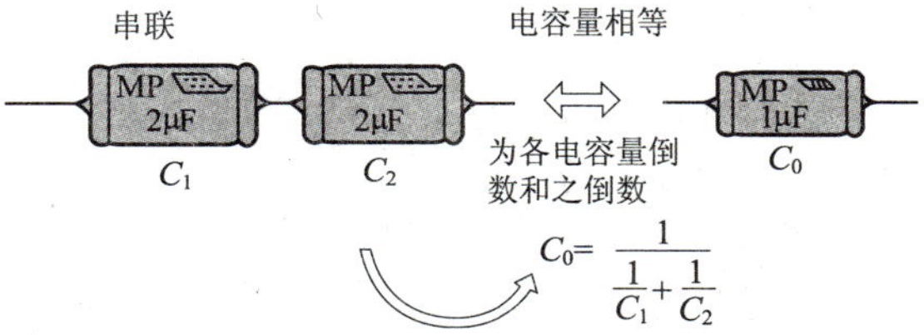
说　　明	将 C_1 与 C_2 两个电容器串联，总电容量与1个具有 $1/[(1/C_1)+(1/C_2)]$ 电容量的电容器相同，即电容器串联的等效电容量为各电容量倒数之和的倒数
知识点3	**电容器串并联**
图　　示	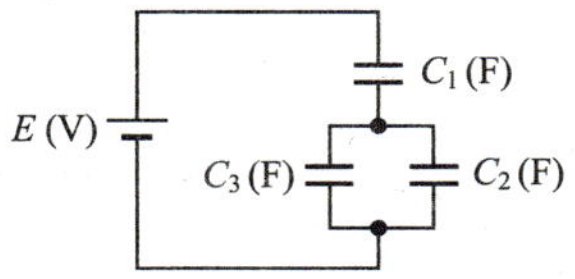
说　　明	电容量分别为 C_1、C_2、C_3 的三个电容器按图所示连接时，等效电容量 C 如下所示： $C=\frac{1}{\frac{1}{C_1}+\frac{1}{C_2+C_3}}=\frac{C_1(C_2+C_3)}{C_1+C_2+C_3}$（F）

第3章

电和磁

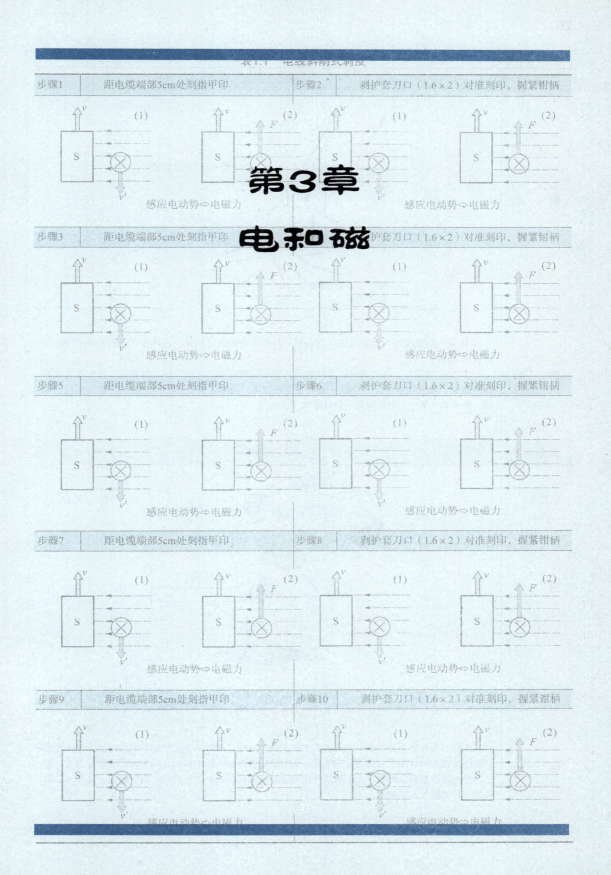

表3.1 磁 铁

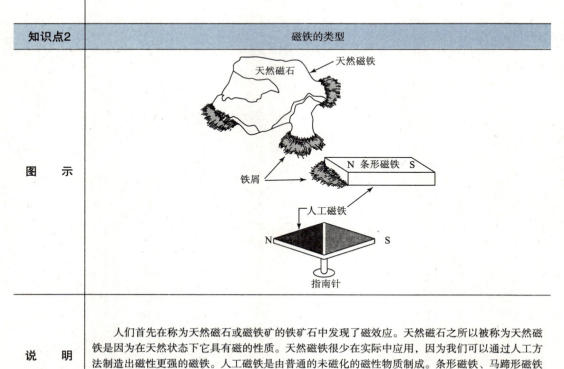

<table>
<tr><th>知识点1</th><th>磁铁的性质</th></tr>
<tr><td>图 示</td><td>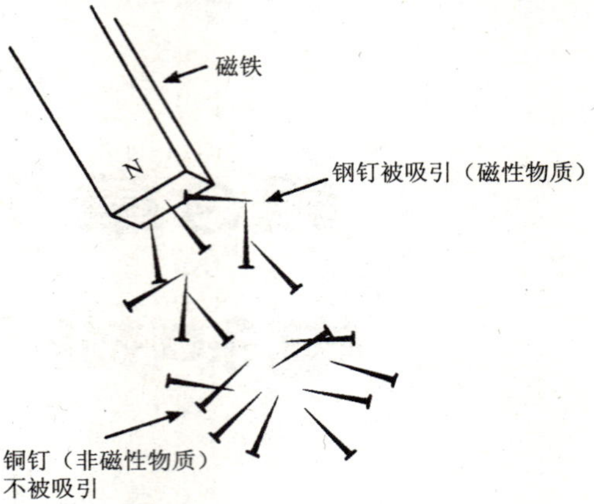
</td></tr>
<tr><td>说 明</td><td>① 某些物质能吸引铁制品或铁合金制品的能力与磁效应相关。一种物质能吸引铁或钢的性质就称为磁性
② 磁性物质是一些有磁吸引力的物质。常见的磁性物质有铁、钢、镍和钴，磁性物质都可以被磁化；非磁性物质是一些没有磁吸引力的物质，例如，铜、铝、铅、银、黄铜、木材、玻璃、液体和气体，非磁性物质不能被磁化</td></tr>
<tr><th>知识点2</th><th>磁铁的类型</th></tr>
<tr><td>图 示</td><td>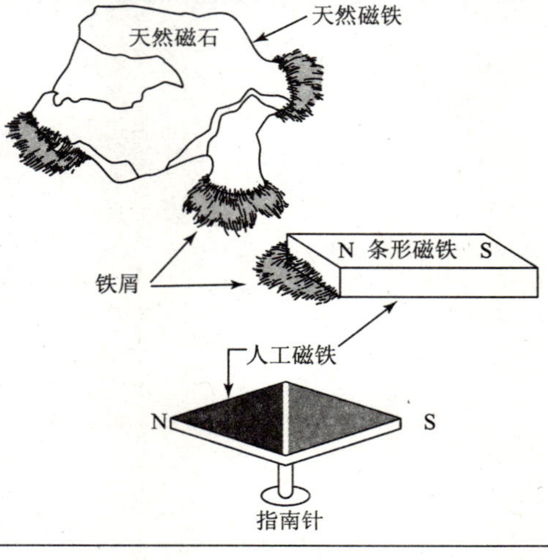
</td></tr>
<tr><td>说 明</td><td>人们首先在称为天然磁石或磁铁矿的铁矿石中发现了磁效应。天然磁石之所以被称为天然磁铁是因为在天然状态下它具有磁的性质。天然磁铁很少在实际中应用，因为我们可以通过人工方法制造出磁性更强的磁铁。人工磁铁是由普通的未磁化的磁性物质制成。条形磁铁、马蹄形磁铁和指南针都属于人工磁铁</td></tr>
</table>

续表3.1

图 示

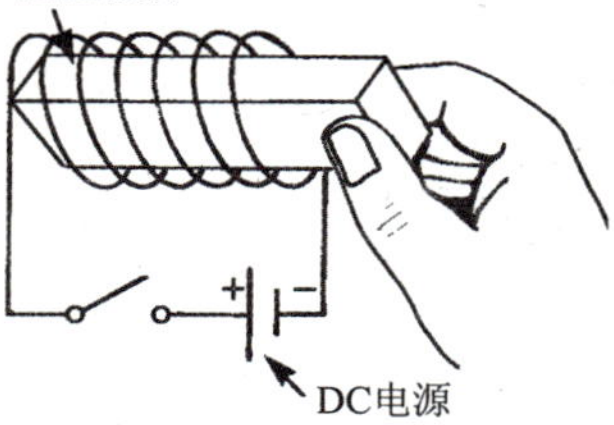

(a) 磁 化

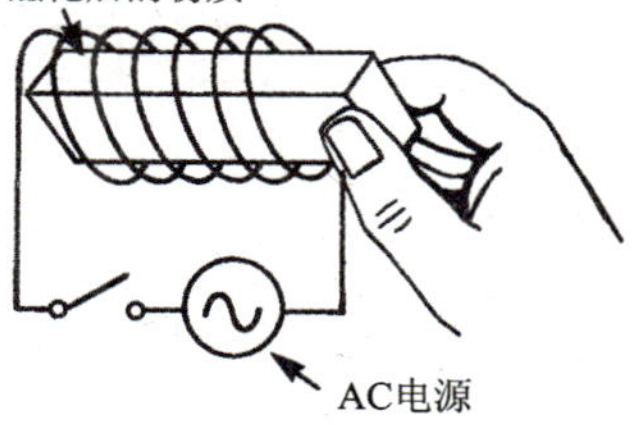

(b) 消 磁

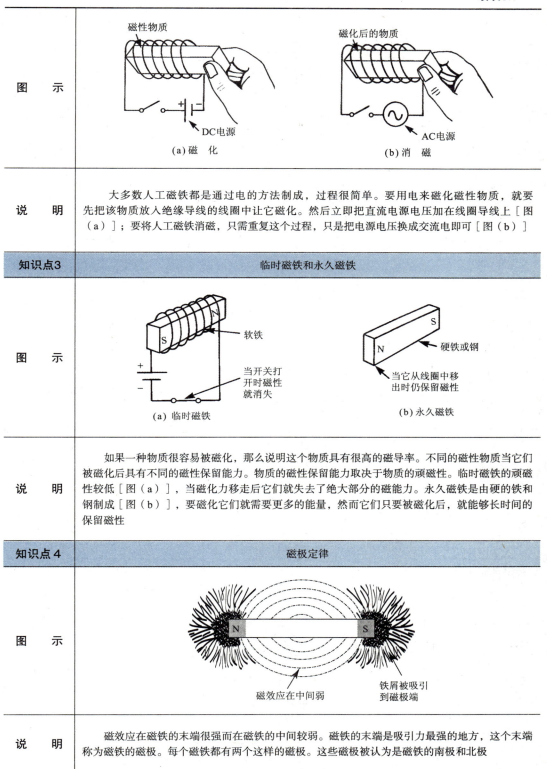

说 明

大多数人工磁铁都是通过电的方法制成，过程很简单。要用电来磁化磁性物质，就要先把该物质放入绝缘导线的线圈中让它磁化。然后立即把直流电源电压加在线圈导线上［图（a）］；要将人工磁铁消磁，只需重复这个过程，只是把电源电压换成交流电即可［图（b）］

知识点3 临时磁铁和永久磁铁

图 示

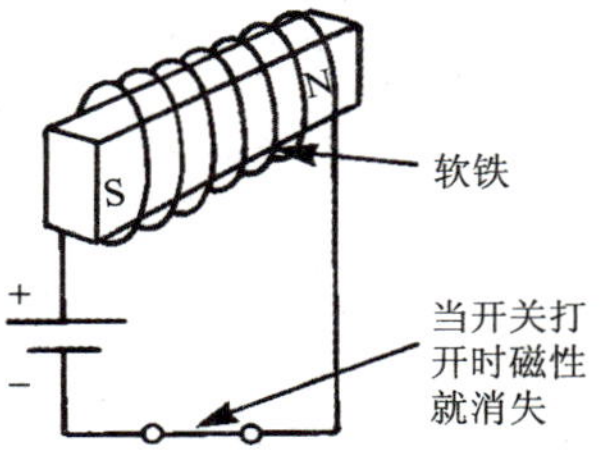

(a) 临时磁铁

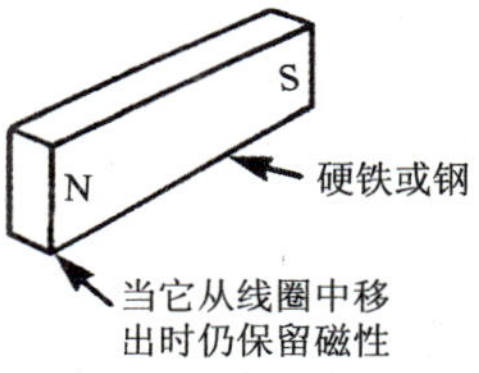

(b) 永久磁铁

说 明

如果一种物质很容易被磁化，那么说明这个物质具有很高的磁导率。不同的磁性物质当它们被磁化后具有不同的磁性保留能力。物质的磁性保留能力取决于物质的顽磁性。临时磁铁的顽磁性较低［图（a）］，当磁化力移走后它们就失去了绝大部分的磁能力。永久磁铁是由硬的铁和钢制成［图（b）］，要磁化它们就需要更多的能量，然而它们只要被磁化后，就能够长时间的保留磁性

知识点4 磁极定律

图 示

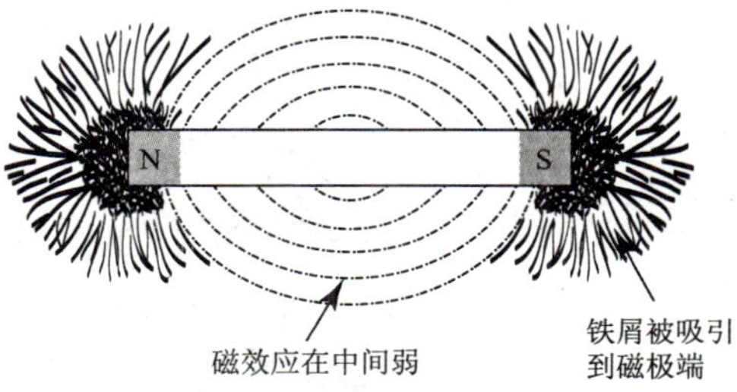

说 明

磁效应在磁铁的末端很强而在磁铁的中间较弱。磁铁的末端是吸引力最强的地方，这个末端称为磁铁的磁极。每个磁铁都有两个这样的磁极。这些磁极被认为是磁铁的南极和北极

续表3.1

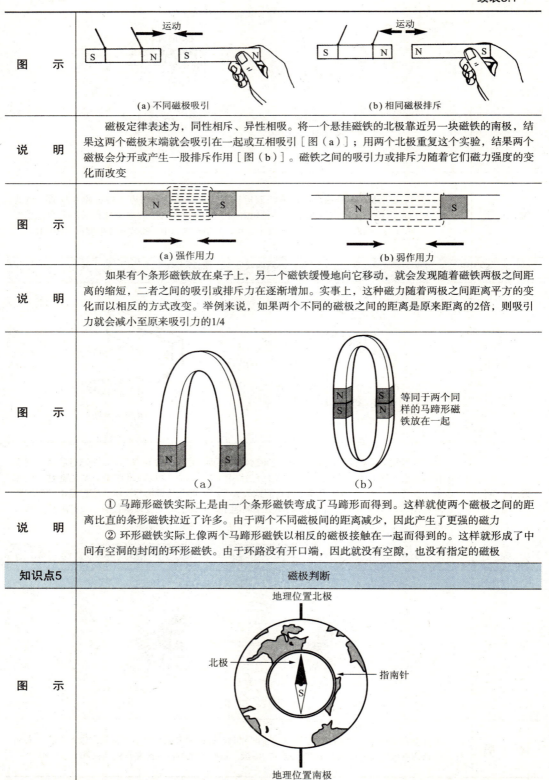

图　示	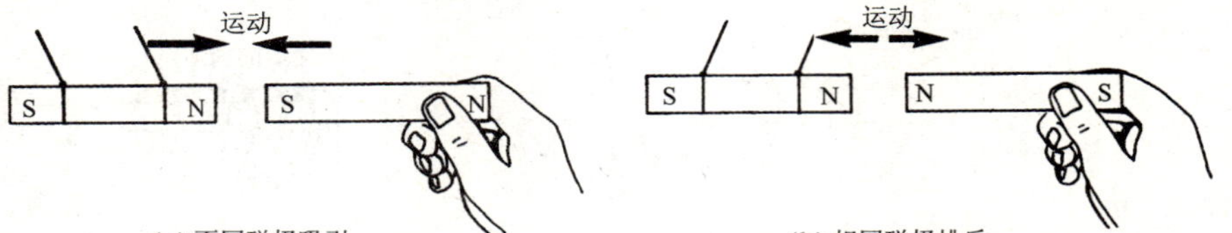 (a) 不同磁极吸引　(b) 相同磁极排斥
说　明	磁极定律表述为，同性相斥、异性相吸。将一个悬挂磁铁的北极靠近另一块磁铁的南极，结果这两个磁极末端就会吸引在一起或互相吸引［图（a）］；用两个北极重复这个实验，结果两个磁极会分开或产生一股排斥作用［图（b）］。磁铁之间的吸引力或排斥力随着它们磁力强度的变化而改变
图　示	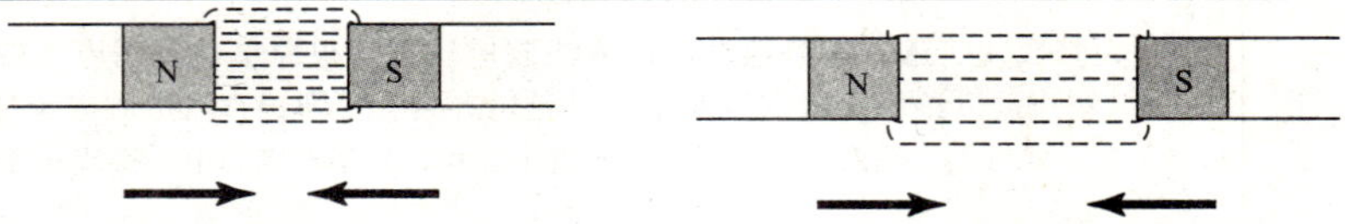 (a) 强作用力　(b) 弱作用力
说　明	如果有个条形磁铁放在桌子上，另一个磁铁缓慢地向它移动，就会发现随着磁铁两极之间距离的缩短，二者之间的吸引或排斥力在逐渐增加。实事上，这种磁力随着两极之间距离平方的变化而以相反的方式改变。举例来说，如果两个不同的磁极之间的距离是原来距离的2倍，则吸引力就会减小至原来吸引力的1/4
图　示	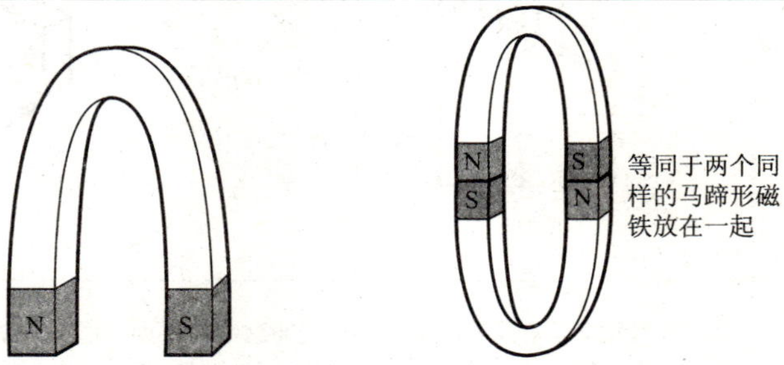 （a）　（b）
说　明	① 马蹄形磁铁实际上是由一个条形磁铁弯成了马蹄形而得到。这样就使两个磁极之间的距离比直的条形磁铁拉近了许多。由于两个不同磁极间的距离减少，因此产生了更强的磁力 ② 环形磁铁实际上像两个马蹄形磁铁以相反的磁极接触在一起而得到的。这样就形成了中间有空洞的封闭的环形磁铁。由于环路没有开口端，因此就没有空隙，也没有指定的磁极
知识点5	**磁极判断**
图　示	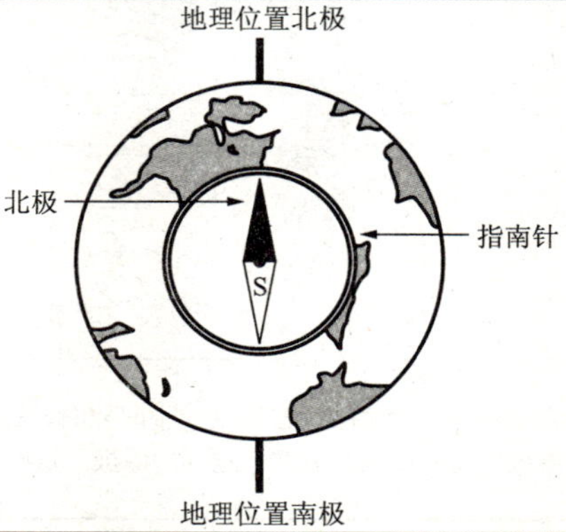

续表3.1

说　明	像DC电压电源用正负极来表示电极性一样，磁源用北极（N）和南极（S）来表示磁的极性。 地球本身就是一个天然磁铁，它的磁极位于地理位置上的北极和南极。指南针是一种简单的永久性磁铁，它以中点为轴旋转，从而能够自由地在水平面上转动。由于地球两极之间的磁吸引力，指南针的末端总是指向北极后停止转动
图　示	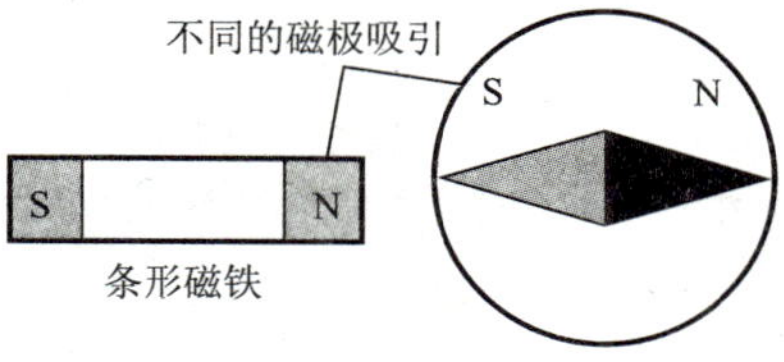
说　明	指南针可以用来确定磁铁磁极的极性。首先，确定指南针的北极和南极，并记住指南针的北极总是指向地理北极。下一步，将指南针放在磁铁磁极的附近，应用磁极定律判断未标记的磁铁磁极。如果指南针的指北极受到吸引，那么这个磁极就是磁铁的南极；如果指南针的南极被吸引，那么这个磁极就是磁铁的北极

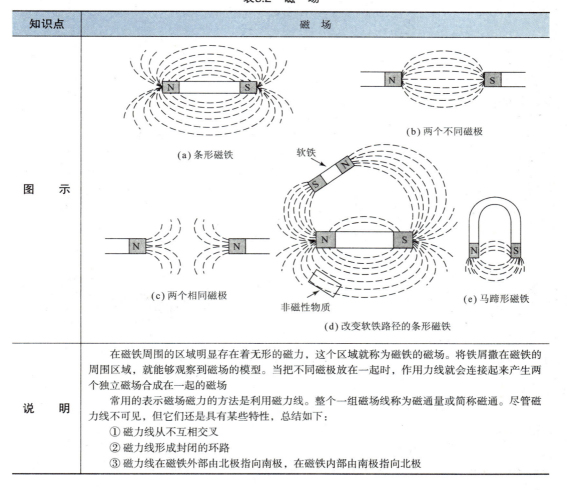

表3.2　磁　场

知识点	磁　场
图　示	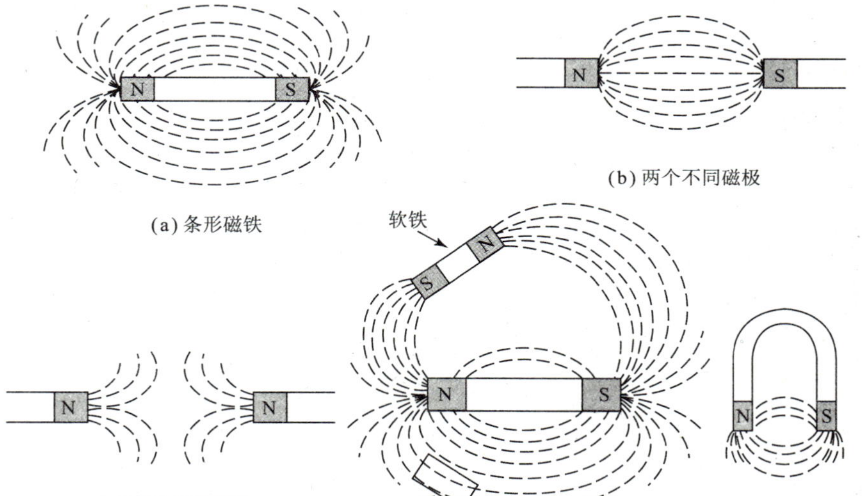(a) 条形磁铁　(b) 两个不同磁极　(c) 两个相同磁极　(d) 改变软铁路径的条形磁铁　(e) 马蹄形磁铁
说　明	在磁铁周围的区域明显存在着无形的磁力，这个区域就称为磁铁的磁场。将铁屑撒在磁铁的周围区域，就能够观察到磁场的模型。当把不同磁极放在一起时，作用力线就会连接起来产生两个独立磁场合成在一起的磁场 常用的表示磁场磁力的方法是利用磁力线。整个一组磁场线称为磁通量或简称磁通。尽管磁力线不可见，但它们还是具有某些特性，总结如下： ① 磁力线从不互相交叉 ② 磁力线形成封闭的环路 ③ 磁力线在磁铁外部由北极指向南极，在磁铁内部由南极指向北极

续表3.2

说　明	④ 磁力线按照最简单的路径分布，通过软铁时最容易 ⑤ 磁性越强，磁通量密度越大 ⑥ 磁力线之间互相排斥 ⑦ 磁力线间并没有已知的绝缘体

表3.3　磁屏蔽

<table>
<tr><th>知识点</th><th>磁屏蔽</th></tr>
<tr><td>图　示</td><td>
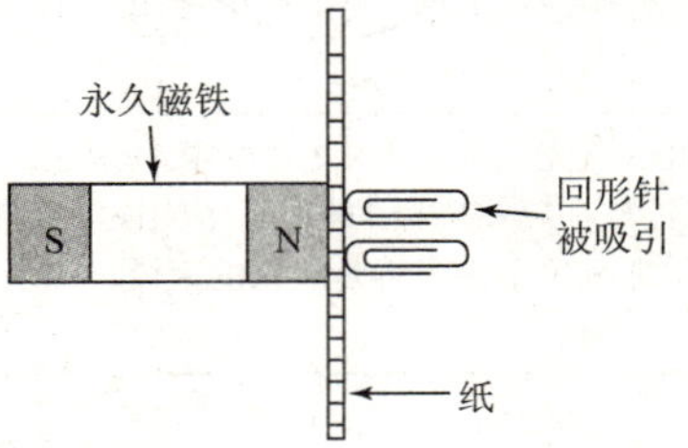

(a) 磁力线间没有绝缘体
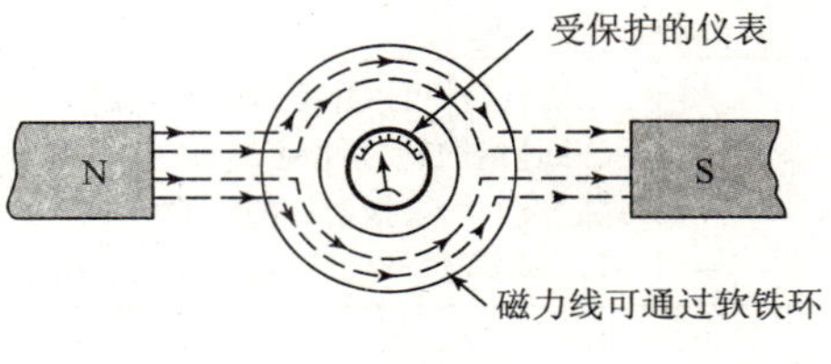

(b) 防止磁力线的作用
</td></tr>
<tr><td>说　明</td><td>杂散的磁力线会给某些电动、电子设备的操作和精确度带来一定的影响。磁力线的一个特性就是磁力线间没有已知的绝缘体，这样带来的问题就是如何在杂散的磁场中保护设备［图（a）］。但磁力线的其他特性能够解决这个问题，磁力线可以很容易地绕过软铁。举例来说，若需要被保护的仪表周围充满了低电阻软铁的磁场，则任何杂散的磁力线都是绕过而不是穿越这个仪表［图（b）］。同样的设计原理也可以应用于电动机和变压器，从而最大限度地减小来自这些设备的磁场磁力线的辐射</td></tr>
</table>

表3.4　永久磁铁的应用

<table>
<tr><th>知识点</th><th>永久磁铁的应用</th></tr>
<tr><td>图　示</td><td>
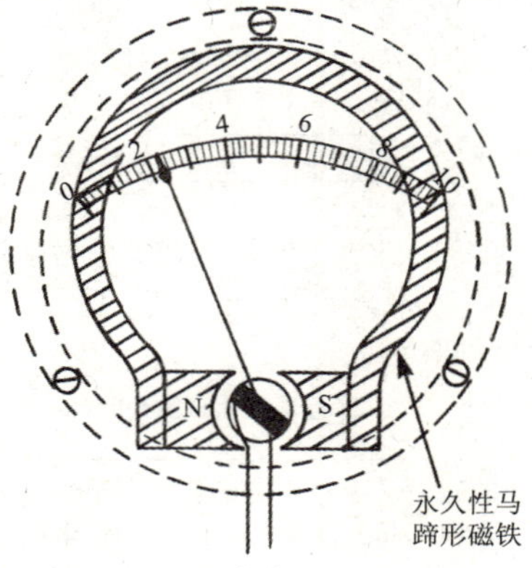

(a)
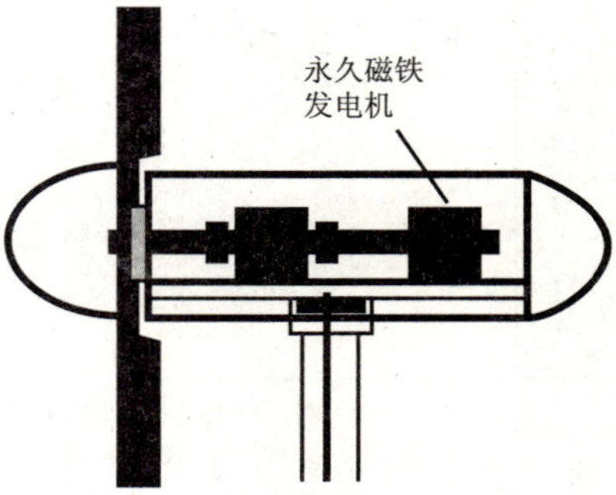

(b)
</td></tr>
<tr><td>说　明</td><td>① 各种形状的永久性磁铁在电动和电子设备中有很广泛的应用。马蹄形磁铁常用于构建模拟型测量装置
② 作为发电过程的一部分，永久性磁铁发电机常用在风涡轮机中。风能用来驱动发电机的轴转动并给发电机工作提供所需的机械作用力或运动。内部永久磁铁可以提供所需的磁力</td></tr>
</table>

续表3.4

<table>
<tr><td>图　示</td><td>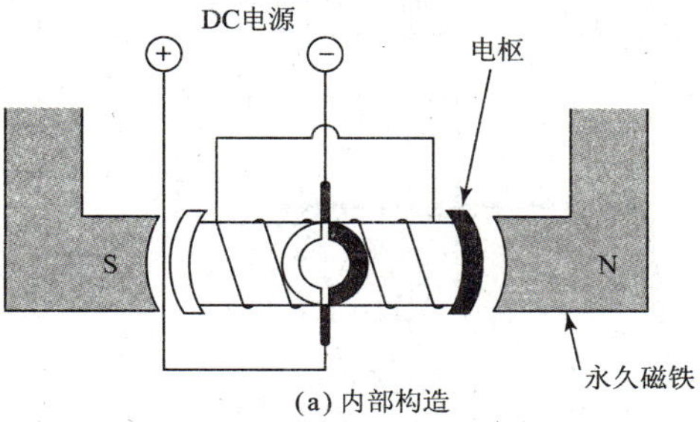

(a) 内部构造
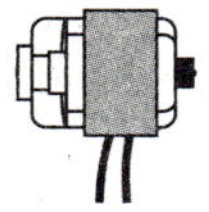
(b) 小型DC电动机</td></tr>
<tr><td>说　明</td><td>永久性磁铁DC电动机可以将电能转化成机械能。电动机的工作取决于两个磁场的相互作用。其中一个磁场是由固定的永久磁铁产生的，另一个是由缠绕在一个活动的电枢上的电磁铁产生的</td></tr>
<tr><td>图　示</td><td>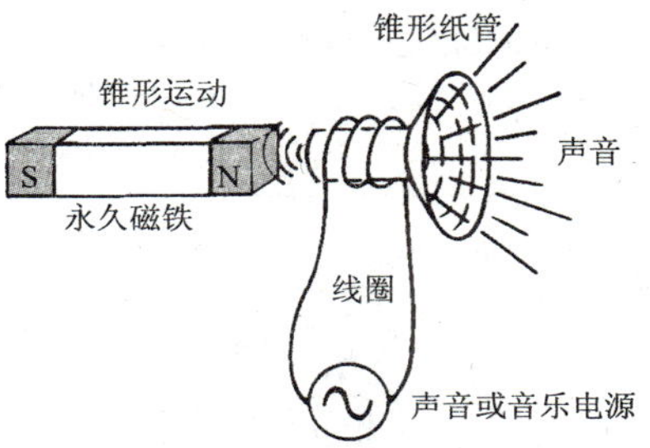

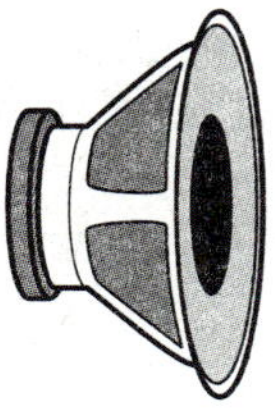</td></tr>
<tr><td>说　明</td><td>永久磁铁扬声器是所有扬声器中最常见的一种。它们被设计用来将电能转化为声能。声音线圈悬挂在空气中并装有一个永久性磁铁。当电流流过线圈时，就会产生第二种磁场，从而导致线圈震动</td></tr>
<tr><td>图　示</td><td>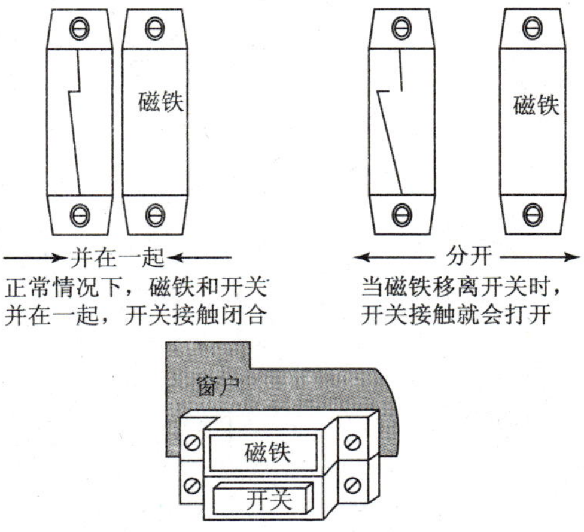
</td></tr>
<tr><td>说　明</td><td>磁力开关常用于报警系统中检测门或窗户被打开的情况。将一个永久性磁铁安装在门或窗户上，并将一个特殊开关安装在门框或窗户框上。当门或窗户关闭时，这两个部件都正常排列而且磁场吸住金属杆使得开关闭合。如果门或窗户被打开，磁铁会发生移动且开关打开，从而激活电路拉响警报</td></tr>
</table>

表3.5 电流与磁场

知识点1	载流导体周围的磁场
图　示	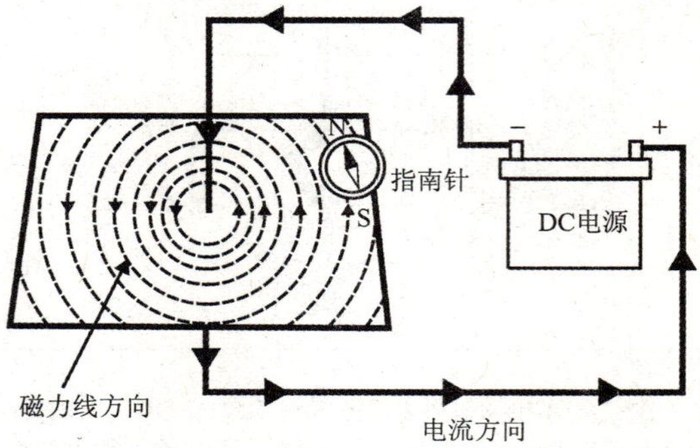
说　明	当电流通过导体时就会在导体附近产生磁场。如果是直流电通过，导体周围的磁场就只有一个方向，顺时针方向或逆时针方向。而交流电所产生磁场的方向是随着电子流动方向的改变而改变
图　示	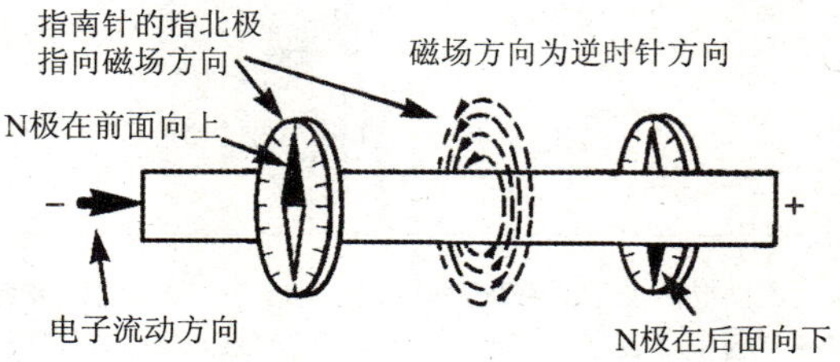
说　明	单个导体周围的磁场强度通常比较弱，因此有时候检测不到。指南针就可以标示这类磁场的存在和方向。当把指南针靠近一个载有DC电流的导体时，指南针的指北极指针就会指向磁力线通过的方向。随着指南针在导体周围的转动，就会显示一个明确的环形
图　示	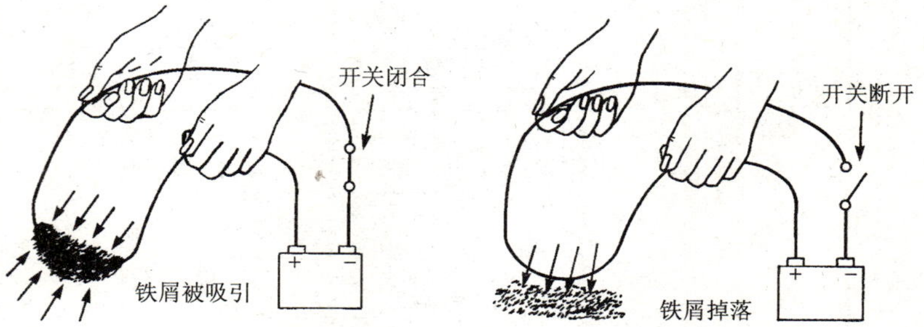
说　明	通过单个导体电流的量决定了导体周围所产生的磁场强度。电流量越大，产生的磁场强度越强。将一段单独的导线连接在普通的1.5V的DC电池上形成短路可以产生短暂的2~3A的电流。短路导体周围存在的磁场可以通过将导线伸入到大量铁屑中来检测。铁屑会被吸引到导线上，而且只要能保持电路完整产生电子流动，铁屑就会一直吸在上面

续表3.5

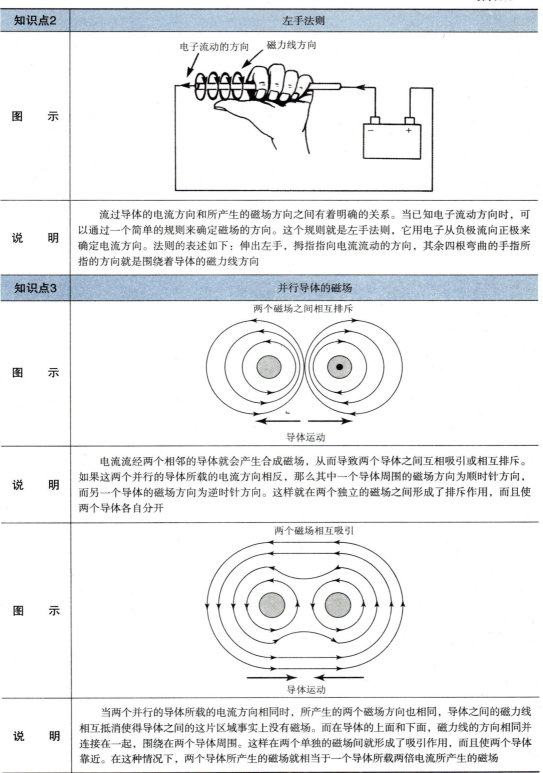

知识点2	左手法则
图　示	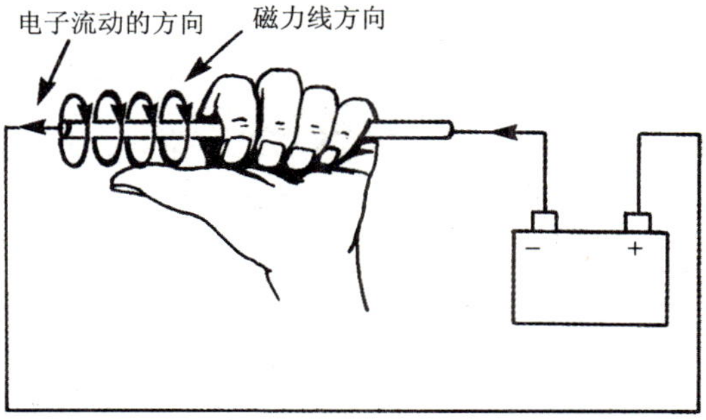
说　明	流过导体的电流方向和所产生的磁场方向之间有着明确的关系。当已知电子流动方向时，可以通过一个简单的规则来确定磁场的方向。这个规则就是左手法则，它用电子从负极流向正极来确定电流方向。法则的表述如下：伸出左手，拇指指向电流流动的方向，其余四根弯曲的手指所指的方向就是围绕着导体的磁力线方向
知识点3	**并行导体的磁场**
图　示	两个磁场之间相互排斥 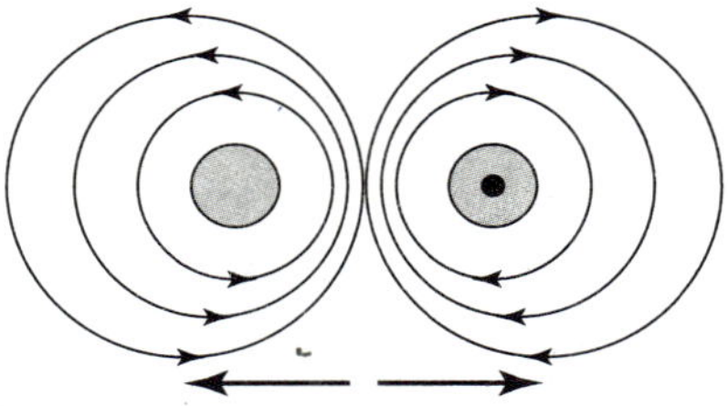 导体运动
说　明	电流流经两个相邻的导体就会产生合成磁场，从而导致两个导体之间互相吸引或相互排斥。如果这两个并行的导体所载的电流方向相反，那么其中一个导体周围的磁场方向为顺时针方向，而另一个导体的磁场方向为逆时针方向。这样就在两个独立的磁场之间形成了排斥作用，而且使两个导体各自分开
图　示	两个磁场相互吸引 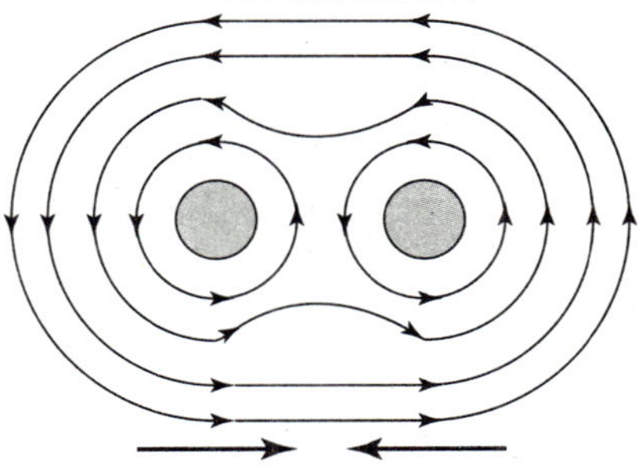 导体运动
说　明	当两个并行的导体所载的电流方向相同时，所产生的两个磁场方向也相同，导体之间的磁力线相互抵消使得导体之间的这片区域事实上没有磁场。而在导体的上面和下面，磁力线的方向相同并连接在一起，围绕在两个导体周围。这样在两个单独的磁场间就形成了吸引作用，而且使两个导体靠近。在这种情况下，两个导体所产生的磁场就相当于一个导体所载两倍电流所产生的磁场

续表3.5

知识点 4	线圈的磁场
图　　示	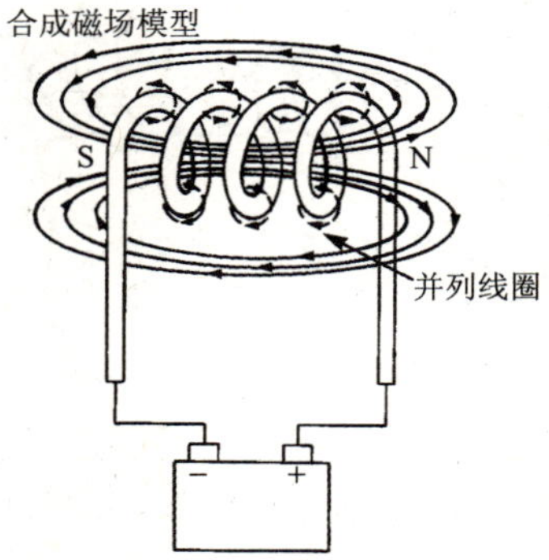
说　　明	如前所述，两个载有相同方向电流的并行靠近的导体产生的磁场强度是一个导体所产生磁场强度的两倍。如果一根导线绕成很多圈就会形成线圈，这样就相当于形成了若干个载有相同方向电流的并行导体。总的合成磁场就是所有单圈磁场的总和。这样形成的线圈所产生的磁场模型与一个具有确定北极和南极的条形磁铁的磁场类似
图　　示	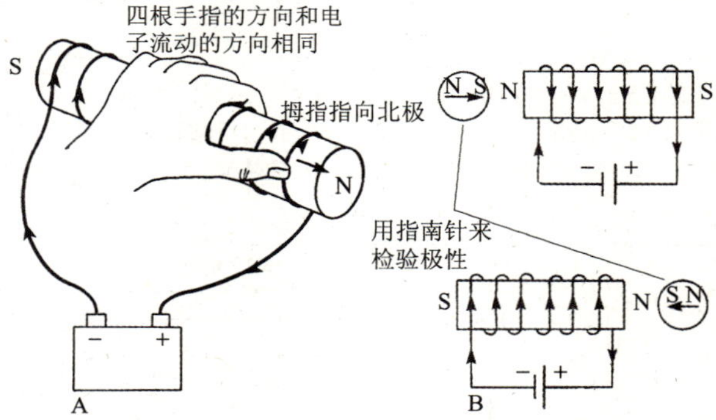
说　　明	当已知其他两个因素时，左手螺旋法则就能够用来确定线圈磁场三个因素（极性、电流方向和线圈缠绕方向）中的另外一个因素。电流方向是指电子从负极流向正极的方向。法则的表述如下：如果用左手握住线圈，用弯曲的四根手指指向电流流过的方向，那么拇指所指的方向就是磁铁的北极

表3.6 电磁铁

<table>
<tr><th>知识点 1</th><th>常用电磁铁</th></tr>
<tr><td>图　示</td><td>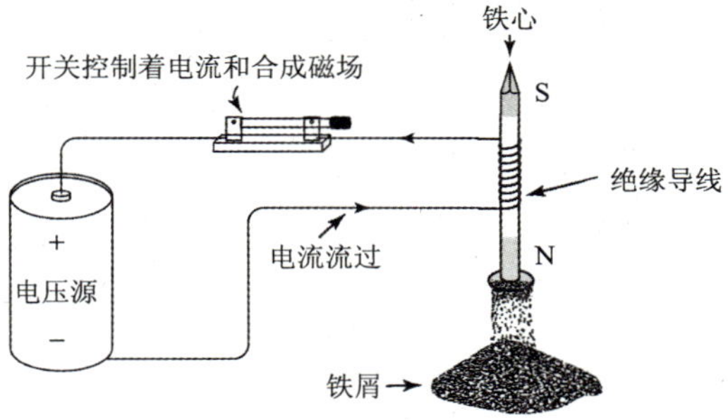
</td></tr>
<tr><td>说　明</td><td>绝缘导线以磁性物质（例如，软铁等）为核心缠绕在其上构成线圈，就形成了常见的实用电磁铁。当电流流过线圈时，铁心通过感应被磁化。磁化核心所产生的磁力线沿着线圈方向排列并产生强大的磁场。一旦流过线圈的电流停止，线圈和铁心就都会失去磁性，不管铁心存在与否，磁场的极性都不会发生改变。如果流经线圈的电流方向发生了改变，线圈和铁心的极性也会随之改变</td></tr>
<tr><td>图　示</td><td>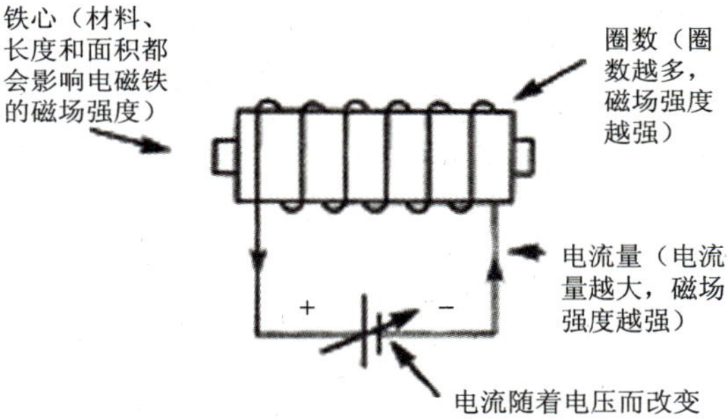
</td></tr>
<tr><td>说　明</td><td>有若干因素影响到由线圈形成的电磁铁的磁场强度，这些因素包括：
① 铁心的材料、长度和面积。铁心的面积越大，磁场强度越强
② 线圈的圈数和线圈之间的空间。圈数越多且线圈之间距离越近，磁场强度越强
③ 流过每一圈的电流量。电流量越大，磁场强度越强</td></tr>
<tr><td>图　示</td><td>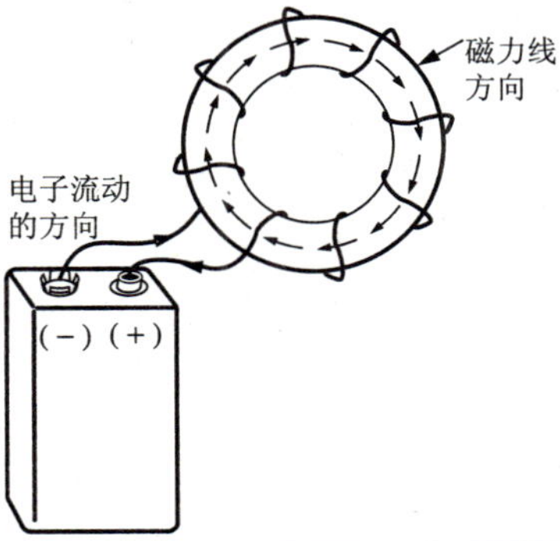
</td></tr>
<tr><td>说　明</td><td>环形线圈电磁铁所形成的磁场模型与环形磁铁类似。由线圈所产生的全部的磁力线都包含在环形铁心内，不会外散到空气中，因此，我们称环形线圈电磁铁是自我屏蔽的</td></tr>
</table>

续表3.6

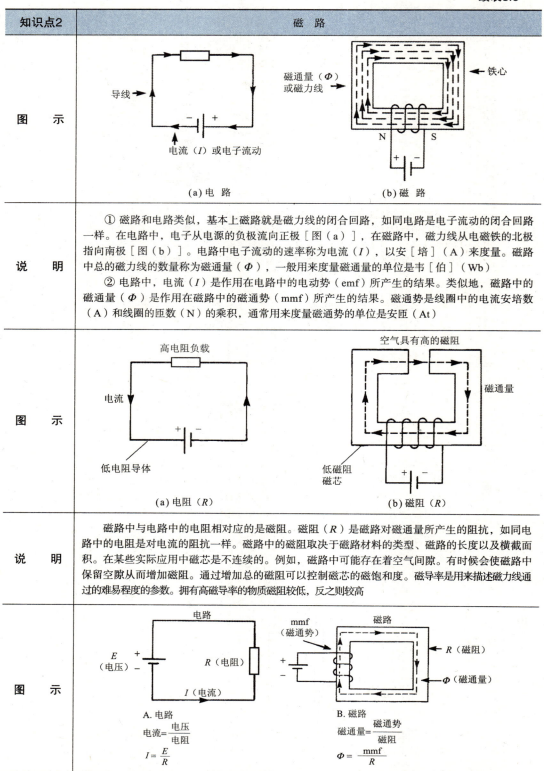

知识点2	磁　路
图　示	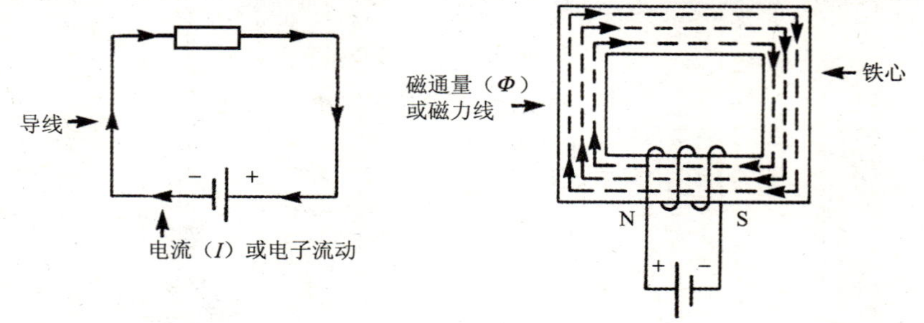 (a) 电　路　　(b) 磁　路
说　明	① 磁路和电路类似，基本上磁路就是磁力线的闭合回路，如同电路是电子流动的闭合回路一样。在电路中，电子从电源的负极流向正极［图（a）］，在磁路中，磁力线从电磁铁的北极指向南极［图（b）］。电路中电子流动的速率称为电流（I），以安［培］（A）来度量。磁路中总的磁力线的数量称为磁通量（Φ），一般用来度量磁通量的单位是韦［伯］（Wb） ② 电路中，电流（I）是作用在电路中的电动势（emf）所产生的结果。类似地，磁路中的磁通量（Φ）是作用在磁路中的磁通势（mmf）所产生的结果。磁通势是线圈中的电流安培数（A）和线圈的匝数（N）的乘积，通常用来度量磁通势的单位是安匝（At）
图　示	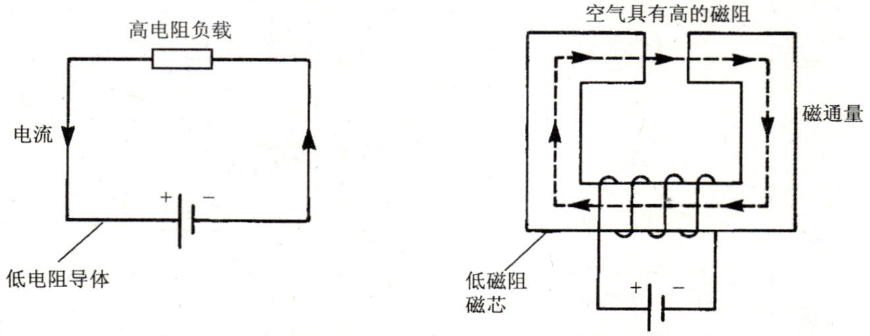 (a) 电阻（R）　　(b) 磁阻（R）
说　明	磁路中与电路中的电阻相对应的是磁阻。磁阻（R）是磁路对磁通量所产生的阻抗，如同电路中的电阻是对电流的阻抗一样。磁路中的磁阻取决于磁路材料的类型、磁路的长度以及横截面积。在某些实际应用中磁芯是不连续的。例如，磁路中可能存在着空气间隙。有时候会使磁路中保留空隙从而增加磁阻。通过增加总的磁阻可以控制磁芯的磁饱和度。磁导率是用来描述磁力线通过的难易程度的参数。拥有高磁导率的物质磁阻较低，反之则较高
图　示	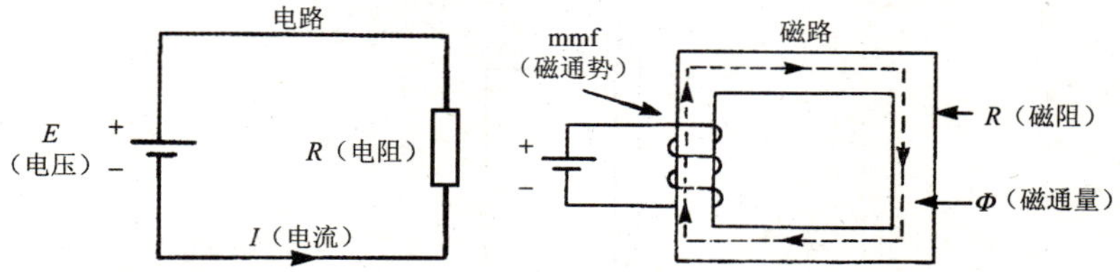 A. 电路 $电流=\dfrac{电压}{电阻}$ $I=\dfrac{E}{R}$ B. 磁路 $磁通量=\dfrac{磁通势}{磁阻}$ $\Phi=\dfrac{\text{mmf}}{R}$

续表3.6

说　明	磁路和电路的相似性还可以扩展到欧姆定律。就像电动势（E）必须通过做功来抵消电阻（R）从而产生电流（I）一样，磁路中的磁通势（mmf）也要做功来抵消磁阻（R）从而产生磁通量（Φ）。磁路欧姆定律描述如下：磁路的磁通量直接与磁通势成正比，而与磁阻成反比，公式为Φ=mmf/R
知识点3	电磁铁的应用
图　示	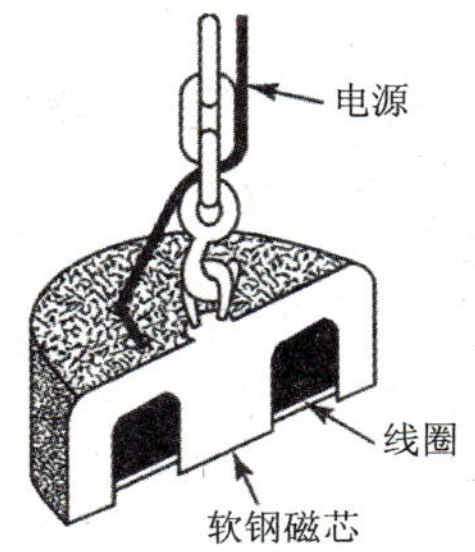(a) 起重磁铁的横截面 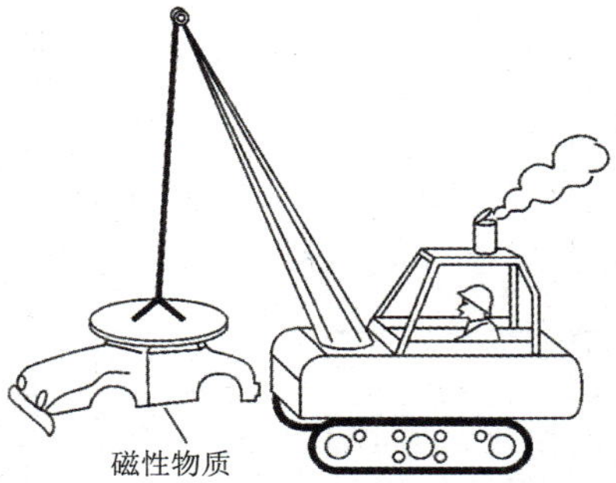(b) 吊起废金属
说　明	电磁铁应用最突出的例子就是用来移动废金属的起重机。起重机的电磁铁是一大块被流过线圈的电流所磁化的软铁。这种类型的电磁铁具有能举起磁性废金属这样重的负载能力。升降控制可以很容易地通过给电磁铁提供电压的连接和断开来完成
图　示	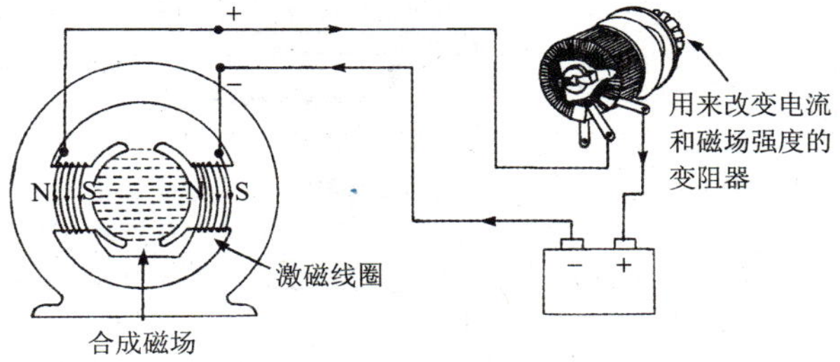
说　明	所有电动机和发电机都要利用电磁铁。在这些机器中，电磁铁的强度会随着产生的电压或电动机的转速而发生改变。在一个典型的发电机电路中，流过激磁线圈的电流通过串联在线圈上的不同的电阻器或变阻器和DC电源来不断地进行调整适应。电流的改变会导致磁场强度的改变
图　示	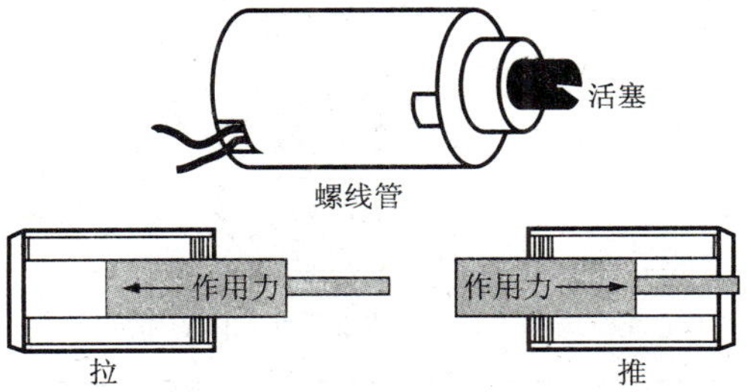

续表3.6

说　明	螺线管是一种具有活动的铁心或活塞的电磁铁。提供电源时，产生的磁场会将活塞拉出或推进线圈中去。螺线管广泛地应用于机械设备的开关和控制器中，例如，阀门就可以与负载连接从而拉动或推动活塞
图　示	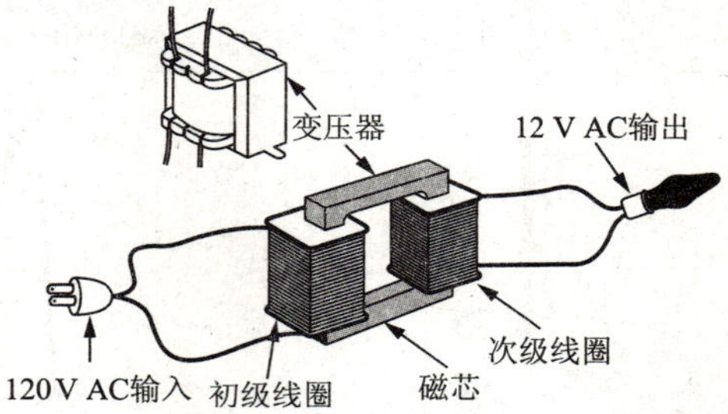
说　明	变压器是一种电力设备，可以用来升高或降低AC电压。该设备中用了两个电磁线圈来转换或改变AC电压的级别。输入电压进入缠绕在铁心上的初级线圈，输出电压在同样缠绕在铁心上的次级线圈中形成。待转换的输入电压所产生的磁场不断地在开和关之间转化，铁心将该磁场传递到能产生输出电压的次级线圈中。电压的变化取决于初级线圈和次级线圈匝数的比例
图　示	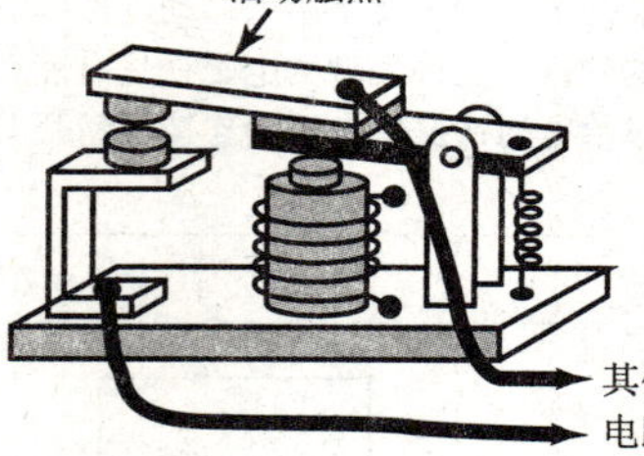
说　明	电磁继电器是一种具有开关功能的设备。这种继电器与开关的功能相同，只是用电子操作取代了人工操作而已。它利用磁场的作用使活动触点与固定触点吸合从而控制另一个电路。当电流流过线圈时产生磁场，磁场会吸引活动触点并将其拉下与固定触点端紧紧地吸合。触点闭合就像开关一样控制着其他电路中的电流

表3.7　电磁力

知识点 1	左手定则
图　示	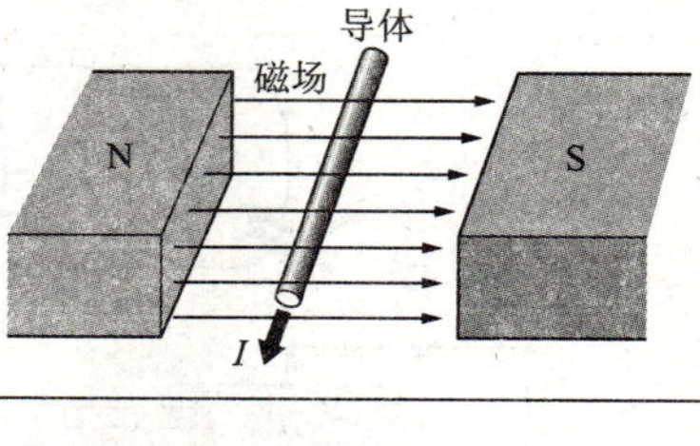
说　明	将导体放在磁场中，有电流流过时在导体的周围产生磁通

续表3.7

<table>
<tr><td>图　示</td><td>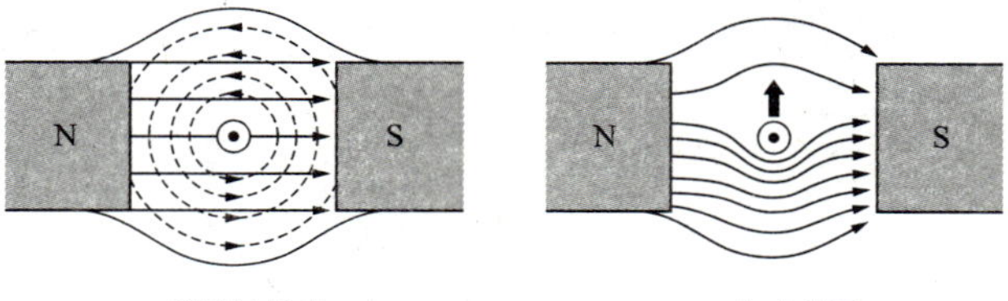

(a) 磁通被扰乱　　(b) 合成磁通</td></tr>
<tr><td>说　明</td><td>磁通虽然是以导体为中心的同心圆，但如果把磁场合成，就像图（a）与图（b）所示那样，在导体下面的部分磁力线密集（磁场强），而在导体上面的部分磁力线稀疏（磁场弱）</td></tr>
<tr><td>图　示</td><td>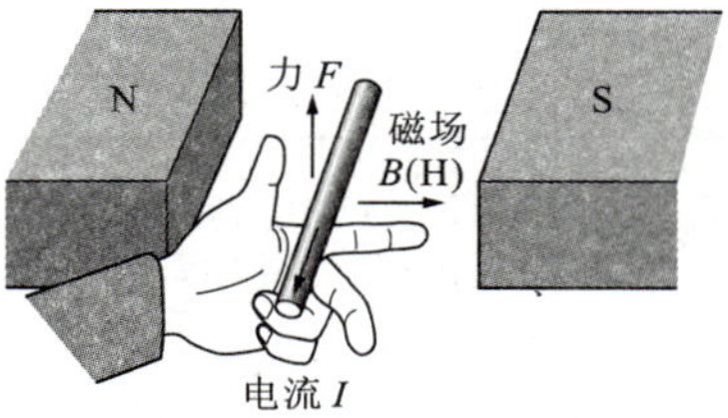
</td></tr>
<tr><td>说　明</td><td>把左手的拇指、食指和中指互相垂直地张开。使食指指向磁场方向，中指如果指电流方向，拇指就是电磁力的作用方向。这就是大家都知道的弗莱明左手定则。左手定则是有关电动机原理的重要法则，记忆方法是从拇指开始，顺序为力的符号（F）、磁通的符号（B）、电流的符号（I）</td></tr>
<tr><td>知识点2</td><td>电磁力的大小</td></tr>
<tr><td>图　示</td><td>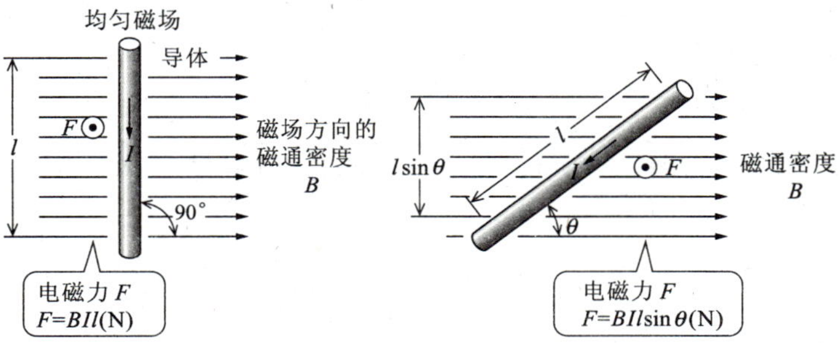

(a)　　(b)</td></tr>
<tr><td>说　明</td><td>电磁力的大小与磁场的磁通密度 B（T）及电流 I（A）之积成正比，也和放在磁场中的导体长度 l（m）成比例。
图（a）示出流过 I（A）电流，长度为 l（m）的导体，放在磁通密度为 B（T）的磁场中，如果导体与磁场方向垂直，则作用在导体的电磁力是
$F=BIl$（N）
如果像图（b）所示，导体与磁通有一夹角 θ（°）时，作用在导体上的力是
$F=BIl\sin\theta$（N）</td></tr>
</table>

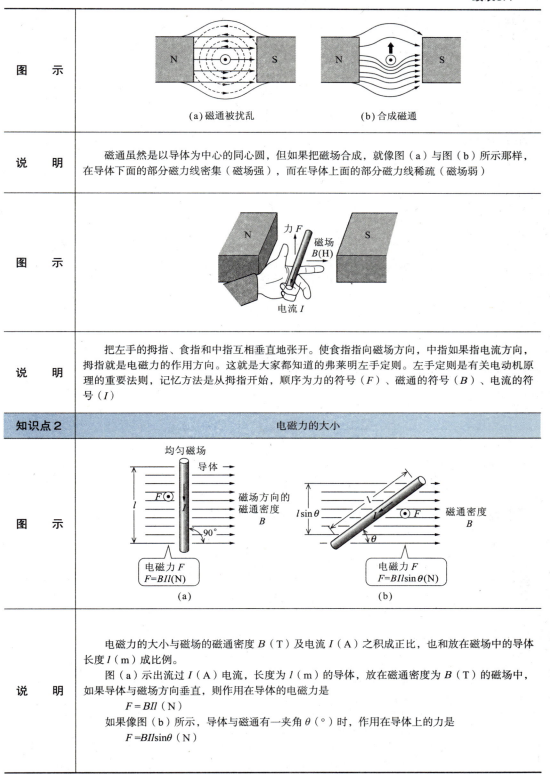

续表3.7

<table>
<tr><th>知识点3</th><th>平行导体之间作用力的方向</th></tr>
<tr><td>图　　示</td><td>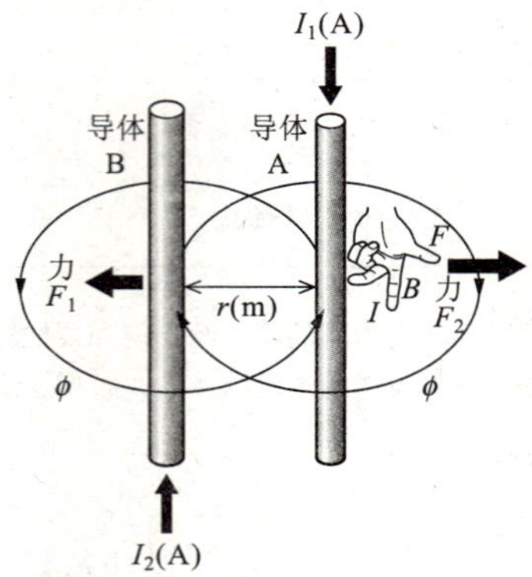
</td></tr>
<tr><td>说　　明</td><td>在空气中有平行放置的导体A与B，距离为r（m），各自有电流I_1（A）及I_2（A），在相反方向流过。此时导体之间有电磁力的作用，A与B的电流方向相反时是排斥力，方向相同时是吸引力</td></tr>
<tr><td>图　　示</td><td>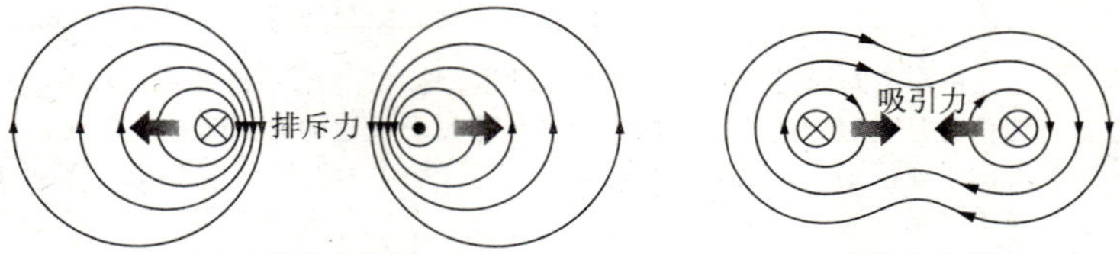

(a) 电流方向相反　　(b) 电流方向相同</td></tr>
<tr><td>说　　明</td><td>从上面看A、B两个导体的截面，根据磁通的方向也可以判断力的方向。图（a）所示是同一方向的磁通互相排斥，所以导体之间是排斥力；图（b）所示是磁通力图收缩，因此导体之间是吸引力的作用</td></tr>
<tr><th>知识点4</th><th>平行导体之间作用力的大小</th></tr>
<tr><td>图　　示</td><td>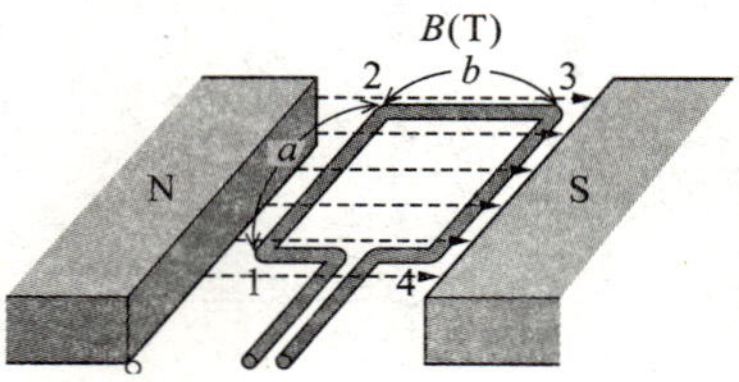
</td></tr>
<tr><td>说　　明</td><td>在各点磁通密度均为B（T）的均匀磁场中有一匝线圈并流过电流，按照弗莱明左手定则，在线圈的1-2边及3-4边有方向相反的作用力，使线圈旋转。线圈另外的2-3边及1-4边因为与磁通平行，故没有电磁力作用
作用在线圈的1-2边及3-4边［长度均为a（m）］的力F，根据式得
$F = BIa$
所以作用在线圈的旋转力即力矩为
T=力（F）×力臂长（b）$= F \times b$（N·m）
$= BIab = BI \times$线圈的面积</td></tr>
</table>

续表3.7

图　示	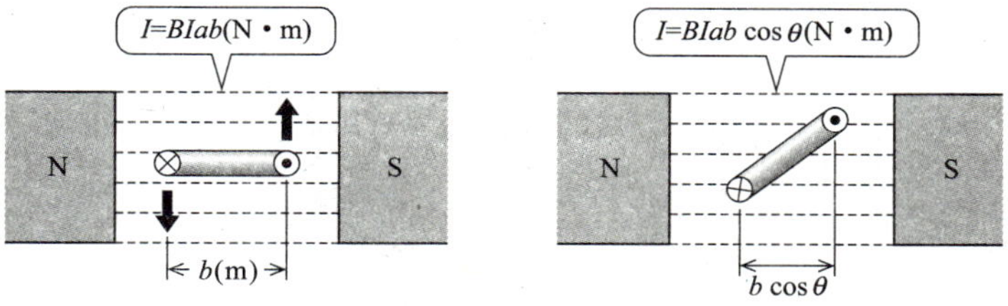 (a)线圈平面与磁场平行　(b)线圈平面与磁场方向成 θ 角
说　明	当线圈旋转与磁通成 θ 角［图（b）］时，力矩的力臂长是 $b\cos\theta$，所以， $T = Fb\cos\theta = BIab\cos\theta$（N・m） 如果$\theta = 90°$，因 $\cos 90° = 0$，故没有力矩作用。线圈为N（匝）时，力矩是上式之值的N倍
图　示	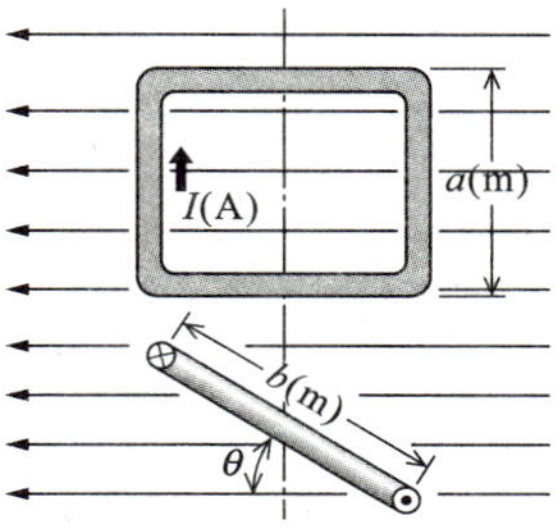
说　明	把长 a（m）、宽 b（m）、匝数 N（匝）的长方形线圈放在磁场强度为 H（A/m）的均匀磁场里，并使线圈的平面与磁场方向成 θ角。当线圈里有电流 I（A）流过时，求发生旋转力矩的大小。设想线圈是置于空气中 因线圈的旋转力矩 T 用力（F）× 力臂长（$b\cos\theta$）表示，故 $T = F \times b\cos\theta = BIab\cos\theta = \mu_0 HIab\cos\theta$（N·m） 因线圈的匝数是 N，故 $T = \mu_0 HNIab\cos\theta$（N·m）
知识点5	**磁路必须是闭合的**
图　示	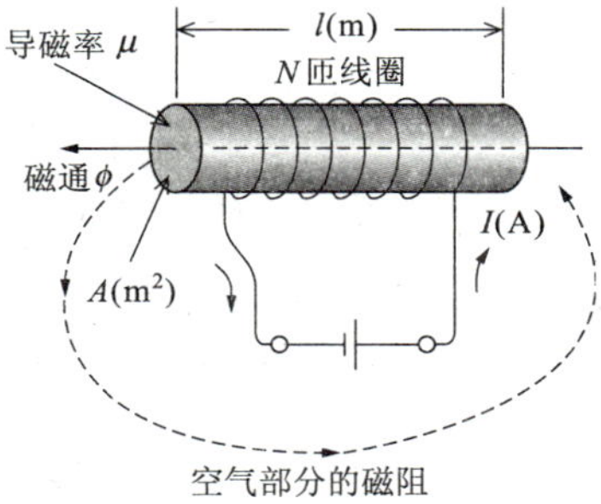
说　明	在图中，设铁心的磁阻 $R = \ell / \mu A$（H^{-1}），可以求出磁通 $\varphi = NI/R$（Wb）吗？答案是否定的，理由是，与电流中电流的流动必须有闭合回路一样，考虑磁路中的磁通时也必须有闭合的通路。图中的磁通是从磁铁的一端来到空中再返回，因此必须考虑途中空气部分的磁阻

表3.8 电磁感应

知识点1	电磁感应作用
图　　示	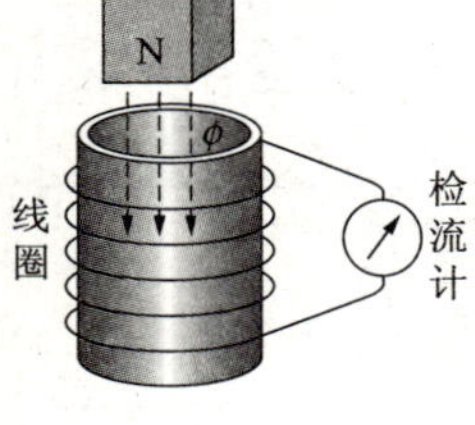
说　　明	将磁铁靠近线圈或远离线圈时，在线圈中会产生电动势，出现使检流计指针偏转的现象。磁铁的磁通与线圈交链，由于线圈中的交链磁通变化而产生电动势，这种现象就是电磁感应。重点在于，与线圈交链的磁通变化，而且是只在变化时线圈里才会有电动势，此电动势称为感应电动势，由此引起的电流叫做感应电流
图　　示	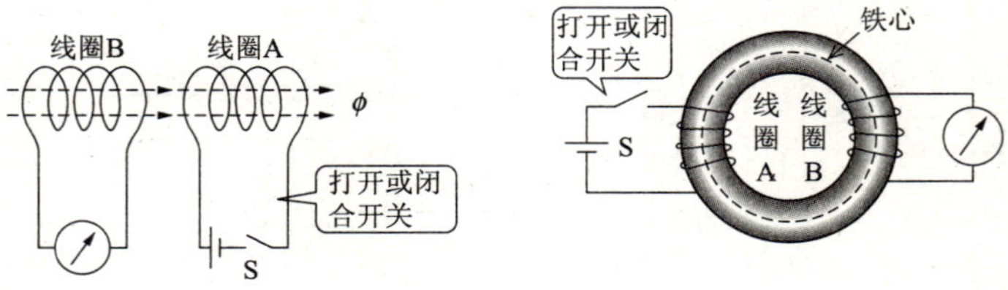(a)　(b)
说　　明	只要打开或闭合开关S，使线圈A中的电流断续，线圈B中的交链磁通就变化，产生电动势并使检流计的指针偏转。图（b）与图（a）比较，由于是共用铁心，发生的电动势也就大得多
图　　示	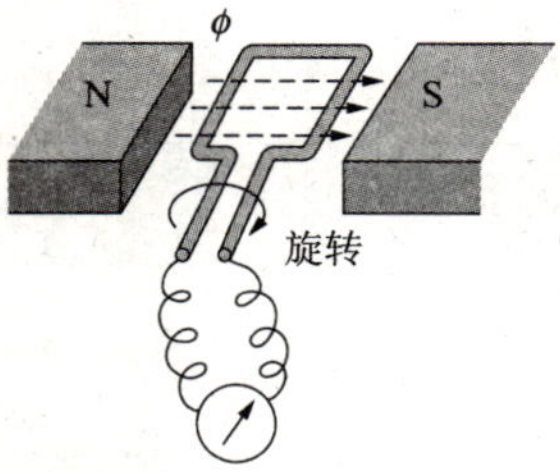
说　　明	发电机的原理就是使线圈在均匀磁场中旋转而发生电动势
知识点2	**感应电动势的大小**
说　　明	由于电磁感应的作用，与线圈交链的磁通相对于时间的变化比率越大，线圈中发生的感应电动势 e 也就越大，这就是关于电磁感应的法拉第定律。所以在匝数为 N 的线圈中，如果磁通在 Δt（s）的时间内变化了 $\Delta\varphi$（Wb）时，感应电动势 e 的大小为 $\lvert e\rvert$ =（线圈的匝数）×（每秒变化的磁通） $=N\dfrac{\Delta\varphi}{\Delta t}$（V） 式中，$\lvert e\rvert$ 表示 e 的绝对值

续表3.8

知识点3	**感应电流的方向与楞次定律**
图　示	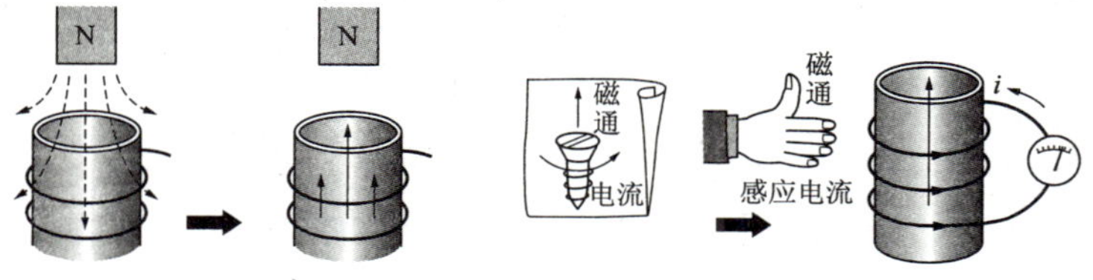 (a)　(b)　(c)
说　明	发生电磁感应现象时，线圈里产生的电流（电动势）方向归纳如下：线圈中感应电流的流向总是使感应电流所产生的磁通阻碍原有磁通的增减 上述内容就是楞次定律。如图（a）所示，使N极接近线圈时，进入线圈的磁通将要增加（虚线的磁通）。于是如图（b）所示，要阻碍这个磁通（原来的磁通）增加，就必须像图（c）那样有产生反向磁通的电流流过。这种场合，图（c）中的实线箭头与感应电流 i 按照安培的右螺旋法则
图　示	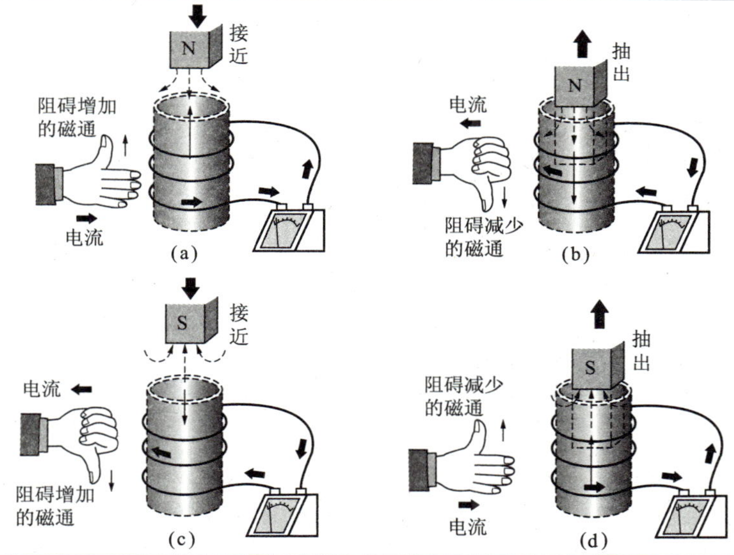
说　明	楞次定律中，所谓“感应电流所产生的磁通阻碍原有磁通的增减”的意思是： ① 磁铁接近线圈时，感应电流产生的磁通与磁铁的磁通互相抵消（想要增加，就不让它增加） ② 抽出线圈中的磁铁时，感应电流产生的磁通与抽出磁铁的磁通具有相同的方向（想要减少，就不让它减少）

知识点4	**感应电动势与右手定则**
图　示	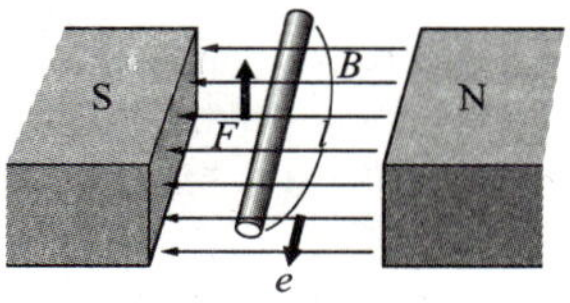

续表3.8

说　明	导体切割磁力线时，将产生与线圈同样的感应电动势（或感应电流）
图　示	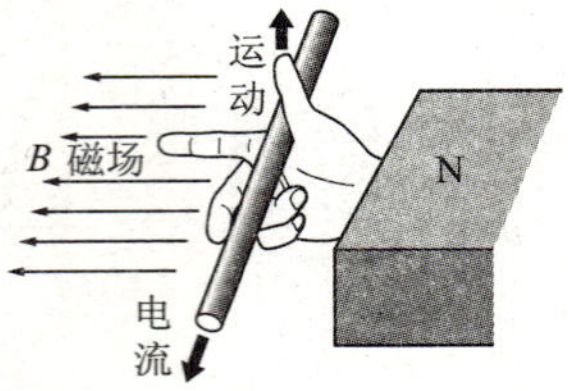
说　明	判断感应电动势方向的方法是用弗莱明右手定则，即如图所示，将右手3个手指互相成直角张开，使拇指代表导体的运动方向，食指朝着磁通方向，在中指的方向上就产生感应电动势
图　示	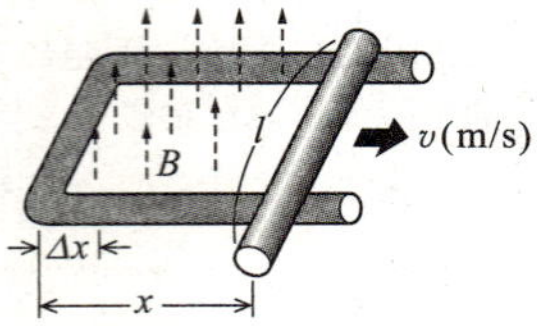
说　明	在磁通密度为 B（T）的磁场中有∏形的导线，上面有与其接触，并且长度为 l（m）的导体棒，使导体棒以速度 v（m/s）向右移动时，用法拉第定律求该导体围成的长方形闭合回路中感应电动势的大小。首先，该闭合回路的总磁通 $\varphi = Blv$。其次，Δx 区间的磁通数是 $Bl\Delta x$。因此电动势的大小是 $e=\dfrac{\Delta\varphi}{\Delta t}=\dfrac{Bl\Delta x}{\Delta t}=Blv$（V）

表3.9 电磁耦合的要素

知识点1	自　感
图　示	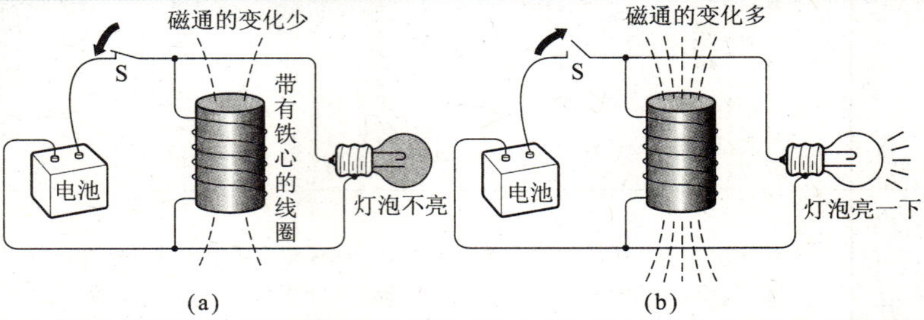
说　明	图中示出了由线圈、灯泡、电池、开关组成的电路，假设灯泡没有足够大的电压就不能点亮。这时把开关S合一下再打开，在开关闭合时灯泡不亮，而在开关打开的瞬间却亮了 事实上，不论开关在闭合还是打开的瞬间都会产生磁通的变化，但图（a）是在还没有建立磁通时流过电流产生磁通，而图（b）是已经有磁通的状态下瞬间使磁通消失，即在短时间内磁通发生变化，所以瞬间产生很大的电动势让灯泡发光。像这样为了让线圈中流过的电流变化，却使线圈本身发生电动势的作用称为自感作用 线圈自感作用的大小，可以用相对于电流的变化，能感应出多少电动势的作用来表示。自感的符号用 L，单位是亨［利］（H）。线圈有1亨［利］（H）的自感，是表示如果在1s内电流变化1 A，可以发生1 V的电动势

续表3.9

<table>
<tr><th>知识点2</th><th>自感的计算</th></tr>
<tr><td>图　示</td><td>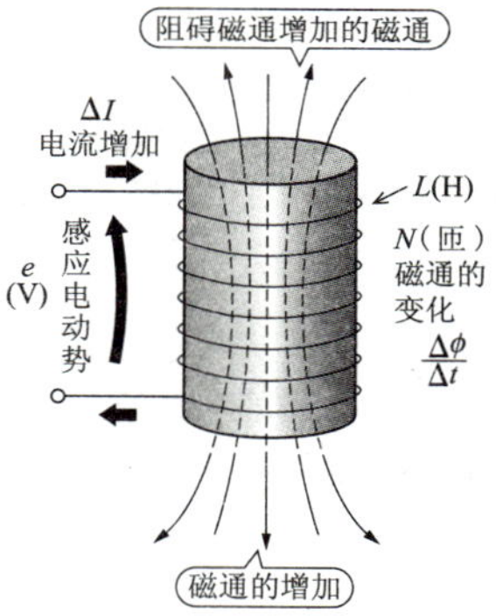
</td></tr>
<tr><td>说　明</td><td>假设为使图中线圈流过的电流在Δt（s）内变化ΔI（A），穿过线圈磁通的变化量是$\Delta\phi$（Wb）
设线圈的匝数为N，此时线圈中产生的电动势是
$e=\dfrac{N\Delta\phi}{\Delta t}$
另外，因磁通ϕ与电流I成比例，总磁通数$N\phi$（Wb）也和电流I成比例。设此时的比例常数是L，则
$N\phi=LI$
此L就是自感，故
$e=\dfrac{N\Delta\phi}{\Delta t}=\dfrac{L\Delta I}{\Delta t}$ （V）
自感L是由线圈的匝数及形状决定的常数。当线圈中有铁心时，对于相同的磁动势会有很多磁通，因此自感也大</td></tr>
<tr><th>知识点3</th><th>互　感</th></tr>
<tr><td>图　示</td><td>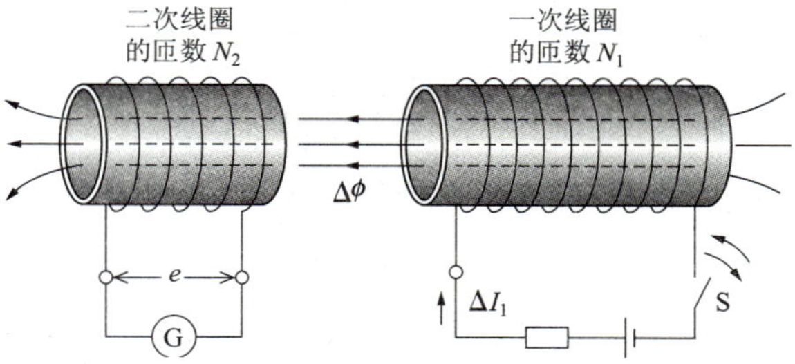
</td></tr>
<tr><td>说　明</td><td>图中所示是两个靠近的线圈，一个线圈的电流时通时断，电流引起的磁通变化会影响到另一个线圈，由于电磁感应在另一线圈中产生感应电动势，这种现象称为相互感应作用，有这种作用的两个线圈称为电磁耦合
用互感表示线圈具有相互感应作用的大小，符号是M，单位与自感相同，是亨［利］（H）。互感为1 H的线圈，是指一个线圈在1 s内电流变化1 A时，在另一线圈内感应出1 V的电动势</td></tr>
</table>

续表3.9

知识点4	互感的计算
说　明	在上图中，二次线圈交链的磁通变化是，一次线圈的电流在Δt（s）内变化ΔI_1（A）时，二次线圈中交链磁通的变化$\Delta\phi$（Wb）与ΔI_1（A）成正比 由于在二次线圈中发生的感应电动势e_2（V）与电流的变化率$\Delta I_1/\Delta t$成正比，如果设比例系数为M，则 $e=\dfrac{M\Delta I_1}{\Delta t}$（V） 互感系数$M$的值由两个线圈的匝数、形状、相互位置等决定 另外，如果没有漏磁通，即一次线圈产生的磁通ϕ_1（Wb）全部与二次线圈交链时，二次线圈的磁链数是$N_2\phi_1$，即与自感同样，因$N_2\phi_1$与I_1成比例，故 $N_2\phi_1=MI_1$ 所以，M可表示为 $M=\dfrac{N_2\phi_1}{I_1}$（H） 由上式可知，互感系数M表示一个线圈的电流每1 A在另一线圈的磁链数。此外，当一个线圈流过I（A）电流时如果知道另一线圈的磁链数，即可计算出互感系数M（H）

第4章

直流电路

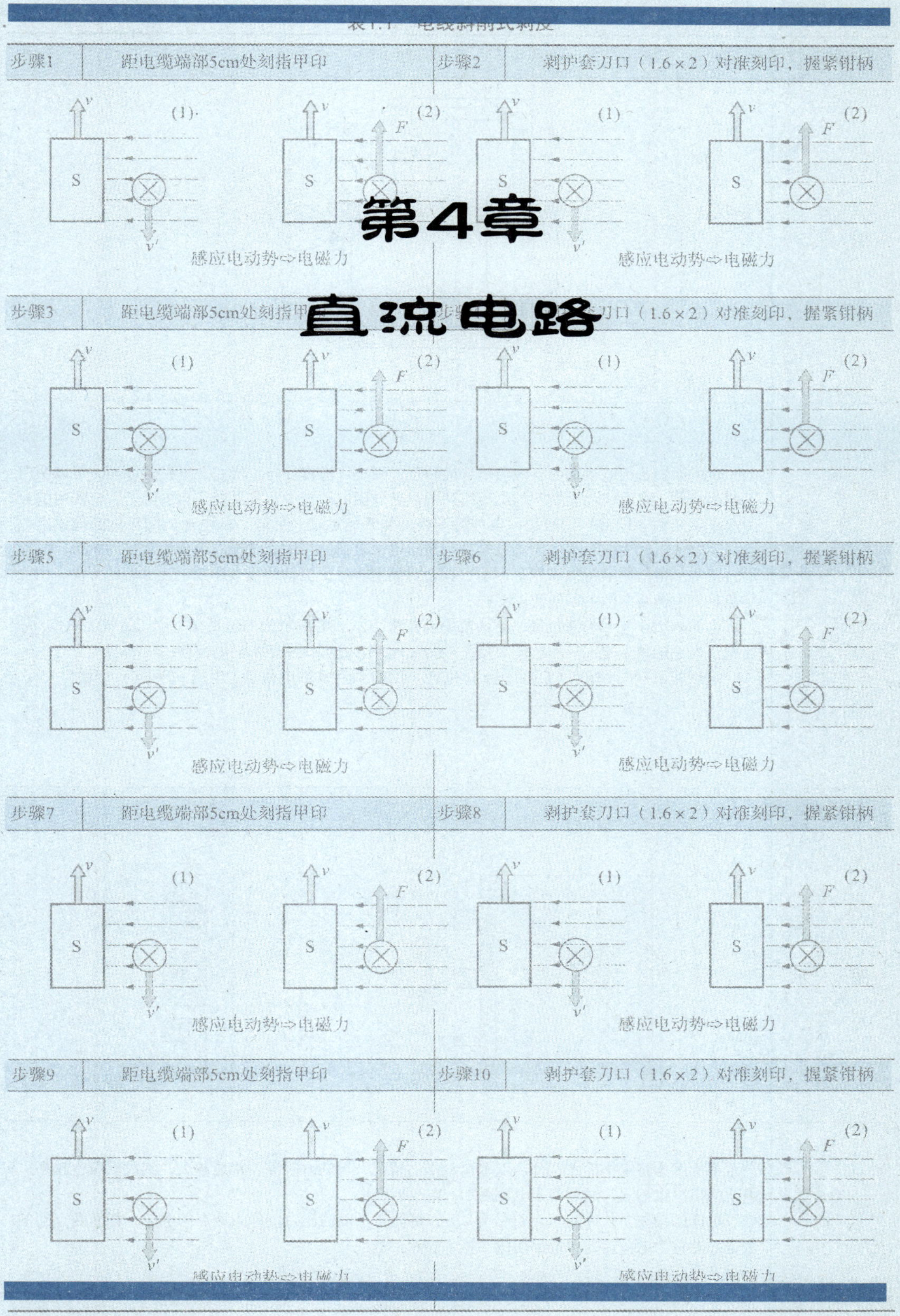

表4.1　电流、电压与电阻

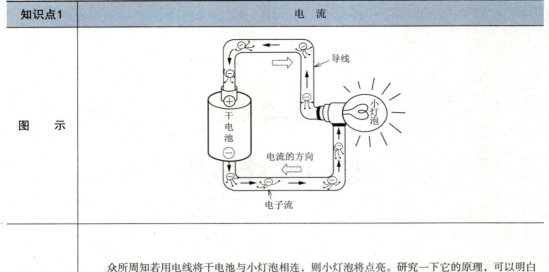

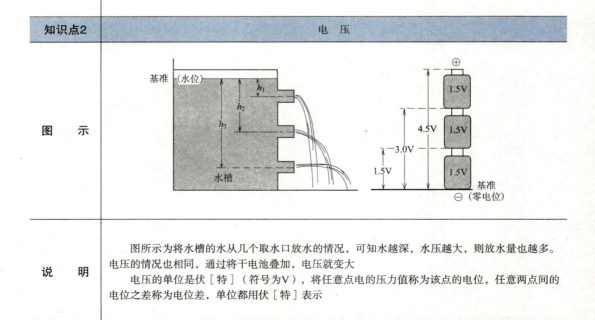

知识点1	电　流
图　示	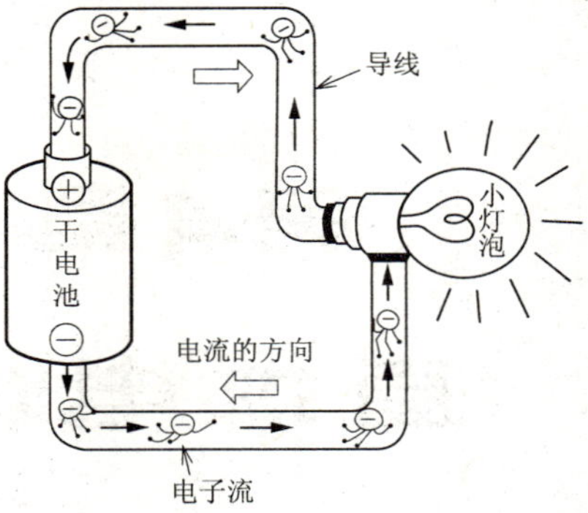
说　明	众所周知若用电线将干电池与小灯泡相连，则小灯泡将点亮。研究一下它的原理，可以明白下面的结果。在电线（铜线）的电子排列中，最外圈电子数少，容易变成自由电子。电线中的自由电子带负电，因此一起被拉向电池的阳极一侧开始运动。另外，从电池的阴极不断地供给电子，实际上电线中的自由电子不过是承担运送电池电荷的作用。这样的电子流动称为电流，其流动方向是从电池阴极流向阳极。但是，我们习惯上将电子流动的反方向规定为电流的方向，因而结论是“电流从电池的阳极流向阴极” 电流的大小用1s内通过某一截面的电荷量来表示。电荷量的单位是库［仑］，符号是C。表示电流大小的单位是安［培］（单位符号为A）。1A表示1s内有1C的电荷移动 现在若设t秒钟有Q（C）的电荷移动，则由于1s移动的电荷量为电流I的大小，因此 $I=\frac{Q}{t}$（A）
知识点2	**电　压**
图　示	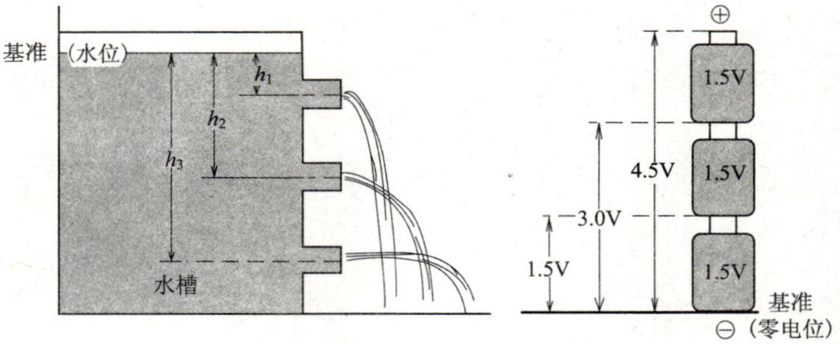
说　明	图所示为将水槽的水从几个取水口放水的情况，可知水越深，水压越大，则放水量也越多。电压的情况也相同，通过将干电池叠加，电压就变大 电压的单位是伏［特］（符号为V），将任意点电的压力值称为该点的电位，任意两点间的电位之差称为电位差，单位都用伏［特］表示

续表4.1

<table>
<tr><th>知识点3</th><th>电　阻</th></tr>
<tr><td>图　　示</td><td>
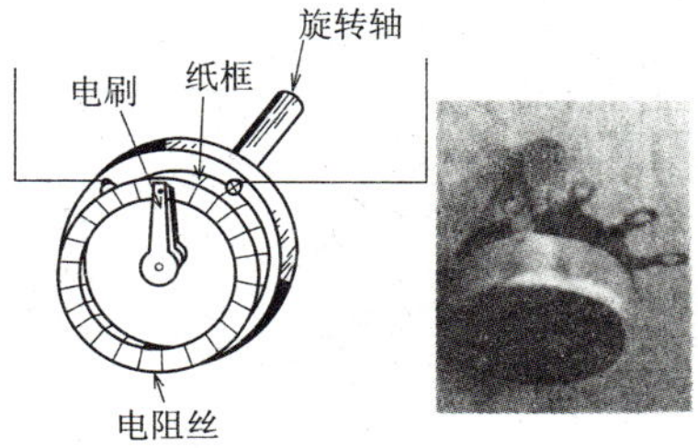

(a) 可变电阻(线绕式)
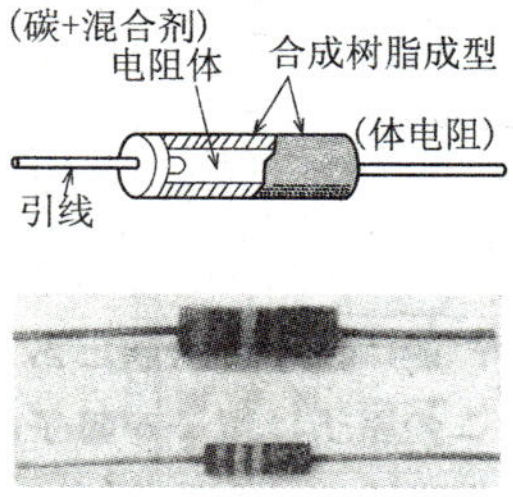

(b) 实心电阻
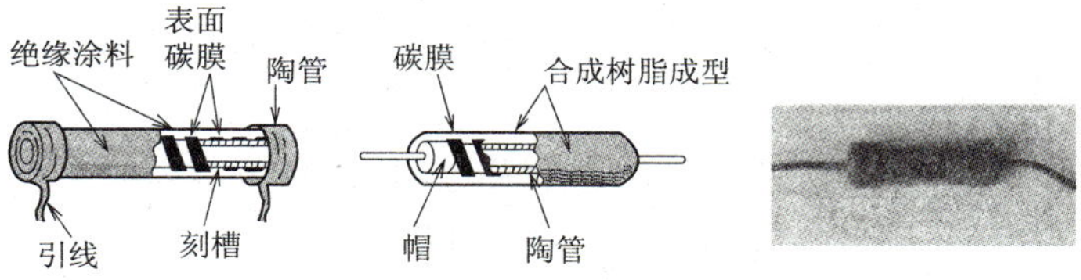

L形碳膜电阻　　模压型碳膜电阻
(c) 碳膜电阻
</td></tr>
<tr><td>说　　明</td><td>一般金属容易导电，是由于自由电子沿金属原子轨道旋转，这一点很容易理解。但由于物质种类不同，最外圈电子的数量也不同，通电与否取决于材料中存在的自由电子的数量。一般状态下的导体多多少少具有阻碍电流流通的作用，其阻碍程度称为电阻，单位为欧［姆］（符号为Ω）。当该导体流过1A的电流，需要1V的电压时，这时的电阻值称为1Ω的电阻</td></tr>
</table>

表4.2　电动势

<table>
<tr><th>知识点</th><th>电动势</th></tr>
<tr><td>图　　示</td><td>
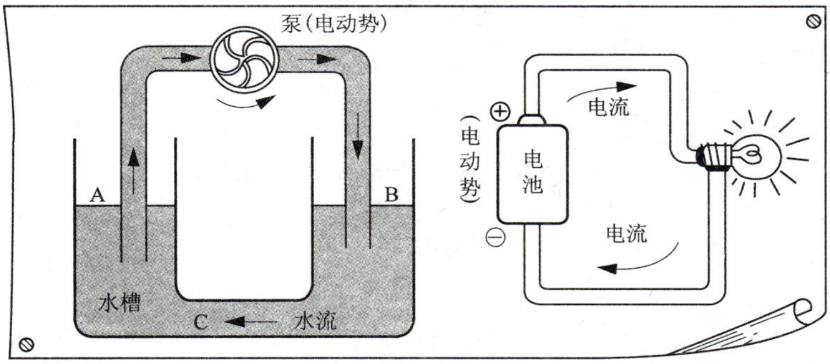

</td></tr>
<tr><td>说　　明</td><td>若用泵从A水槽向B水槽供水，则A、B间产生水位差，通过通道C使水位差消失，即产生了水流。若持续使该泵旋转，则连续不断地产生水流。若用电线将小灯泡连接在干电池的正端与负端之间，则电流流过，小灯泡持续点亮。就像水流中的泵的作用那样，用干电池保持电位差，这样的作用称为电动势。电动势的大小与电位差相同，用伏［特］（符号为V）表示</td></tr>
</table>

表4.3 欧姆定律

知识点	欧姆定律

图 示

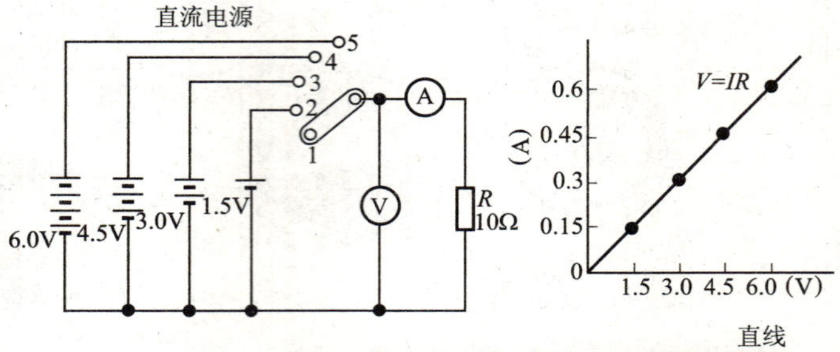

R= 一定(10Ω)

端子编号	1	2	3	4	5
V(V)	0	1.5	3.0	4.5	6.0
I(A)	0	0.15	0.3	0.45	0.60

说 明

电压与电流成正比，这一关系用下式表示：

$$V=IR\ (\text{V})$$

式中，V为电压；I为电流；R为比例常数（电阻）

在上图中，将电压固定（5V），通过改变电阻来研究电流与电阻的关系。这里必须注意，不能使$R=0$。$R=0$电路处于短路状态，这是绝对要避免的。由图中的曲线及表格可知，存在下式的关系：

$$I=\frac{V}{R}\ (\text{A}) \qquad R=\frac{V}{I}\ (\Omega)$$

这些公式是前述公式的变形。

将以上的电压、电流及电阻的关系系统地加以总结就是欧姆定律，即电路中流过电流的大小与电压成正比，与电阻成反比

表4.4 电路构成

知识点 1	实物布线图

图 示

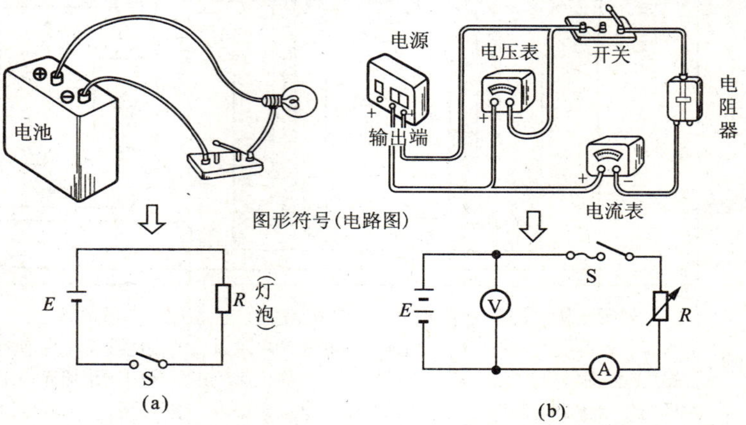

续表4.4

说　明	图（a）是通过开关用导线将干电池与小灯泡连接，图（b）是用电线将带熔丝的开关及电阻器与直流稳压电源连接，测量电路的电压及电流。其中电池或直流稳压电源是产生电压的，即为电源，一旦开关接通，则电流流过导线，使得小灯泡点亮，或使电表指针偏转，将小灯泡称为负载 因而，若将开关接通，则从电源正极有电流通过负载流至电源负极，将该电流流过的路径称为电路（也可称为回路） 图（b）中，电流表是测量流过电路的电流大小的仪表，连接在电源正端与负载之间，或连接在负载与电源负端之间；电压表是测量电路内电压大小的仪表，连接在电源的两端或负载的两端，两种情况下都特别要注意极性
知识点2	**图形符号**
图　示	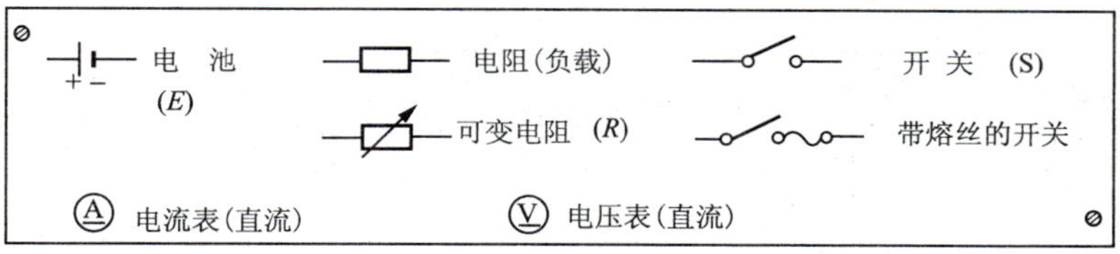
说　明	若用实物图来表示电路，则非常麻烦，因此要用规定的图形符号表示

表4.5　电阻串联、并联电路

知识点1	**电阻串联**
图　示	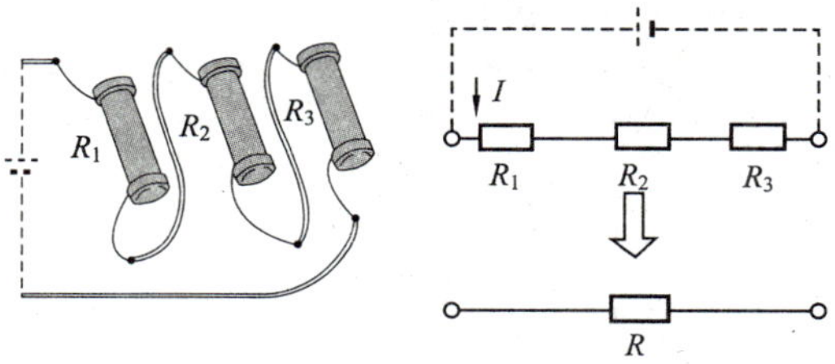 $R=R_1+R_2+R_3$
说　明	两个以上电阻形成一串的连接形式称为串联，将这样的电路称为串联电路
图　示	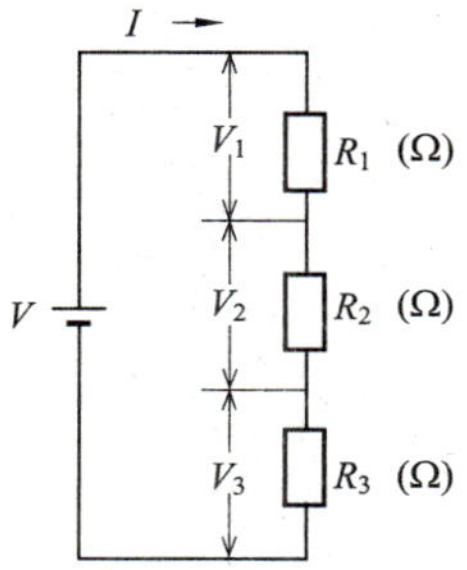

续表4.5

说　明

由于流过各电阻的电流相同，因此根据欧姆定律，各电阻的端电压 V_1、V_2、V_3 分别表示如下：

$$V_1=IR_1 \qquad V_2=IR_2 \qquad V_3=IR_3$$

由于电池两端的电压等于加在各电阻上的电压之和，因此，

$$V=V_1+V_2+V_3=I(R_1+R_2+R_3)=IR$$

式中，令

$$R=R_1+R_2+R_3\ (\Omega)$$

这样，形成与欧姆定律基本形式相同的形式。对于电池来说，在电压 V 作用下流过一个电阻 R 的电流也为 I，因此，串联电阻可等效为一个电阻，R 称为等效电阻。因而，电阻串联的通式表示如下：

$$R=R_1+R_2+R_3+\cdots+R_n\ (\Omega)$$

知识点2　电阻并联

图　示

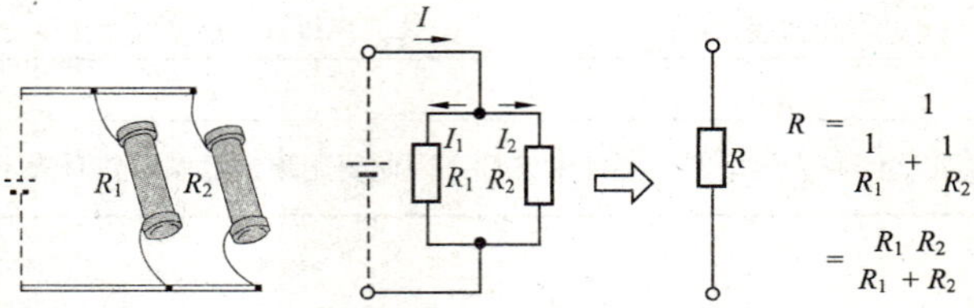

(a)

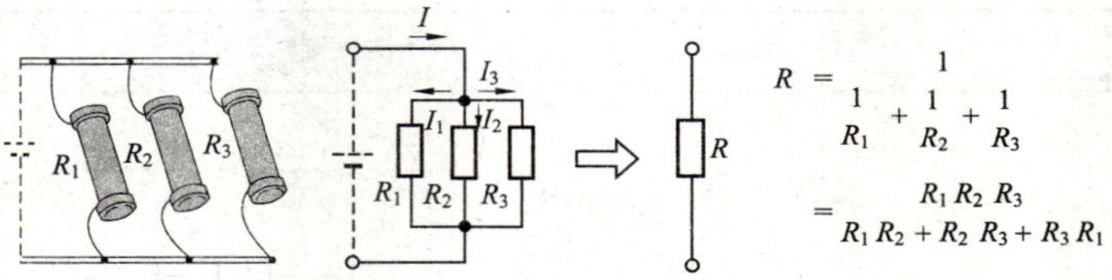

(b)

说　明

将两个以上电阻的两端分别接于同一点的形式称为电阻并联，将这样的电路称为并联电路

图　示

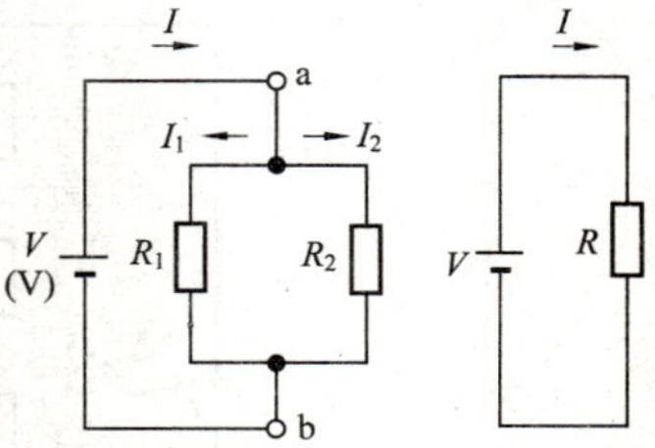

(a)　(b)

续表4.5

说　明

由于在图（a）电路的a、b两端之间加上电压 V（V），因此，各电阻 R_1及 R_2分别加上相同的电压V。若设流过 R_1及 R_2的电流分别为 I_1及 I_2，则根据欧姆定律可得

$$I_1=\frac{V}{R_1},\ I_2=\frac{V}{R_2}$$

另外，由于流过电池的总电流 I 为 I_1与 I_2之和，因此，

$$I=I_1+I_2=\frac{V}{R_1}+\frac{V}{R_2}=V\left(\frac{1}{R_1}+\frac{1}{R_2}\right)$$

式中，若将$V=\left(\frac{1}{R_1}+\frac{1}{R_2}\right)$写成$V\times\frac{1}{R}$，则 R 表示并联电路的等效电阻［图（b）］，即

$$\frac{1}{R_1}+\frac{1}{R_2}=\frac{1}{R}$$

所以，$R=\dfrac{1}{\dfrac{1}{R_1}+\dfrac{1}{R_2}}$

知识点3　串并联的等效电阻

图　示

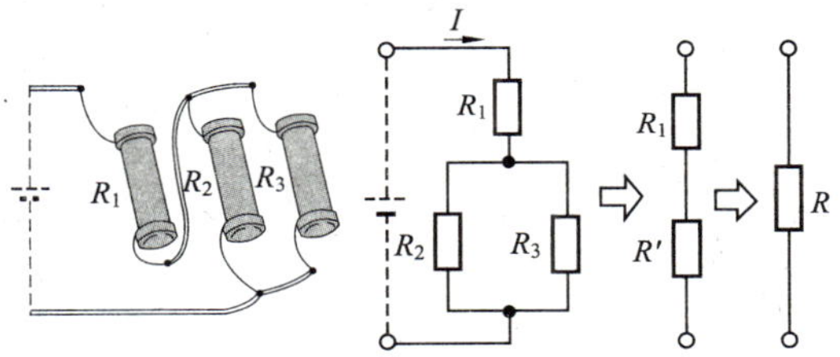

$$R'=\frac{1}{\dfrac{1}{R_2}+\dfrac{1}{R_3}}$$

$$R=R_1+R'$$

$$R=R_1+\frac{R_2\ R_3}{R_2+R_3}$$

说　明

根据电阻 R_2及 R_3的并联电路，求出其等效电阻 R'，再接着求出 R_1与 R' 的串联等效电阻 R，则能求出整个电路的等效电阻 R

表4.6　基尔霍夫定律

知识点1　基尔霍夫定律

图　示

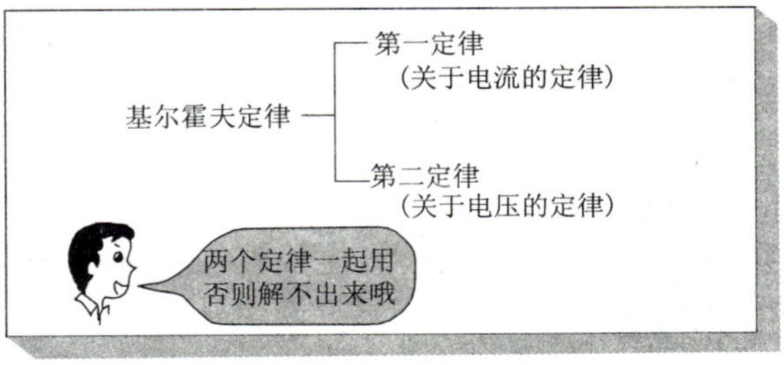

说　明

基尔霍夫定律由第一定律和第二定律组成。第一定律是关于电流的定律，第二定律是关于电压的定律。要想知道复杂电路的电流和电压，应用基尔霍夫第一定律和第二定律列出联立方程组，并求解该方程组即可

续表4.6

知识点2	基尔霍夫第一定律

图　示

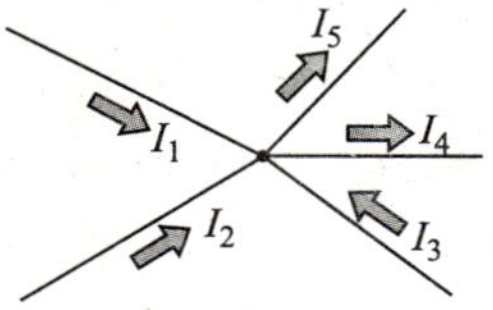

$I_1 + I_2 + I_3 = I_4 + I_5$

说　明

基尔霍夫第一定律是关于电流的一般定律。在图示的电路中的任意结点，流入的电流的总和等于流出电流的总和，这称为基尔霍夫第一定律。若用公式表示，则为

$I_1 + I_2 + I_3 = I_4 + I_5$

对于实际电路，因为起先并不知道电流是流入或是流出结点，所以可任意假设。这样，如果电流的计算结果为负（—）值时，那就意味原先假设的电流方向与实际流向相反

知识点3	基尔霍夫第二定律

图　示

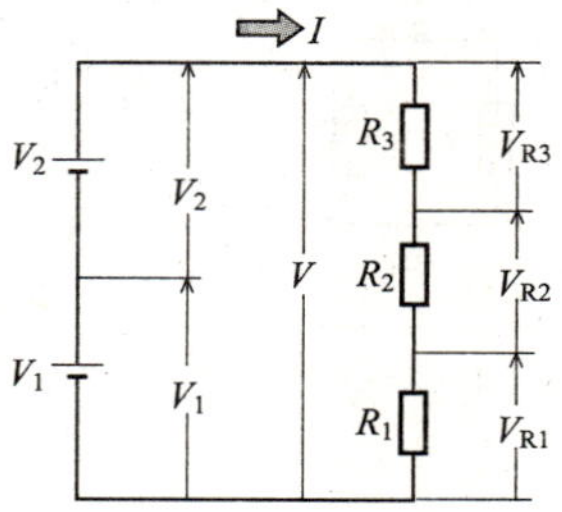

(a)

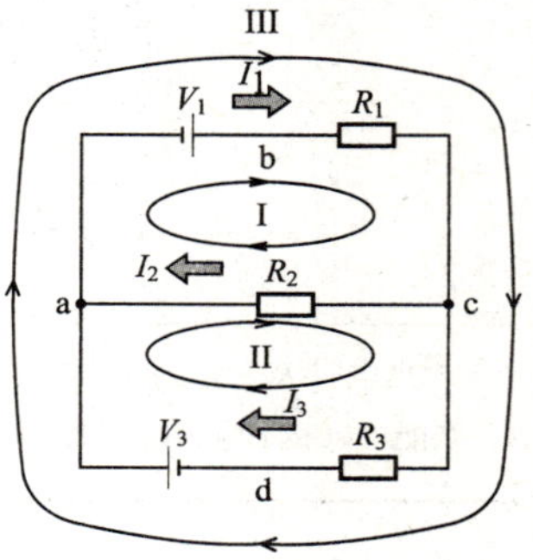

(b)

说　明

基尔霍夫第二定律是关于电压的一般定律。为了理解这一定律，先试求一下图（a）的各部分电压

电源有两个，其电压和 V 为

$V = V_1 + V_2$

各电阻上电流所产生的电压降的总和 V_R 为

$V_R = V_{R1} + V_{R2} + V_{R3} = IR_1 + IR_2 + IR_3$

因为电源电压的总和等于电压降的总和，所以，

$V_1 + V_2 = IR_1 + IR_2 + IR_3$

把这一想法扩展应用于任意闭合回路，就成为基尔霍夫第二定律。这里所说的闭合回路是指从电路中某一点出发按照绕行方向再回到出发点所走的闭合环路。图（b）中有三个闭合回路，若对各闭合回路应用基尔霍夫第二定律

闭合回路	绕行方向	根据第二定律
Ⅰ	a—b—c—a	$V_1 = I_1R_1 + I_2R_2$
Ⅱ	a—c—d—a	$V_3 = -I_2R_2 + I_3R_3$
Ⅲ	a—b—c—d—a	$V_1 + V_3 = I_1R_1 + I_3R_3$

续表4.6

知识点4	电压的正和负
图　示	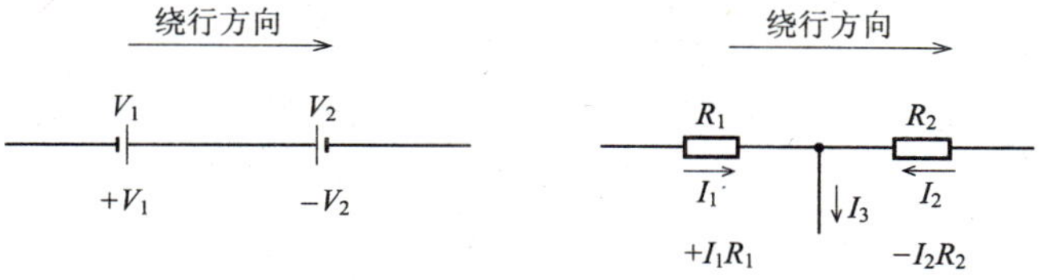 (a) 电　源　　(b) 电压降
说　明	应用基尔霍夫第二定律时需注意电源电压和电压降有时为负。各电压的正（+）和负（—）规定如下： ① 电源电压［图（a）］ 顺电路绕行方向电压升高时为正（+） 顺电路绕行方向电压下降时为负（—） ② 电压降［图（b）］ 电路绕行方向和设定的电流方向相同时为正（+） 电路绕行方向和设定的电流方向相反时为负（—）

第5章

交流电路

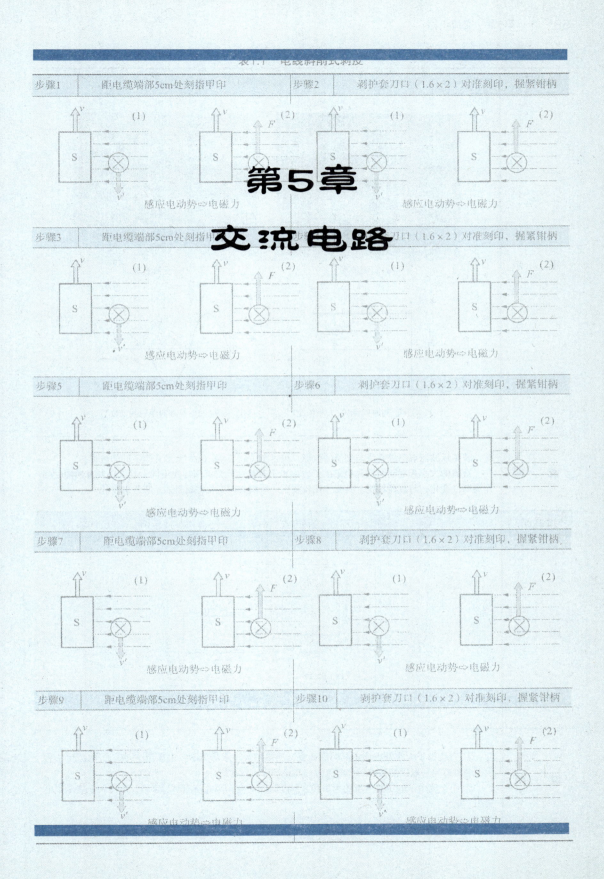

表5.1 直流与交流的比较

<table>
<tr><th>知识点1</th><th>直流与交流的性质</th></tr>
<tr><td>图　　示</td><td>
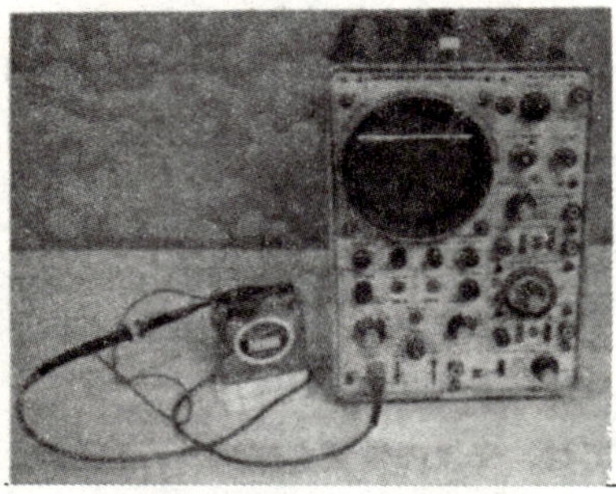
(a) 直流波形
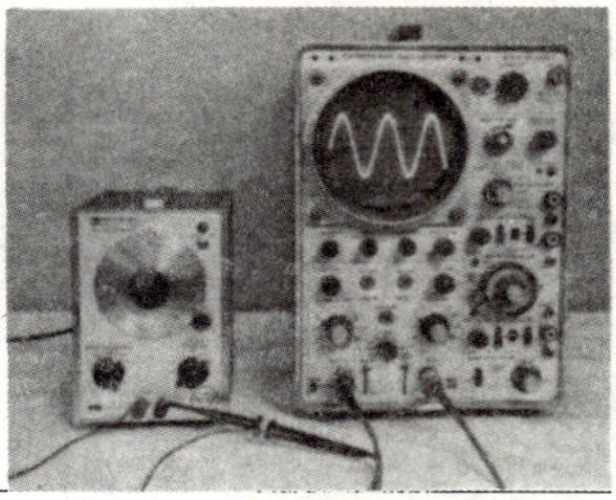
(b) 交流波形
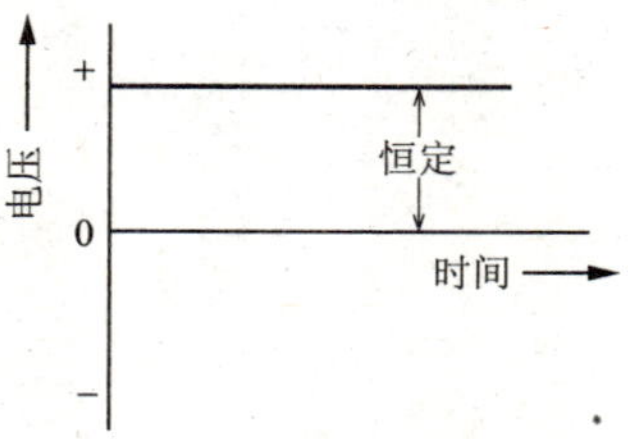

(c) 直流(与时间无关, 大小恒定)
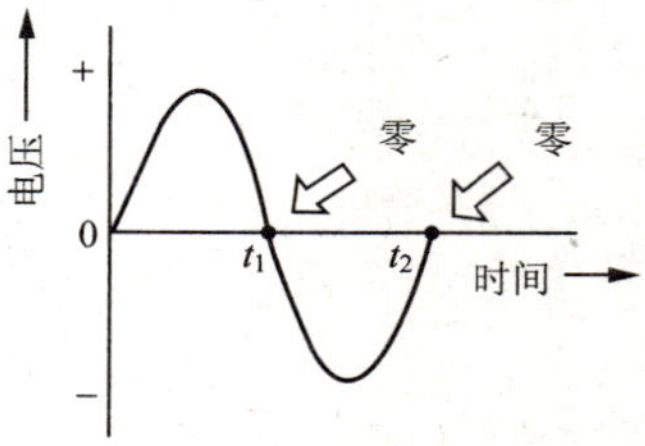

(d) 交流(大小及方向随时间而变)
</td></tr>
<tr><td>说　　明</td><td>若用示波器观测该直流与交流的波形，可得图（a）、图（b）所示完全不同的波形。
直流的大小相对于时间是恒定的，方向也不改变；而交流则与此不同，其大小及方向随时间作周期性变化，与直流相比，其变化比较复杂，所谓方向变化也就是表示极性的变化</td></tr>
<tr><th>知识点2</th><th>直流与交流的电源符号</th></tr>
<tr><td>图　　示</td><td>
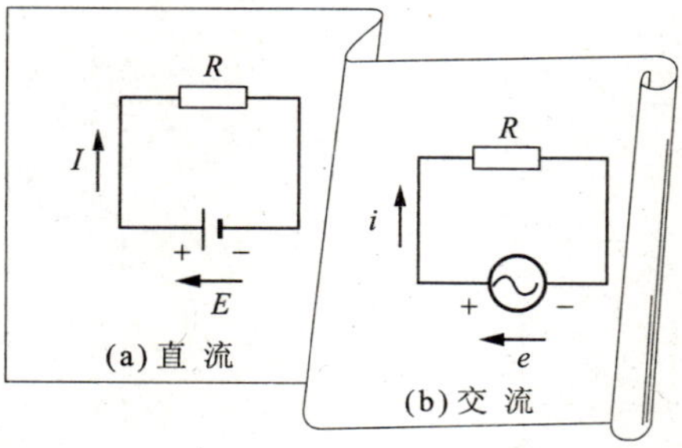

(a) 直 流
(b) 交 流
</td></tr>
<tr><td>说　　明</td><td>① 直流由于大小及方向不随时间而变，所以用大写字母表示，电压用 E 表示，电流用 I 表示。电源方向一般用箭头表示，电流方向与该箭头方向相同
② 而交流由于电压及电流的大小和方向随时间而变，因此使用小写字母，电压用 e 表示，电流用 i 表示</td></tr>
</table>

表5.2　正弦交流的产生

知识点1	交流的产生
图　　示	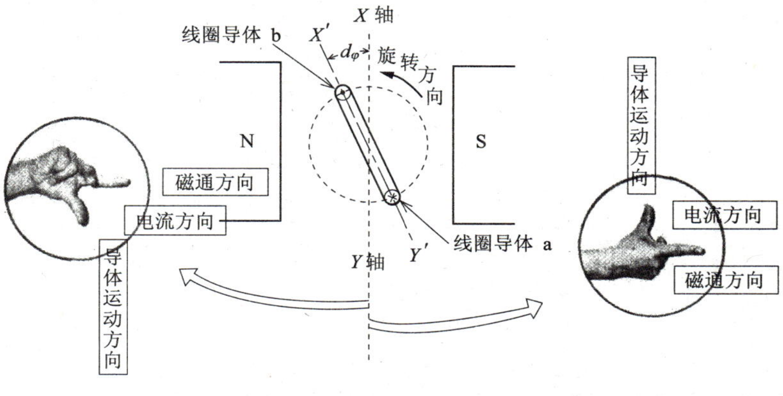
说　　明	将线圈的a边和b边置于磁极之间，使其旋转切割磁通，这样在线圈导体中流过电流，下面用弗莱明右手定则来求该电流的方向 在*XY*轴的左半边，流过线圈的电流方向如中指所指方向，是从纸里向外流（符号⊙），而相反在右半边，是从外向纸里流（符号⊗）。另外，线圈逆时针方向旋转180°，仍然相同。但是就线圈的导体a及b来讲，流过导体b的电流方向从⊙→⊗，而流过导体a的电流方向从⊗→⊙，方向发生变化。由此可知，以*XY*轴为界，流过线圈的电流反向，电流反向必然在中途有为零的时候
图　　示	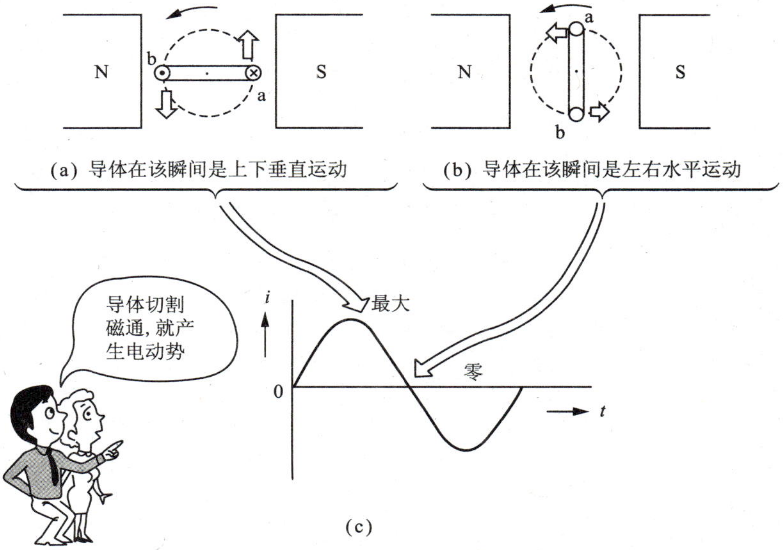
说　　明	在图（a）的瞬间，导体a及导体b如箭头所示运动，一个向上，一个向下，但都可看成垂直于磁通运动。由于垂直切割磁通，因此产生的电动势最大，电流也是最大 而图（b）则与图（a）不同，导体a及导体b一个向左，一个向右，可看成是水平运动，因而导体a及导体b垂直切割磁通的分量为零，所以电流也应该为零 当线圈以一定速度旋转时，虽然导体a及导体b的线速度相同，但相对于磁通方向（N→S）都在变化，即导体a及导体b垂直切割磁通的分量因旋转角度（位置）而变化。所以，产生的电动势大小也因线圈位置而变化，电流也同样发生变化

续表5.2

<table>
<tr><th>知识点2</th><th>电动势的表示方法</th></tr>
<tr><td>图　示</td><td>
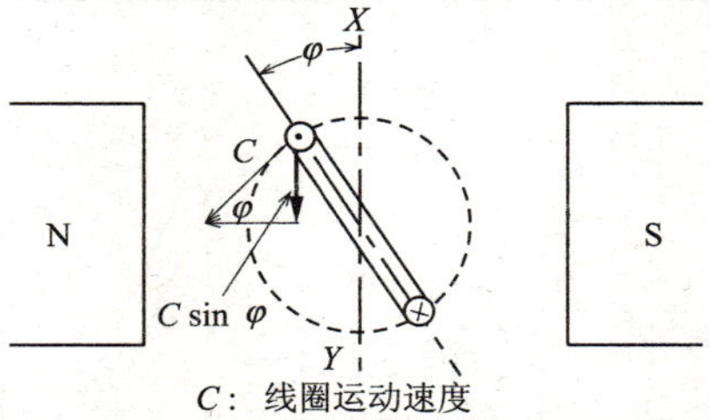

</td></tr>
<tr><td>说　明</td><td>线圈导体从 XY 轴旋转 φ 角时，导体相对于磁通方向 N→S 是斜向切割。由于电动势与导体垂直切割磁通的分量与电动势成正比，因此在这种情况下，电动势与 sinφ 的值成正比，所以电动势 e 的大小为
$e = E_m \sin\varphi$（V）
式中，E_m为最大值，取决于线圈的大小、匝数、转速、NS间的磁通密度等</td></tr>
<tr><th>知识点3</th><th>正弦交流</th></tr>
<tr><td>图　示</td><td>
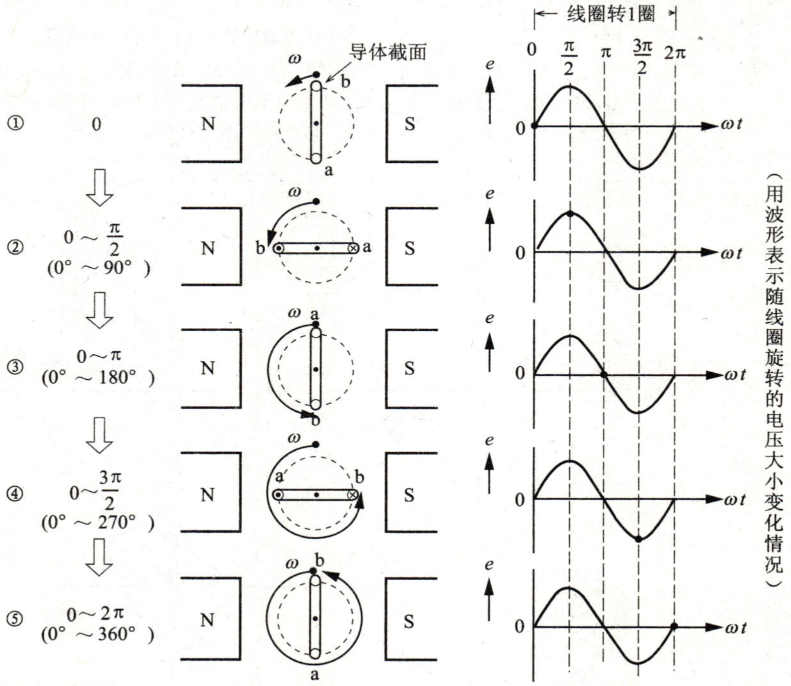

</td></tr>
<tr><td>说　明</td><td>正弦交流产生的全过程见上图</td></tr>
<tr><td>图　示</td><td>
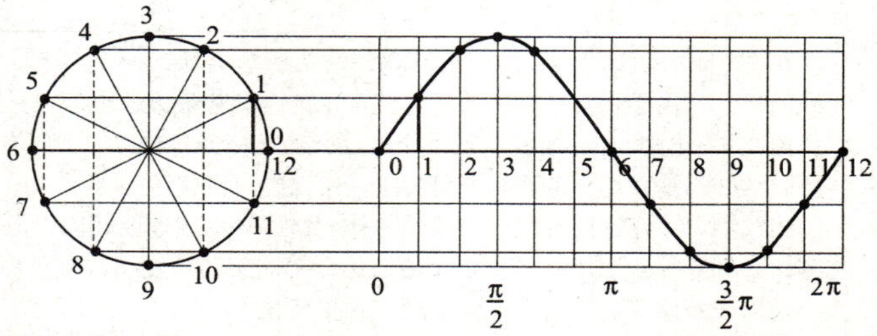

</td></tr>
</table>

续表5.2

说　明

交流为按sin函数而变化的波形，由于与数学上学习过的正弦波曲线一致，因此称为正弦交流

知识点4　正弦波以外的波形

图　示

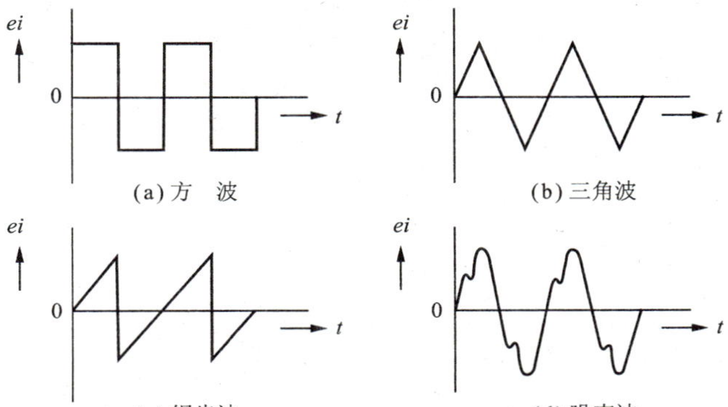

(a)方　波　(b)三角波　(c)锯齿波　(d)噪声波

说　明

若干个正弦波以外的波形见上图

知识点5　速度角速度

图　示

(a)线圈导体　(b)弧度(半径r与圆弧l)

弧度	2π
度	360

⇨

π	$\frac{2\pi}{3}$	$\frac{\pi}{2}$	$\frac{\pi}{3}$	$\frac{\pi}{4}$	$\frac{\pi}{6}$
180	120	90	60	45	30

说　明

① 平面上的速度是用单位时间前进的距离来表示的，但如图（a）所示以O为中心进行圆周运动的线圈导体a及b还是以每秒钟前进几度来表示速度比较方便。角度可以用度表示，也可以用弧度（单位符号为rad）表示

② 1秒钟旋转的角度称为角速度，一般用ω（rad / s）表示

如图（b）所示，当半径 r 与圆弧 l 的长度相等时，弧度为1rad。也就是说，将圆周按半径来分割。因而，设旋转体旋转1周，其弧度为

$$\frac{2\pi r\text{（圆周长）}}{r\text{（半径）}}=2\pi\ \text{（rad）}$$

若以每秒 n 转的恒定速度旋转，则角速度为

$$\omega=2\pi n\ \text{（rad / s）}$$

在由一对N极与S极形成的均匀磁场中，使线圈导体旋转产生的交流是线圈导体每旋转1周重复变化一次，因而每秒变化数与其转速一致。这样应该可以用频率（将在后述）f 置换式中的转速 n，角速度可表示为

$$\omega=2\pi f\text{（rad / s）}$$

表5.3 正弦交流电的表示方法

<table>
<tr><th>知识点1</th><th>频率与周期</th></tr>
<tr><td>图 示</td><td>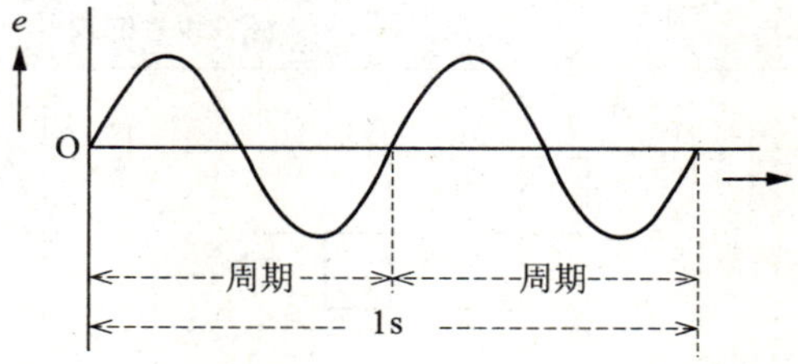
</td></tr>
<tr><td>说 明</td><td>重复变化一次的时间称为周期（符号为 T），单位用秒（s）表示，另外，单位时间（1s）重复变化的次数称为频率（符号 f），单位用赫［兹］（Hz）表示。f与 T之间有下列关系：
$f=\frac{1}{T}$（Hz）
$T=\frac{1}{f}$（s）
图中由于1s重复变化两次，因此频率为2Hz，而周期为0.5s</td></tr>
<tr><th>知识点2</th><th>瞬时值与最大值</th></tr>
<tr><td>图 示</td><td>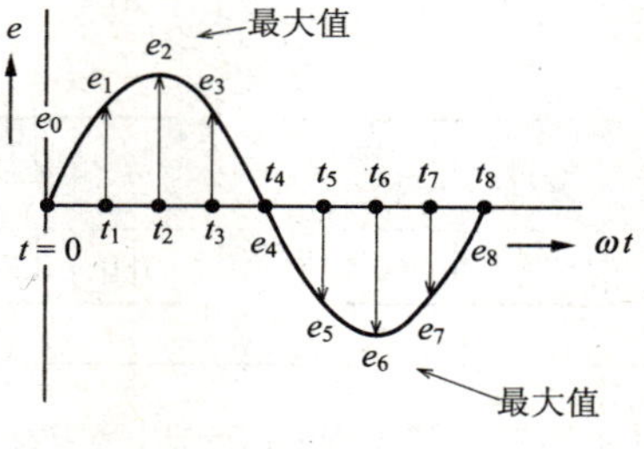
</td></tr>
<tr><td>说 明</td><td>① 交流的大小随时间而变化。某瞬间所具有的大小称为瞬时值。例如，在图中，$e_0 \sim e_8$为瞬时值，是使时间处于静止状态而显示的大小
② 由于横轴的时间是任意无穷多的数，因此瞬时值也存在无数个，波形可以说是由无数个瞬时值连接而成的
③ 最大值是该瞬时值中最大的值，在正弦交流电的1／2周期中，必定有一个最大值</td></tr>
</table>

续表5.3

知识点3	平均值

图　　示

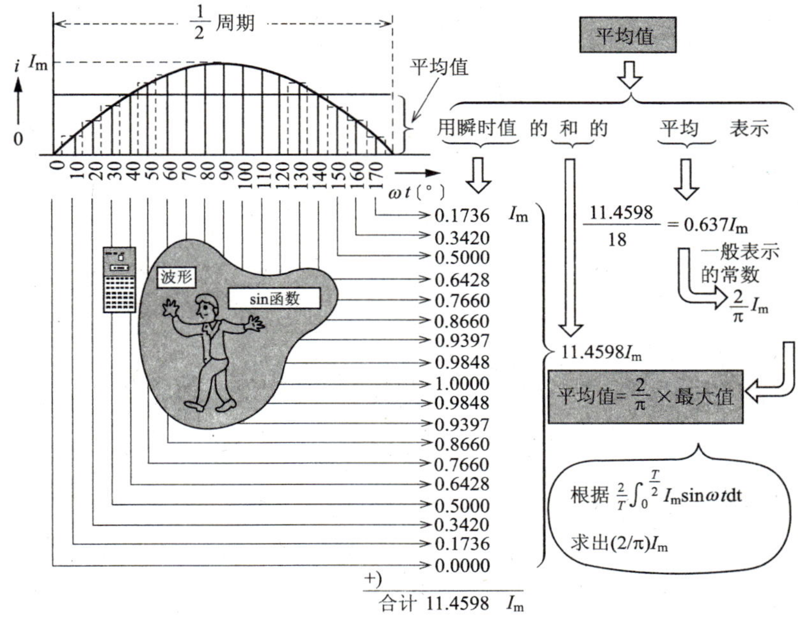

说　　明

表示交流大小的另一个方法是用平均值。若将交流波形对一个周期进行平均，由于各半周期的波形大小相等，因此平均的结果为零。所以可以考虑对1／2周期求平均值。若近似求平均值，则平均值与最大值的关系如下所示：

$$E_{av}=\frac{2}{\pi}E_m=0.637E_m\ (\mathrm{V})$$

$$I_{av}=\frac{1}{\pi}I_m=0.637I_m\ (\mathrm{A})$$

续表5.3

知识点4	用有效值表示电压及电流

图　示

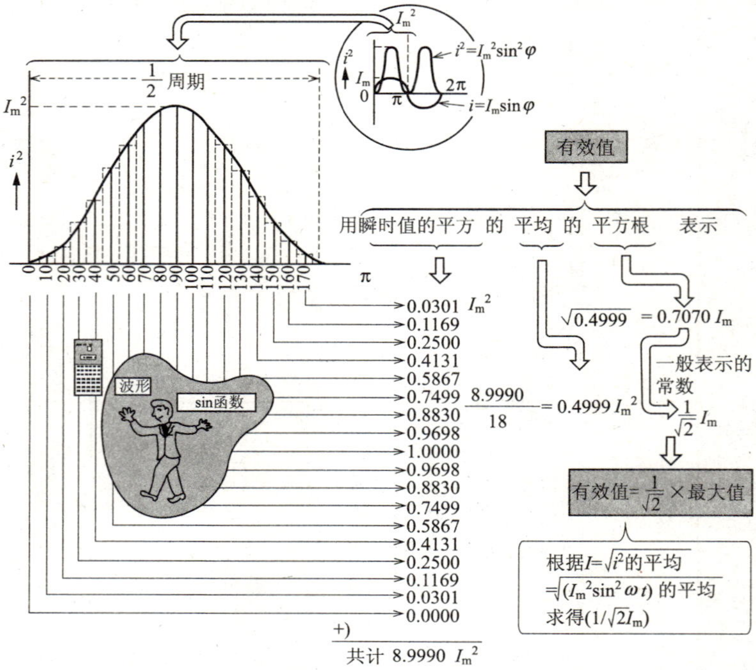

说　明

有效值与最大值的关系如下所示：

$$E=\frac{1}{\sqrt{2}}E_m=0.707E_m\text{（V）}$$

$$I=\frac{1}{\sqrt{2}}I_m=0.707I_m\text{（A）}$$

知识点5	角频率与电角度

图　示

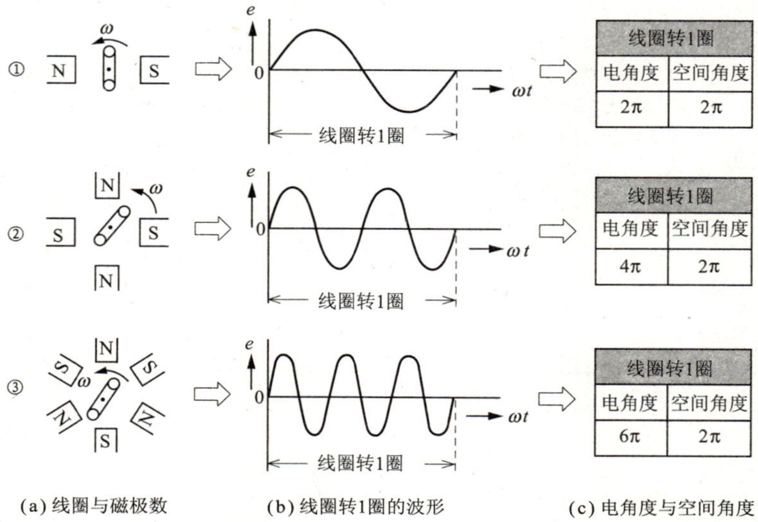

(a) 线圈与磁极数　(b) 线圈转1圈的波形　(c) 电角度与空间角度

续表5.3

说　明	利用一对NS极产生的正弦交流电，线圈旋转一周重复变化一次，即每秒钟重复变化的次数与线圈的转速一致，因此可以表示如下，这也称为角频率 $\omega=2\pi f$（rad / s） 图中①是线圈旋转一圈与正弦交流电的变化次数一致，而如图中②及③那样，若增加磁极数，则不一致。线圈物理上旋转一圈的角度称为空间角度，而交流电变化一周的角度称为电角度，若磁极数增加，则两者不一致 频率因磁极数不同而不同，在电气领域中，是以产生一次变化（一个周期）为基准规定为2π（rad）。因而，图中③是①的频率的3倍，电角度为6π（rad）

表5.4 相 位

知识点1	相 位
图　示	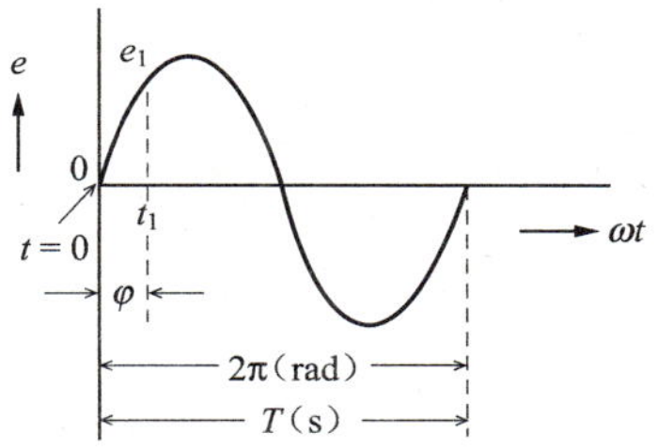
说　明	相位是表示周期运动中处于什么状态及位置的一个量 交流电压波形及电流波形也是随时间作周期性变化。图中时间t_1的瞬间，波形处于什么样的位置，这就要用相位这一术语来表示。相位是用距离某一起点（$t=0$）的角度来表示，当然也可以用时间来表示，但一般由于用电角度表示比较方便，因此，用φ或θ等表示
知识点2	相位差
图　示	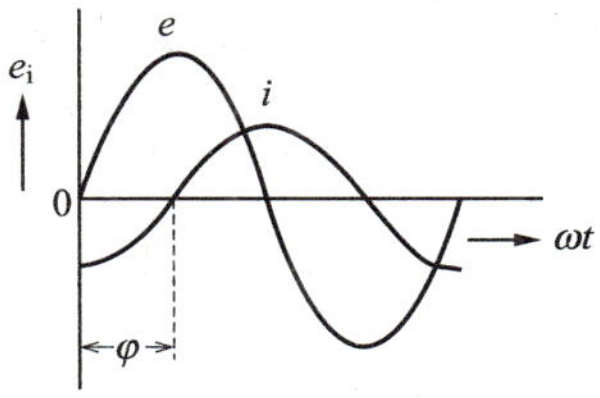
说　明	图中电压e与电流i有时间差。该e与i的相位各不相同，将相位之差φ称为相位差 在对两个以上交流进行比较时，其交流的频率必须相同。在图中，任何位置（时间）的相位差φ总是一定的。如果频率不同，则相位差将随时间而变，就无法对其进行讨论了

续表5.4

知识点3	瞬时表达式与相位

图　示

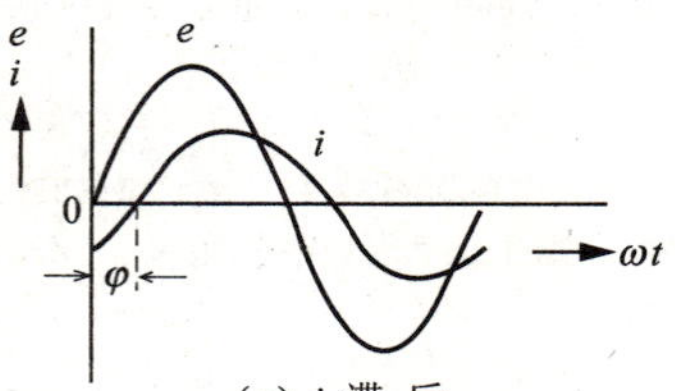

(a) i 滞 后

e超前于i相位角 φ(rad) (以i为基准)

i滞后于e相位角 φ(rad) (以e为基准)

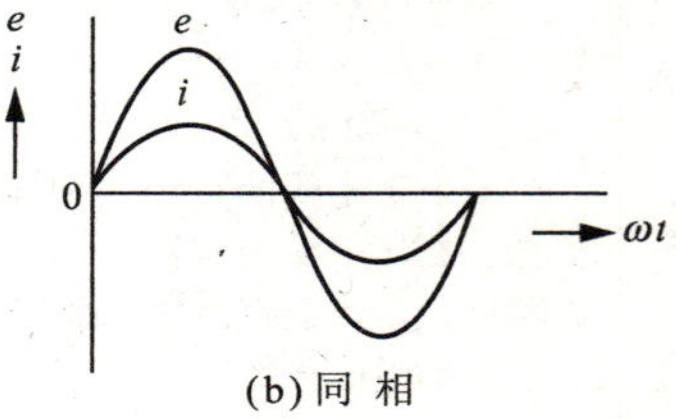

(b) 同 相

相位差为零称为同相，e与i在同一瞬间为零，在同一瞬间为最大

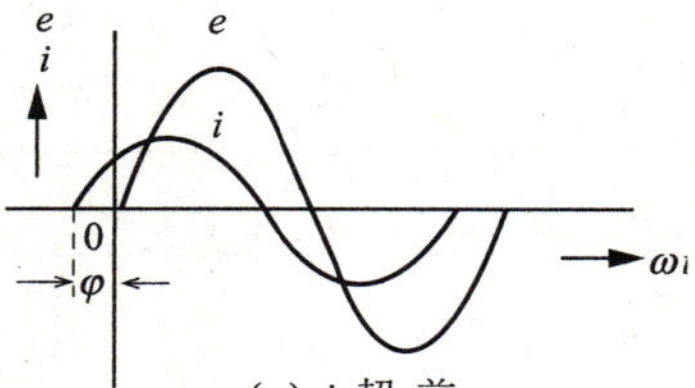

(c) i 超 前

i超前于e相位角 φ(rad) (以e为基准)

e滞后于i相位角 φ(rad) (以i为基准)

说　明

用瞬时表达式表示相位时，令时间 t =0来考虑比较容易懂。若这时为 $+\varphi$，即为超前，若这时为 $-\varphi$，即为滞后

用瞬时表达式表示图（a）、图（b）、图（c）的波形，则如下所示：

以电压为基准 $e=\sqrt{2}E\sin\omega t$　（V）

图（a）的电流 $i=\sqrt{2}I\sin(\omega t-\varphi)$　（A）

图（b）的电流 $i=\sqrt{2}I\sin\omega t$　（A）

图（c）的电流 $i=\sqrt{2}I\sin(\underbrace{\omega t+\varphi}_{\text{相位}})$　（A）

表5.5　阻碍交流电流的元件

知识点 1	电阻与阻抗

图　示

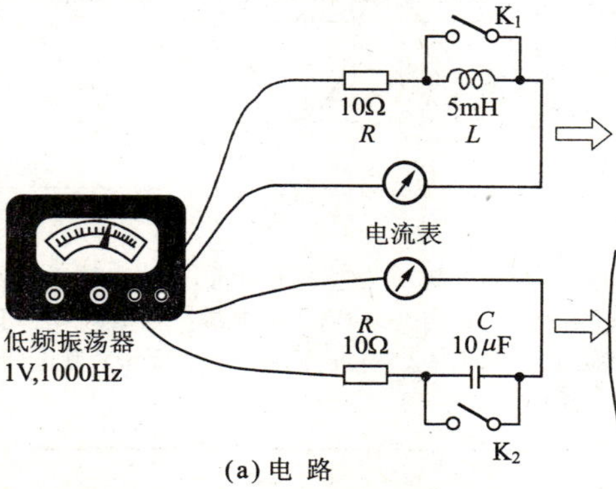

(a) 电 路

	K_1闭	K_1开
电流表读数 (mA)	100	30.2

	K_2闭	K_2开
电流表读数 (mA)	100	53.2

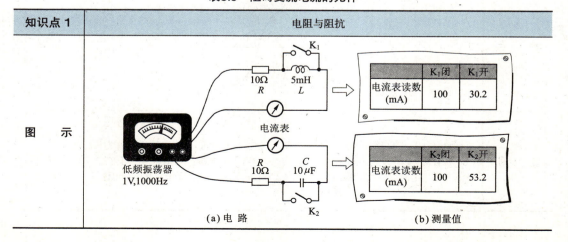

(b) 测量值

续表5.5

说　明	① 直流电路中阻碍电流的元件是电阻，而在交流电路中，起到阻碍电流作用的除了电阻以外，还有电感与电容 ② 将测量的电流加以比较，若将 K_1及 K_2闭合，即仅有电阻时，所示电流均为100mA。但是，若将 K_1及 K_2断开，即接入电感 L及电容 C，则电流减少为30.2mA及53.2mA。由此可知，电感L及电容 C也起到阻碍交流电流的作用 ③ 将阻碍交流电流的元件总称为阻抗，用符号 Z 表示，单位为欧［姆］（Ω） $I=\dfrac{E}{Z}$（A） Z 为阻抗，是电阻 R、电感 L 及电容 C 的总称
知识点2	**纯电阻电路**
图　示	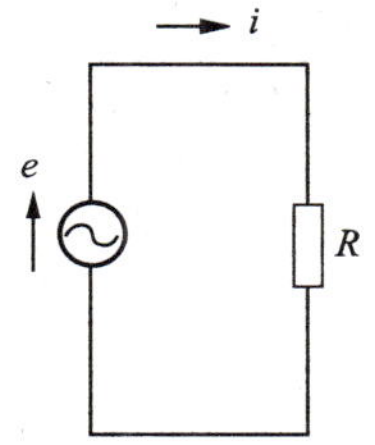
说　明	若对纯电阻电路加上 $e=E_m\sin\omega t$（V）的电压，则流过的电流如下所示： $i=\dfrac{e}{R}=\dfrac{E_m\sin\omega t}{R}=I_m\sin\omega t=\sqrt{2}I\sin\omega t$ 式中，$I=E/R$，即纯电阻电路中电压与电流的关系与直流的情况完全相同
图　示	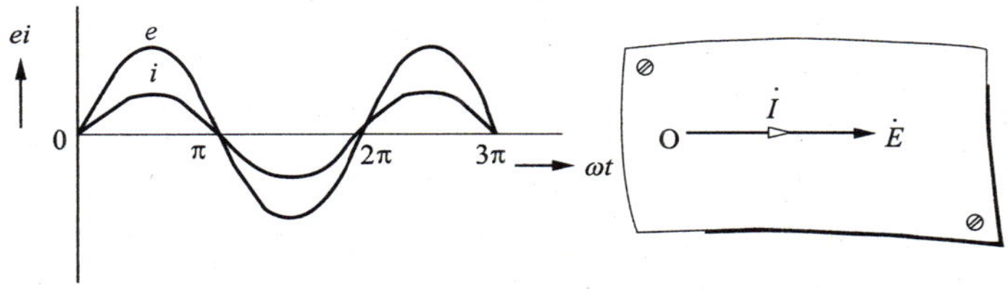(a) 波 形　　(b) 矢量图
说　明	**大小关系**　$I=\dfrac{E}{R}$（I、E 用有效值表示） **相位关系**　电压与电流同相
知识点3	**纯电感电路**
图　示	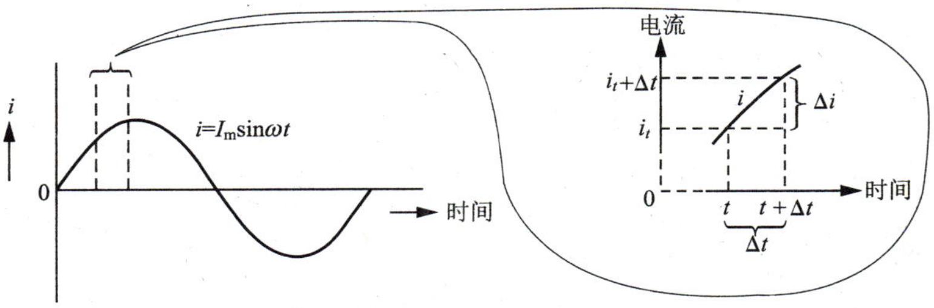

续表5.5

<table>
<tr><td>说　明</td><td>
在纯电感电路中，若因电压作用而产生电流，由于自感的作用，在L中产生感应电动势e_L
$e_L=-e=-L\frac{\Delta i}{\Delta t}$（V）
该e_L具有与电源电压e相反的极性，换句话说，具有能满足$e_L=-e$的电流i流过。但是，由于电源电压e随时间而变化，因此i也随时间而变化
流过自感L（H）的电流若在Δt秒钟变化Δi，则表示如下：
$i_t+\Delta t=I_m\sin\omega(t+\Delta t)=I_m(\sin\omega t\cos\omega\Delta t+\cos\omega t\sin\omega\Delta t)$
$=I_m\sin\omega t+I_m\omega\Delta t\cos\omega t$
由于电源电压e用$L(\Delta i/\Delta t)$表示，因此，
$e=L\frac{i_t+\Delta t-i_t}{\Delta t}=L\frac{(I_m\sin\omega t+I_m\omega\Delta t\cos\omega t)-I_m\sin\omega t}{\Delta t}$
$=L\frac{I_m\omega\Delta t\cos\omega t}{\Delta t}=\omega LI_m\cos\omega t=E_m\sin(\omega t+\frac{\pi}{2})$
$=\sqrt{2}E\sin(\omega t+\frac{\pi}{2})$
式中，$E=\omega LI$
</td></tr>
<tr><td>图　示</td><td>
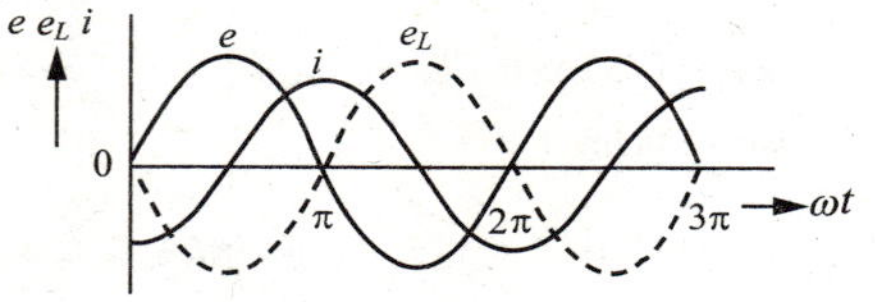

(a) 波 形
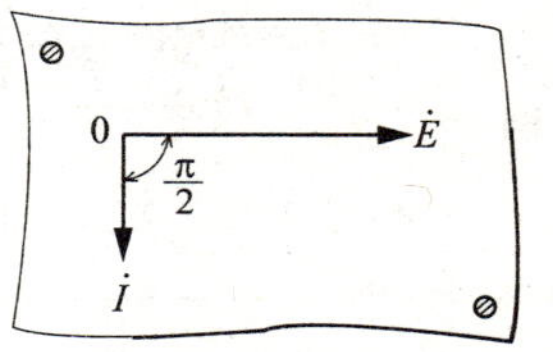

(b) 矢量图
</td></tr>
<tr><td>说　明</td><td>
上面是以电流为基准，若用有效值表示电感电路的电压与电流的关系，则
大小关系　$I=\frac{E}{\omega L}=\frac{E}{2\pi fL}$（A）
相位关系　电流滞后于电压π／2
</td></tr>
<tr><td>知识点4</td><td>纯电容电路</td></tr>
<tr><td>图　示</td><td>
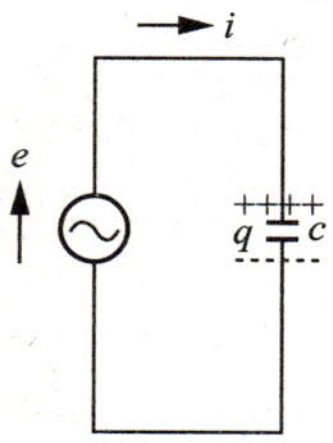

</td></tr>
<tr><td>说　明</td><td>
在纯电容电路中，由于电压e的作用，在电容器C中储存有电荷q
$q=C\times e=CE_m\sin\omega t$（C）
由于该电荷q与电压成正比，因此随时间而变化，而流过电路的电流i以$\Delta q/\Delta t$的变化率表示
</td></tr>
</table>

续表5.5

<table>
<tr><td>图　示</td><td>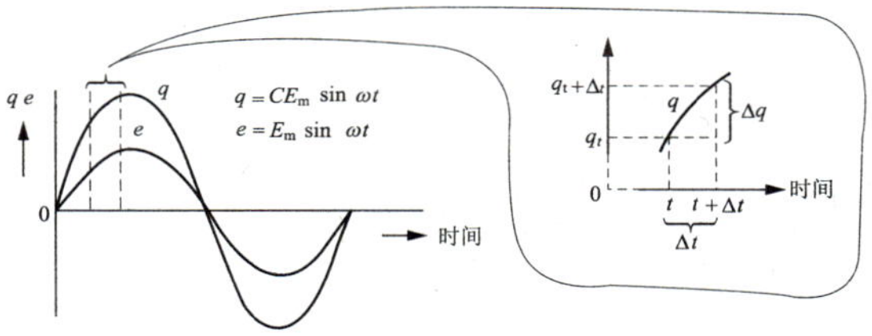
</td></tr>
<tr><td>说　明</td><td>向电容器 C（F）移动的电荷，若在 Δt 秒钟变化 Δq，则电流 i 如下所示：

$$i=\frac{\Delta q}{\Delta t}=\frac{q_{t+\Delta t}-q_t}{\Delta t}=\frac{CE_m\sin\omega(t+\Delta t)-CE_m\sin\omega t}{\Delta t}$$

$$=CE_m\frac{(\sin\omega t\cos\omega\Delta t+\cos\omega t\sin\omega\Delta t)-\sin\omega t}{\Delta t}=CE_m\omega\cos\omega t=\omega CE_m\sin\left(\omega t+\frac{\pi}{2}\right)$$

$$=I_m\sin\left(\omega t+\frac{\pi}{2}\right)$$

$$=\sqrt{2}I\sin\left(\omega t+\frac{\pi}{2}\right)$$

式中，$I=\omega CE$</td></tr>
<tr><td>图　示</td><td>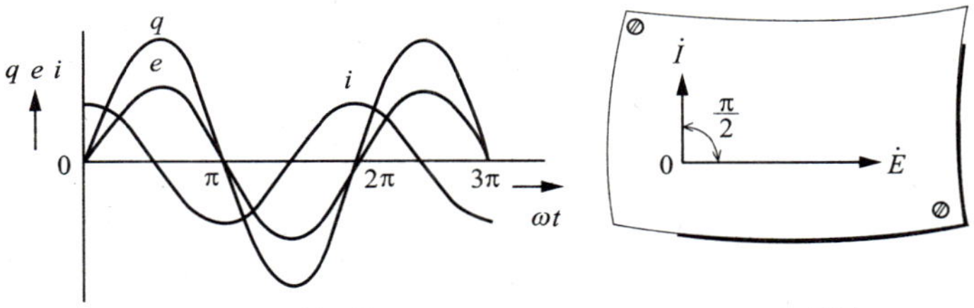

(a) 波 形　　(b) 矢量图</td></tr>
<tr><td>说　明</td><td>上面是以电压为基准，若用有效值表示电容电路的电压与电流的关系，则：

大小关系　$I=\omega CE=\dfrac{E}{\dfrac{1}{\omega C}}=\dfrac{E}{\dfrac{1}{2\pi fC}}$（A）

相位关系　电流超前于电压 $\pi/2$</td></tr>
</table>

续表5.5

<table>
<tr><th>知识点5</th><th>RLC电路中E和I的关系</th></tr>
<tr><td>图　　示</td><td>
<table>
<tr><th></th><th>纯电阻电路</th><th>纯电感电路</th><th>纯电容电路</th></tr>
<tr><td>电路图</td><td>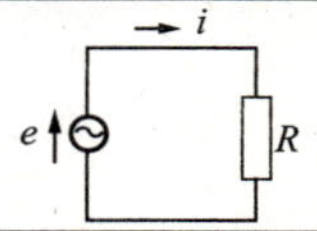</td><td>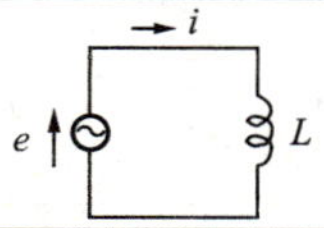</td><td>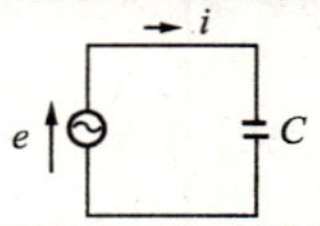</td></tr>
<tr><td>电源电压</td><td colspan="3">$e=\sqrt{2}E\sin\omega t$（V）</td></tr>
<tr><td>阻抗</td><td>$Z=R$（Ω）</td><td>$Z=X_L=2\pi fL$（Ω）</td><td>$Z=X_C=\frac{1}{2\pi fC}$（Ω）</td></tr>
<tr><td>电流计算式</td><td>$I=\frac{E}{Z}=\frac{E}{R}$（A）</td><td>$I=\frac{E}{Z}=\frac{E}{X_L}=\frac{E}{2\pi fL}$（A）</td><td>$I=\frac{E}{Z}=\frac{E}{X_C}=2\pi fCE$（A）</td></tr>
<tr><td>电压与电流的波形
（电压为基准）</td><td>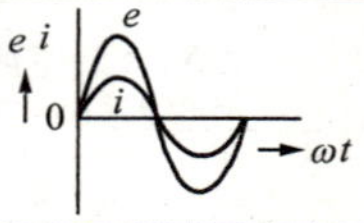</td><td>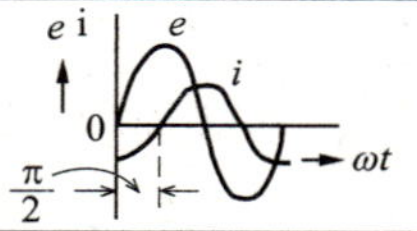</td><td>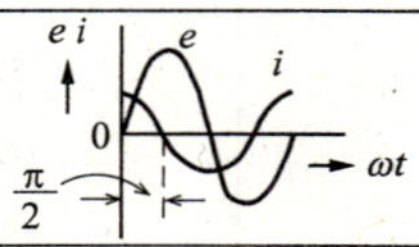</td></tr>
<tr><td>电压与电流的矢量图
（电压为基准）</td><td>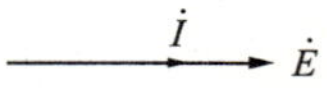</td><td>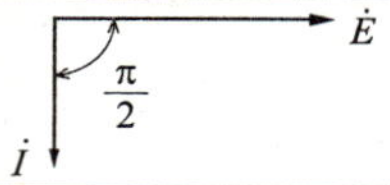</td><td>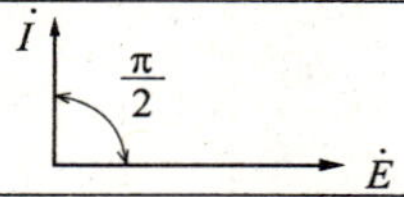</td></tr>
<tr><td>相位（电压为基准）</td><td>同相</td><td>电流滞后</td><td>电流超前</td></tr>
</table>
</td></tr>
<tr><td>说　　明</td><td>RLC 电路中的 E 和 I 的关系小结见上图所示</td></tr>
</table>

第6章

电工材料

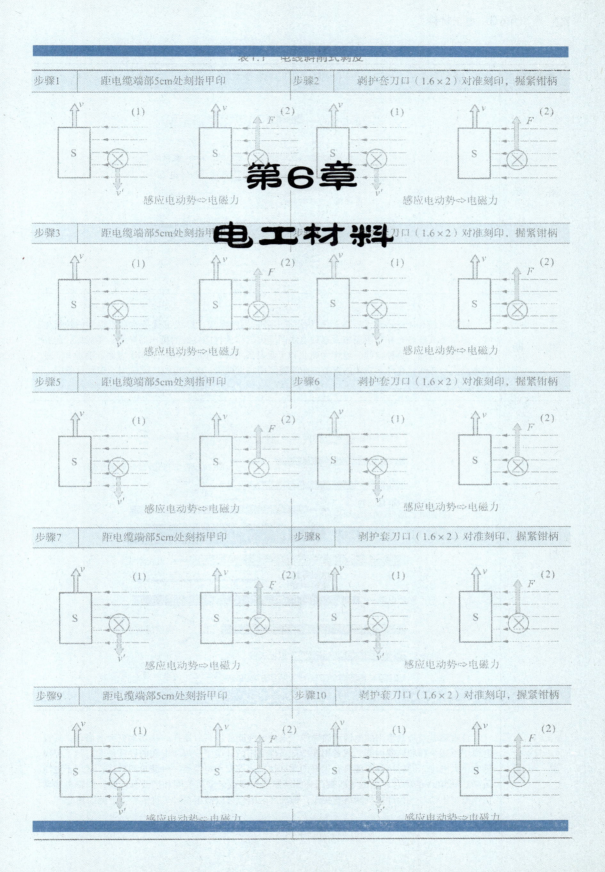

表6.1 电 缆

<table>
<tr><th>知识点1</th><th>常见电缆类型</th></tr>
<tr><td>图 示</td><td>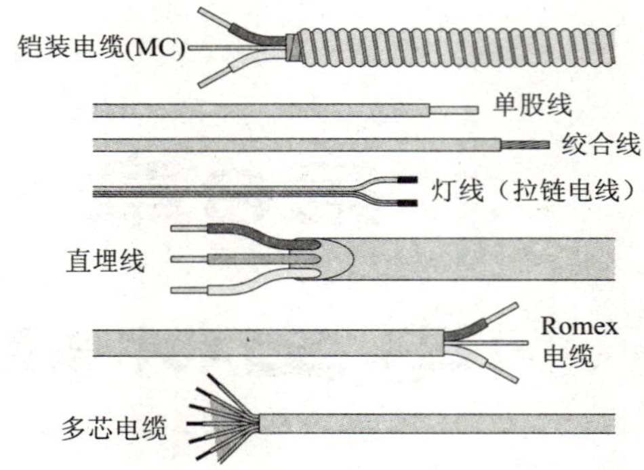
</td></tr>
<tr><td>说 明</td><td>铠装电缆和Romex电缆是家庭和办公室中最常用的电缆；灯线也就是通常所提到的拉链电线，多用于家庭灯光和照明设施，这种电线同样可以作为性能良好的扬声器导线；单绞线，包括单股线和绞合线，这种电线一般作为商业和工业设备用线，单股线同样常用于家庭、商业和工业设备的内部布线；在地下隐藏的管道中布线需要用到直埋线；多芯电缆广泛应用于控制设备中</td></tr>
<tr><td>图 示</td><td>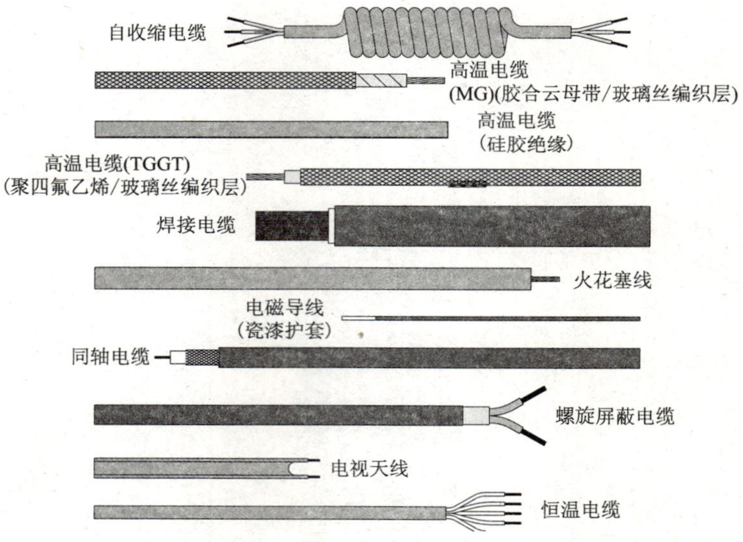
</td></tr>
<tr><td>说 明</td><td>自收缩电缆是最常用的电话话筒导线，这种电线同样也可以用在一些功率更大的场合；高温电缆用于烤箱和加热器内部，或者用在冷却条件受限的环境下；焊接电缆的设计是专门为了提供低电压大电流，同时这种电缆具有很好的柔韧性；火花塞线电缆是一种廉价的导线，适用于电压最高达到50kV的场合；电磁导线被用来缠绕制造大多数电动机线圈和螺线管线圈；同轴电缆常用作电视机信号线和计算机网络连接线；螺旋屏蔽电缆可以使用在对干扰信号很敏感的场合</td></tr>
</table>

续表6.1

知识点2	常见电缆的结构
图 示	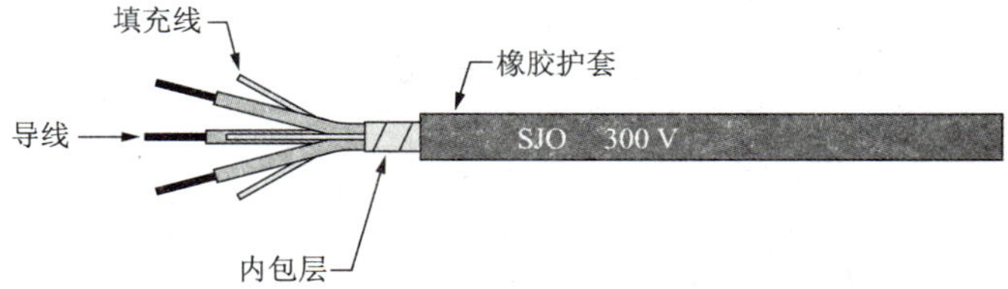
说 明	图中是常见供电电缆的结构，这类电缆有双线和多线不等的各种规格，是恶劣环境下工作的机械设备的优良选择
图 示	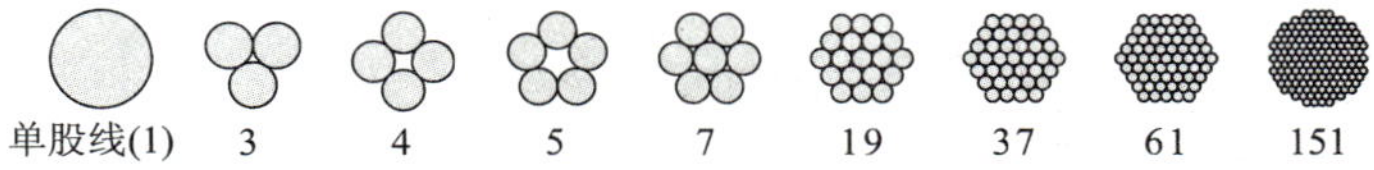
说 明	导线通常都采用单股或绞合结构。单股线一般应用于家庭和办公室的螺线管、电动机、电感和电阻元件中，而绞合线则有更高的柔韧性，通常应用于设备、工业和控制电缆中。图所示为单股导线和绞合导线横剖面的比较
图 示	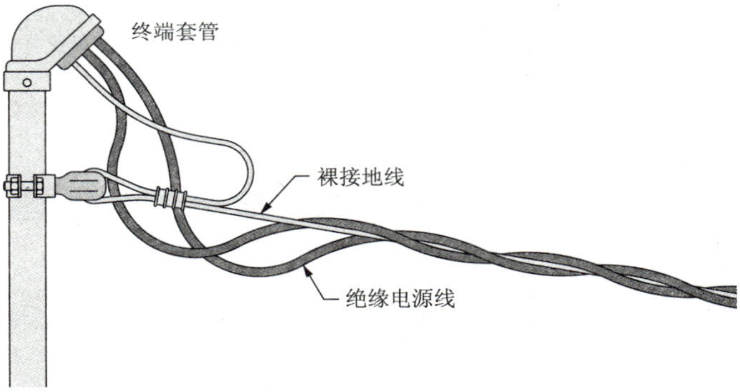
说 明	图中所示为家庭和办公室常用的电力传输电线。裸露的中心导线除了提供支撑，还当做地线使用。其余的两根或三根导线（两相电或三相电）缠绕在中心导线上
图 示	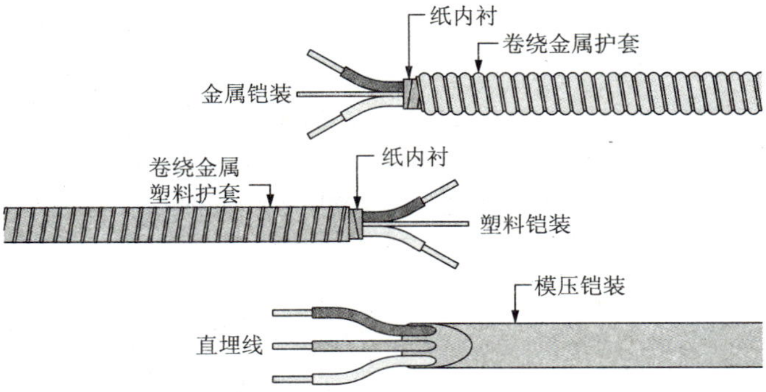
说 明	铠装导线适用于需要电线套管，但是又很难安装的工作场合；卷绕的金属护套经常用于家庭、办公室和商业配线上；卷绕金属塑料护套的导线，常用于户外设施或恶劣环境的工作场合；直埋线则用于需要在地下安装导线的情况

表6.2 屏蔽导线

知识点	屏蔽导线
图　示	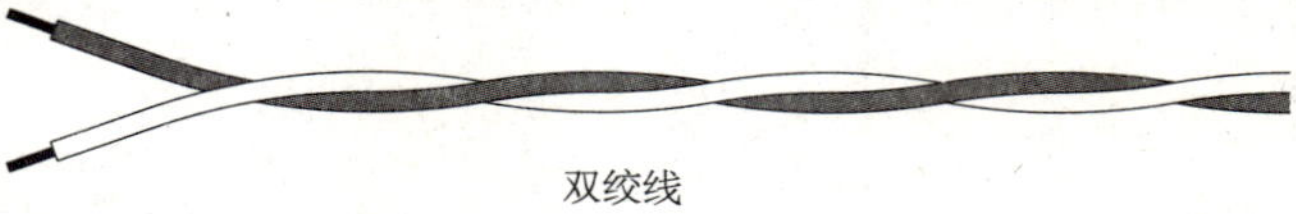
说　明	双绞线是两根缠绕在一起的导线。导线的相互盘绕使得任一根导线相对于另一根都保持极性的连续反向。这样的设计，使得导线接收到的所有干扰信号，都会被两根导线相反的旋转方向消除掉。双绞线通常情况下还会有接地的金属护套。这种接地的屏蔽方式更进一步减小了干扰电磁场对信号的影响
图　示	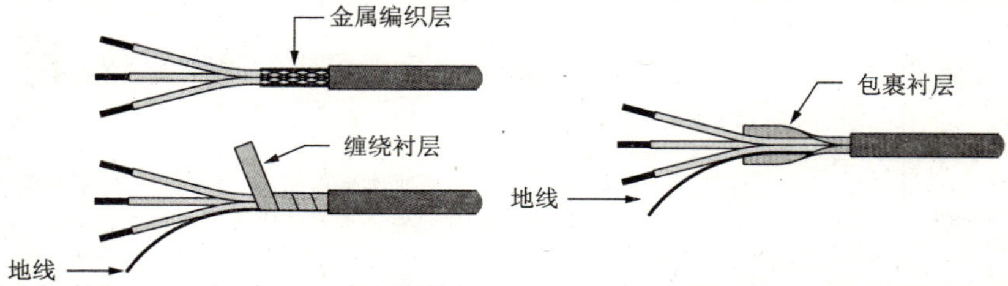
说　明	图中给出了电缆常用的三种基本屏蔽方法。一种是在导线外套一层金属编织层，再用平整塑料包起来；第二种是用一层金属箔片覆盖，覆盖方式采用缠绕式或包裹式；第三种通常在电线中使用一根裸露金属线作为接地连接线
图　示	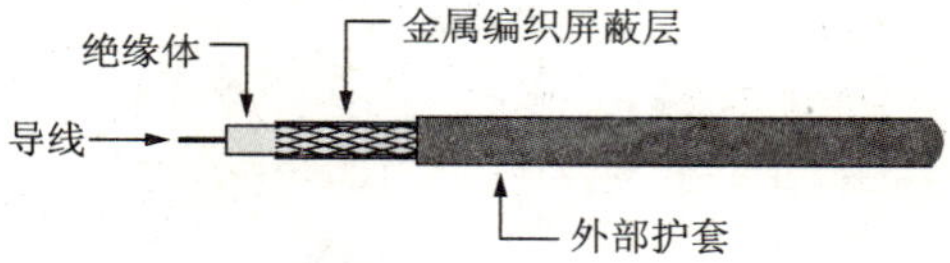
说　明	同轴电缆是一种专门为无线电信号传输设计的特殊导线。无线电信号极易受噪声信号干扰，因而在任何时候都必须保证屏蔽。同轴电缆芯部有一根导线，导线被很厚的绝缘层包裹。绝缘层外部覆有一层编织屏蔽层
图　示	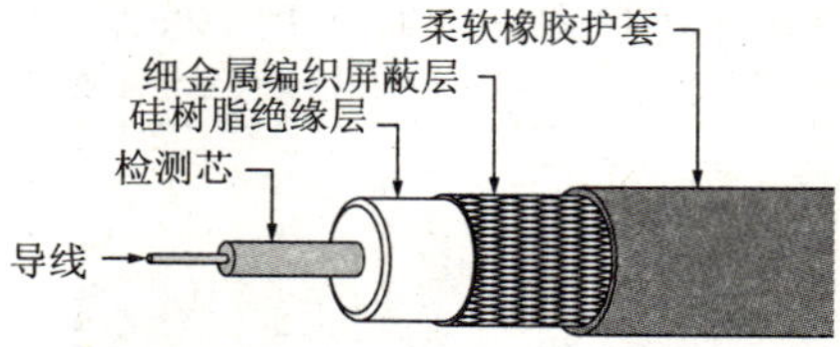
说　明	高压导线通常设计成共轴的结构，一层检测芯包裹在很厚的硅树脂绝缘层的中心；硅树脂绝缘层外面包裹着很细的金属编织屏蔽层；屏蔽层的外面覆盖有柔软的橡胶护套；屏蔽层接地，以便在硅树脂绝缘层失效时能够提供保护。硅树脂绝缘层、编织屏蔽层和软胶套的材质都经过仔细选择，以使得最终导线的柔韧性最好
图　示	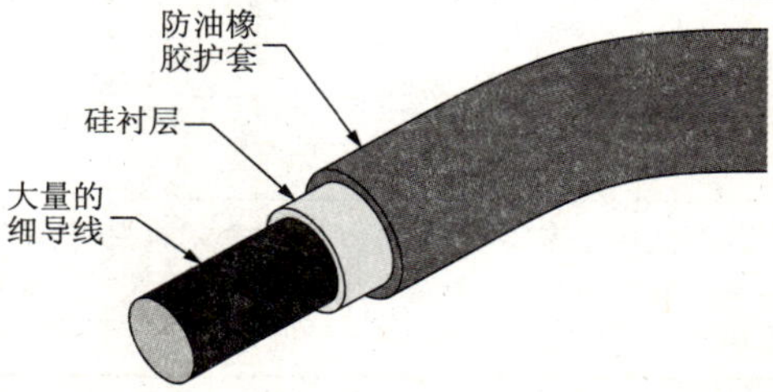

续表6.2

说　明	焊接导线需要高柔韧性和很高的电流承载能力。这种电线的中心通常由数百根很细的导线捆扎而成。导线束外面包裹着硅衬层，最外层是防油橡胶护套。这种结构设计使得导线在恶劣的环境中，仍能工作并保持很好的柔韧性

表6.3 延长线缆

知识点	延长线缆
图　示	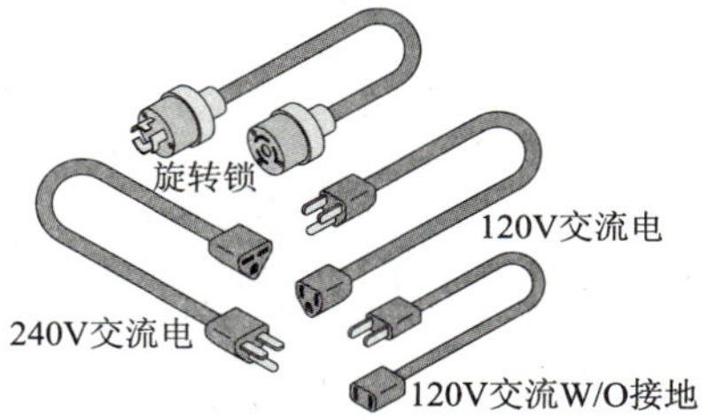
说　明	延长线缆的种类有很多种，有各种长度、规格和电压选择。用于120V交流电的两路接线通常用于灯光照明和一些小设备及双重隔离设备上。接地的120V交流电的接线最为常见，它广泛地用在各种使用120V供电的装置及设备上；240V交流电接线通常用于较大的设备，如空调等，提供短的延长线；旋转锁接线常用在商店里，以减少意外断线或被盗的可能性
图　示	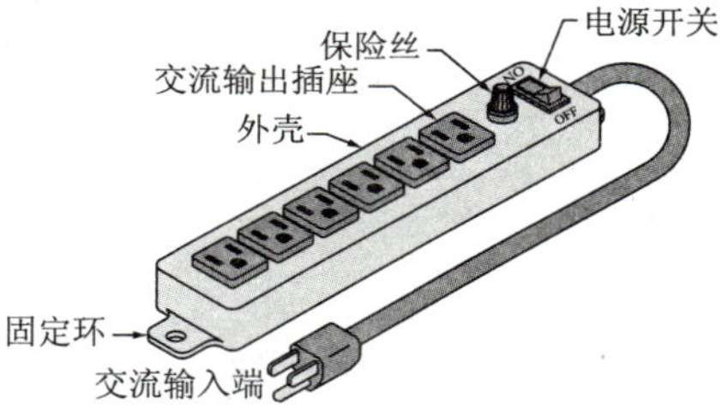
说　明	在所有计算机和立体声系统的后面我们几乎都能发现图示的延长线缆。这种连接方法，使得将众多低电流装置连接在主电缆上变得简单、方便。这种插线板通常带有一个主电源开关和保险丝
图　示	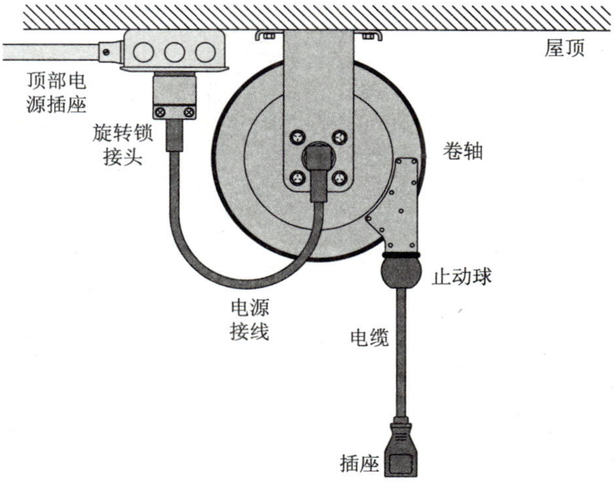

续表6.3

<table>
<tr><td>说　明</td><td>在商店里，位于头顶上方的延长线轴是一种非常便利的设备，如图所示。这种装置使得设备可以方便地接入线路，同时保证地面的整洁，避免发生踢拌事故，而且这种线轴在不使用的时候可以方便地收起</td></tr>
<tr><td>图　示</td><td>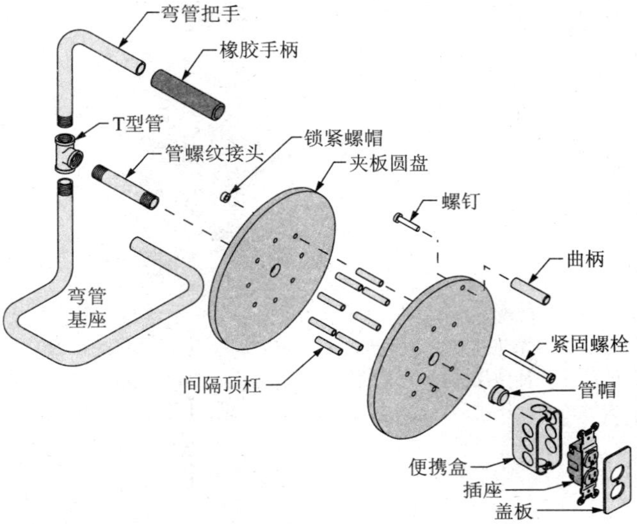
</td></tr>
<tr><td>说　明</td><td>通常延长线缆卷起来比较困难，因此电线卷轴是非常有用的工具。图中所示是一个简单的延长线卷轴，它可以将电力传送到远处的工作点。圆盘用普通木制夹板制成，框架由普通钢管或者通气管、T型管和管帽构成。卷轴的支撑物由细水管或气管切割制成，紧固件是五金店的小车螺栓。输出是一个用螺栓固定在外侧圆盘上的小接线盒</td></tr>
<tr><td>图　示</td><td>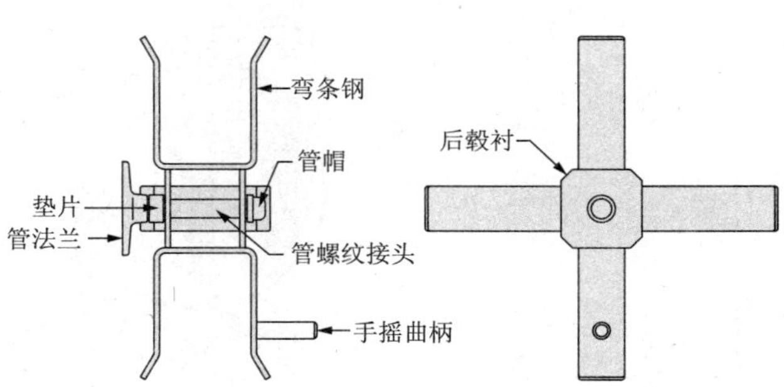
</td></tr>
<tr><td>说　明</td><td>焊接电缆同样难于盘绕存放。如图所示，可以制作一种简单的四杆线轴，采用普通的法兰盘固定，轮轴是带有旋紧螺纹帽的螺纹管</td></tr>
</table>

表6.4 配 线

知识点	配 线
图 示	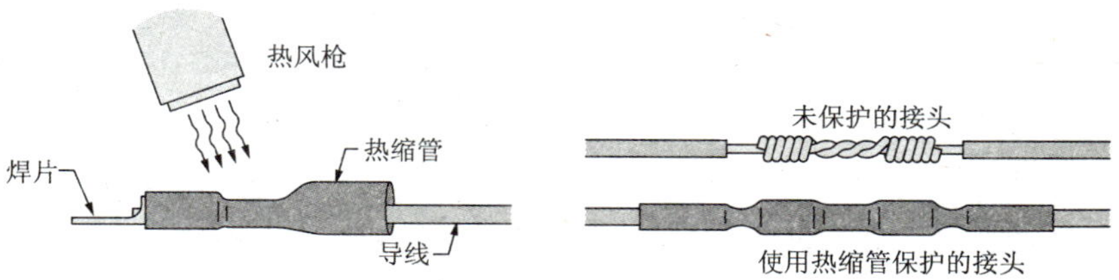
说 明	在所有配线中必然会有电线接头。此时，可以使用标准的电线压接接头，但是最好的方法是按照图中所示的方式，将电线连接、焊接，然后再加以保护。将导线焊接好，在将熔接剂彻底清理之后，用一段热缩管包裹在接头处，然后给热缩管加热使它紧紧地覆盖在导线接头上
图 示	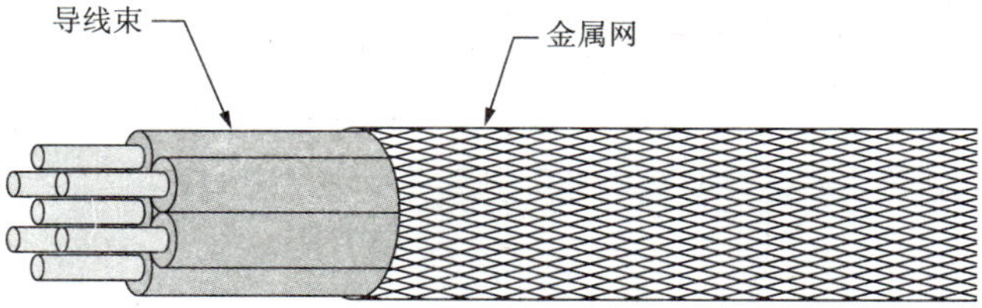
说 明	为配线提供护套的方法有很多种，最常用的一种护套是图中所示的金属网。金属网能够很容易地滑套在线束的外面，并将其紧紧地捆成一股电缆。金属网有很多种颜色和色码，可以用来区分不同的配线
图 示	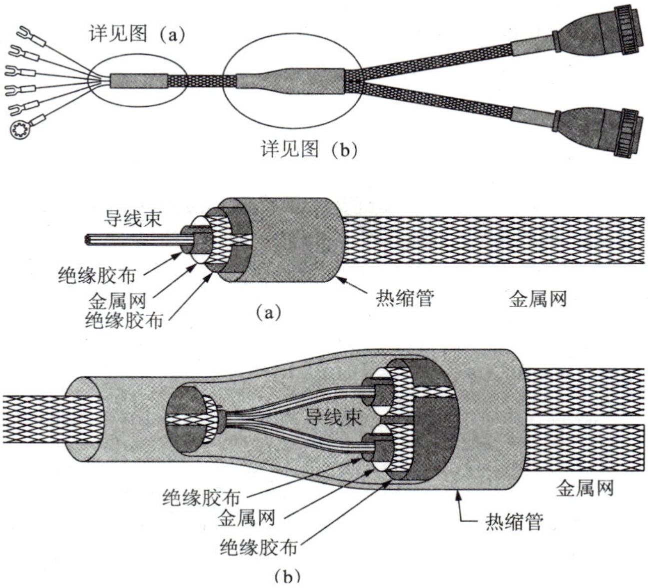

续表6.4

说　明	金属网是相当光滑的，在拉电线时，很容易将金属网与导线束分离，这给使用过程带来了隐患。为了阻止这种滑脱的趋势，在电缆的末端需要适当的终端，如图所示。导线束包裹一层摩擦带，金属网包裹在摩擦带外面，金属网外再包裹一层摩擦带。摩擦带是黏性的，能粘在金属导线和金属网上。带子的接头处也用热缩管覆盖。这种配线结构显得相当整洁，美化了最终设备的内部观感
图　示	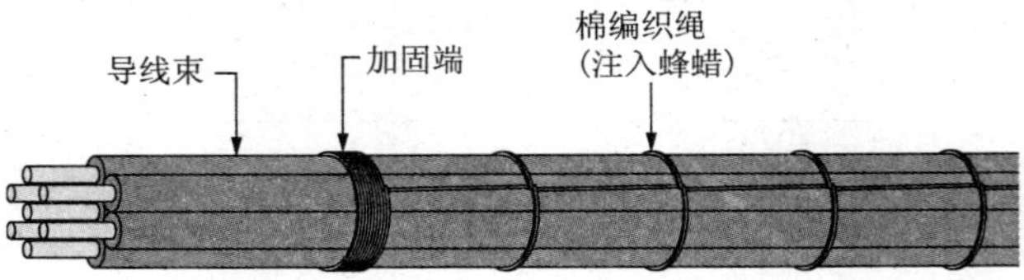
说　明	导线捆扎是一种历史悠久的制作线束的方法。用一种注入蜂蜡的线——编织绳，把导线绑好扎成束。如今这种电缆结构已经不再常用，其他更高效的线束制作方法基本替代了导线捆扎
图　示	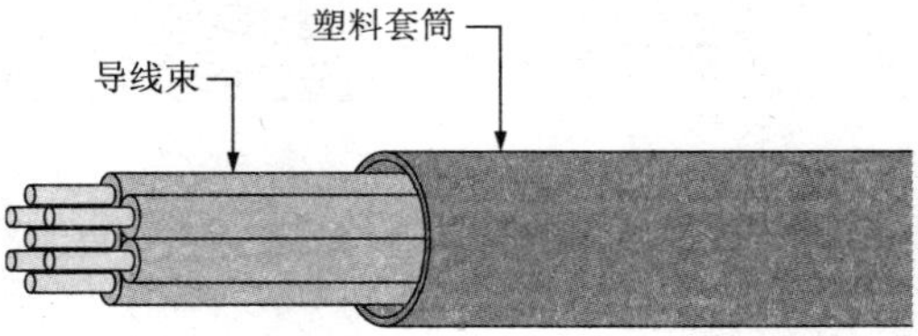
说　明	宽松的塑料管套常用在性能要求低的线束结构中。其尾端和连接处通常使用绝缘带密封，导线束整体穿过管套。这样的连接方式性能良好而且看不到接头
图　示	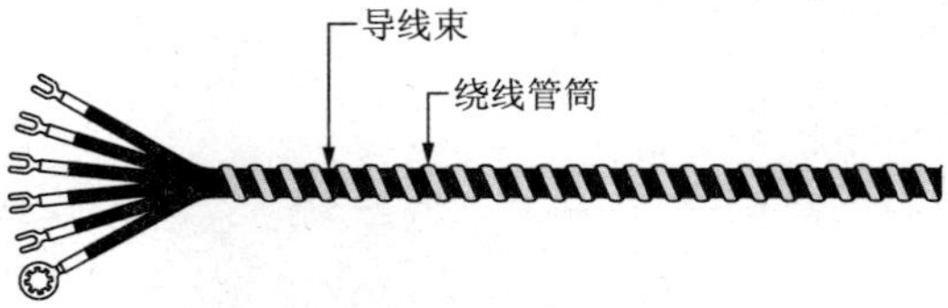
说　明	绕线螺旋管是一种连续、有弹性的、扁平塑料材料，如图所示。完成配线后，就可将绕线螺旋管包在配线外表面完成最后一道工序
图　示	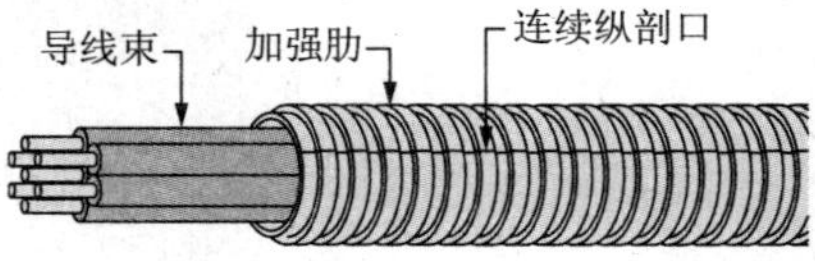

续表6.4

说　　明	剖分套筒通常应用在汽车配线束中。通过贯穿整个套筒长度方向的连续纵剖口，可将制作完成的配线束放入套筒中。导线也能够单独装入套筒，这样就便于在配线制作完成后再增加导线。为了增加电缆的柔韧性，剖分套管通常采用加强肋和凹槽交替的形式
图　　示	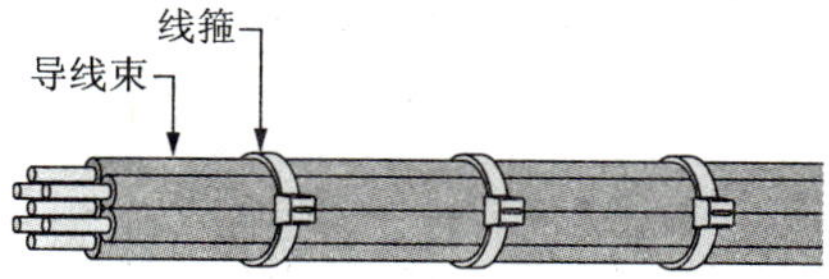
说　　明	使用普通线箍捆绑导线，是一种最常用的一次性捆扎电缆方法。使用线箍可以将一团杂乱难以识别的导线清理整齐
图　　示	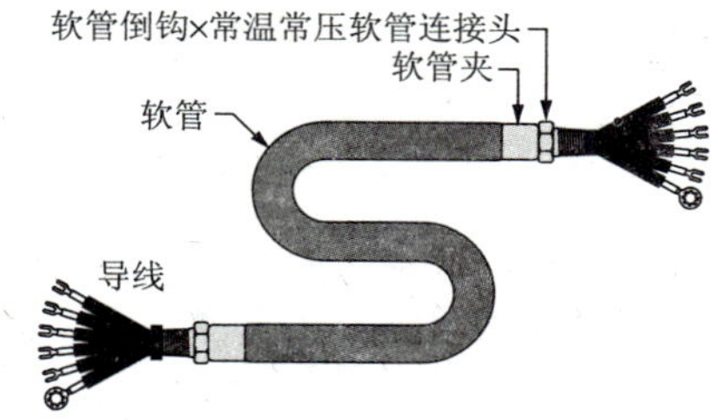
说　　明	在设计配线时，极端环境可能会带来很大的问题。一种解决方法是将导线束安放在标准的安装管件和软管之中，如图所示。我们可以选择抗磨损和抗化学试剂侵蚀的软管，使导线得到很好的保护

表6.5　电缆夹

知识点1	夹头型电缆夹
图　　示	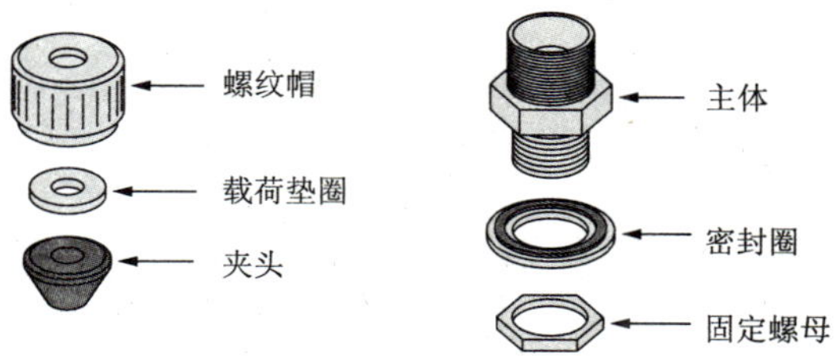
说　　明	图示为典型的夹头型电缆夹，电缆穿过电缆夹的中心并用一个螺纹帽将其卡紧。螺纹帽卡紧后，夹头就紧紧地包裹在电缆的外径上

续表6.5

知识点2	橡胶套圈
图 示	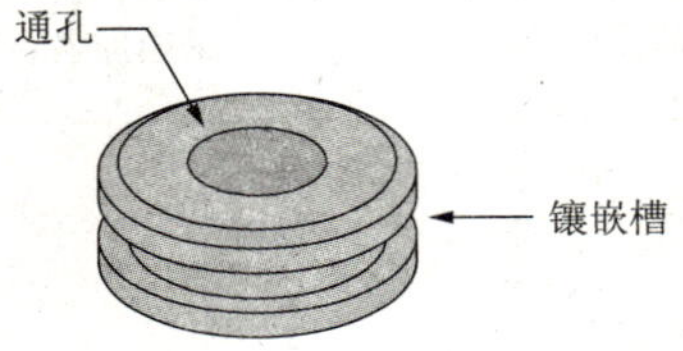
说 明	橡胶套圈是一种典型的消除导线张力的装置。使用时，在电器柜板上开一个孔，孔的大小与套圈镶嵌槽的内径相匹配，将套圈嵌在孔中
知识点3	调整片式电缆夹
图 示	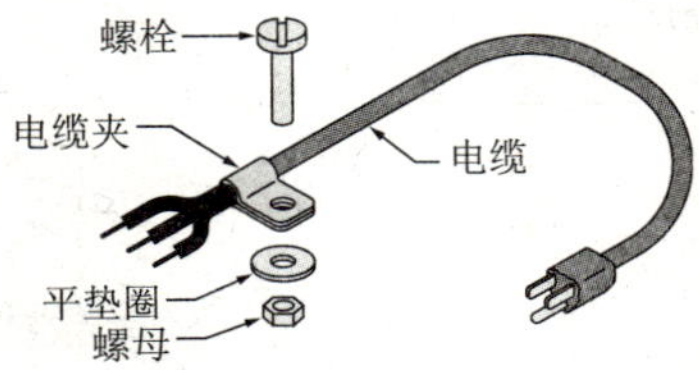
说 明	调整片式电缆夹能够消除电缆张力，或者作为内部电缆支撑使用
知识点4	Romex电缆夹
图 示	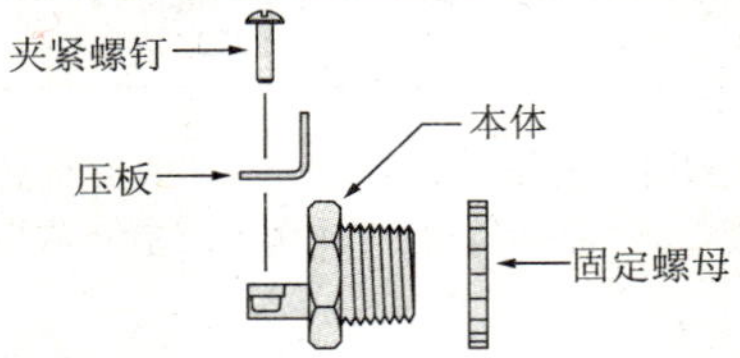
说 明	Romex电缆夹是一种多用途的设备。这种电缆夹用于在家庭和办公室电缆系统中夹住Romex导线
知识点5	缓解电缆夹的弯曲
图 示	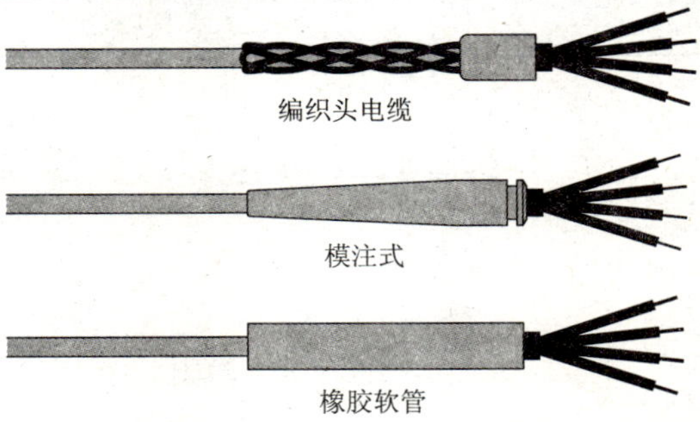
说 明	为了延长在重载情况下电缆的使用寿命，通常使用一种能使弯曲得到缓解的电缆夹。图示出了一些常见的减小弯曲方法。通过增加一段一定长度的橡胶软管和Romex电缆夹，就能有效地解决弯曲问题，并且成本很低。许多电缆在生产时，就将浇铸成型的缓解弯曲结构作为电缆的部件组装在一起

表6.6　绝缘子

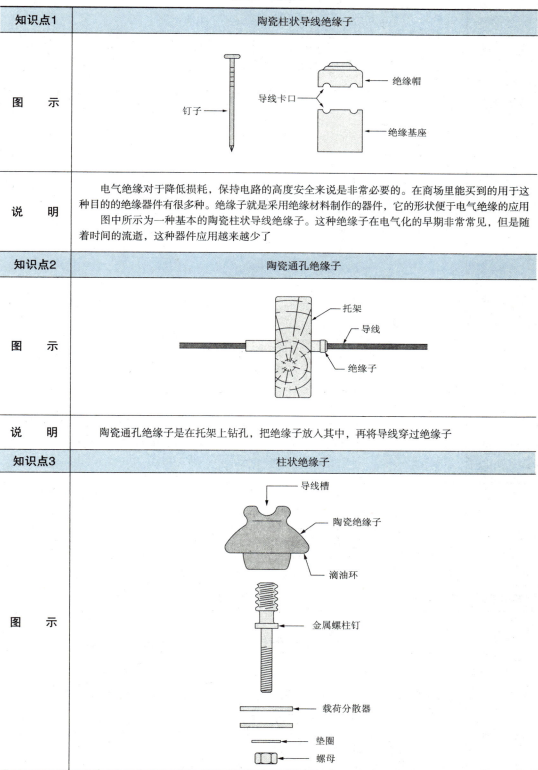

知识点1	陶瓷柱状导线绝缘子
图　　示	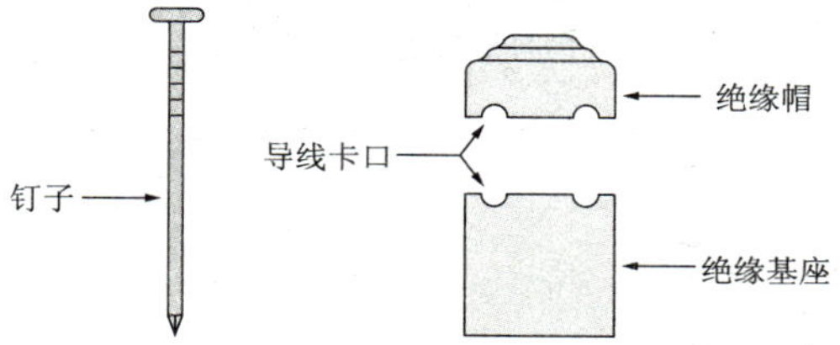
说　　明	电气绝缘对于降低损耗，保持电路的高度安全来说是非常必要的。在商场里能买到的用于这种目的的绝缘器件有很多种。绝缘子就是采用绝缘材料制作的器件，它的形状便于电气绝缘的应用 图中所示为一种基本的陶瓷柱状导线绝缘子。这种绝缘子在电气化的早期非常常见，但是随着时间的流逝，这种器件应用越来越少了
知识点2	**陶瓷通孔绝缘子**
图　　示	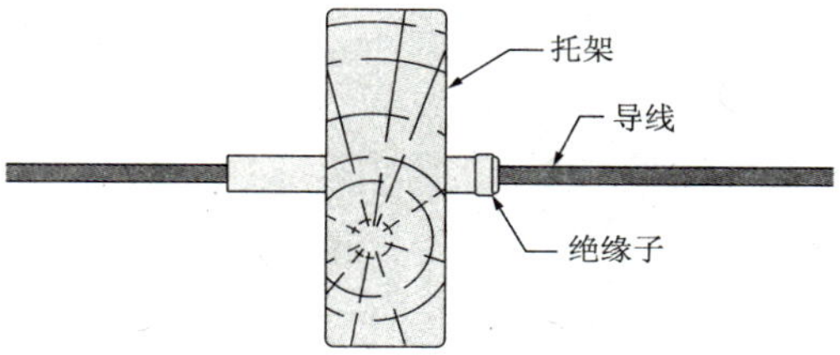
说　　明	陶瓷通孔绝缘子是在托架上钻孔，把绝缘子放入其中，再将导线穿过绝缘子
知识点3	**柱状绝缘子**
图　　示	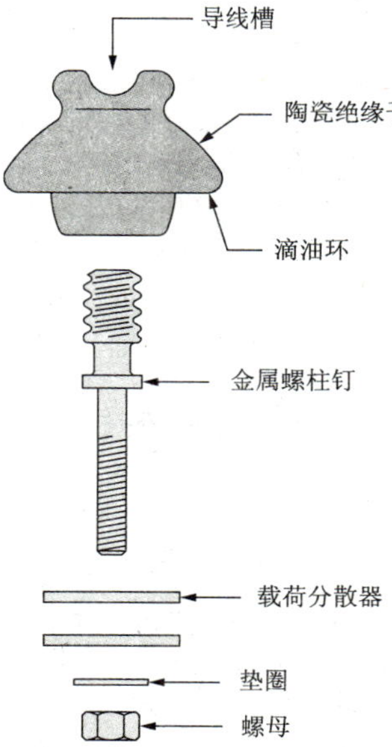

续表6.6

说　　明	图中所示为一种典型的陶瓷柱绝缘子。为了支持重量更大的电缆，线槽被设计在绝缘子的顶部，并且用一定长度的硬线捆住导线。这种绝缘子采用螺纹固定在钢柱上，钢柱通常插入横梁的通孔内，并用一套负载垫圈和螺母组件固定好
知识点4	**高压绝缘子**
图　　示	(a) 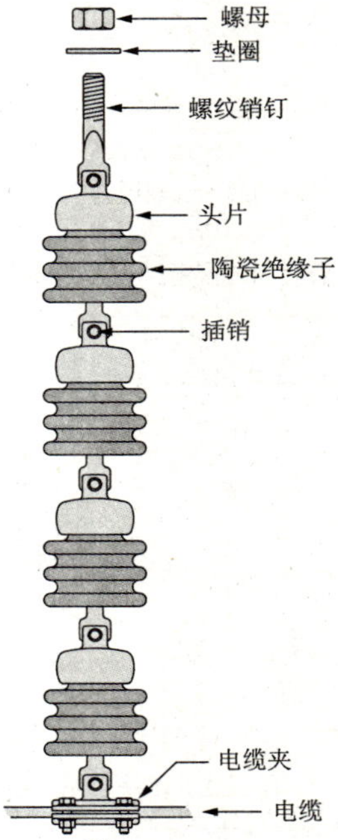(b)
说　　明	① 远距离高压输电线需要比普通标准柱式绝缘子具备更高的绝缘等级。高压绝缘子就是由多个标准绝缘子叠加而成，可以提供更高的耐压值 ② 在高压场合中，可以将绝缘子按照图（b）所示的方式层叠起来使用。每一个绝缘子配件可以提供一定的耐压值。将10个绝缘子连接在一起可以使耐压值增加到单体的10倍
知识点5	**拉线绝缘子**
图　　示	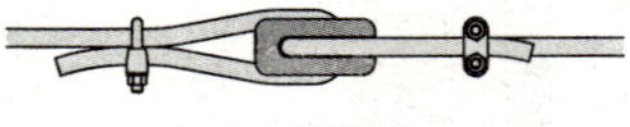(a) 重载荷 (b) 轻载荷
说　　明	天线和张紧索需要与地线和/或电源线隔离，这时通常采用天线或拉线绝缘子。图中示出了两种特殊的拉线绝缘子。图（a）专为承担大载荷的天线和拉线绝缘子设计；图（b）为小负载使用型，比如业余无线电天线

表6.7 电气过孔绝缘子

知识点1	大头配件
图 示	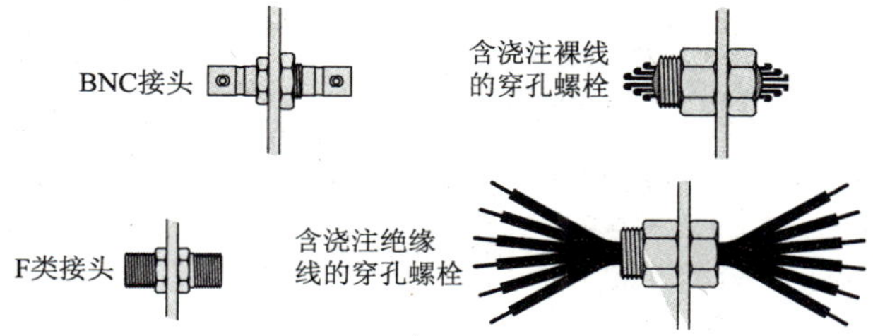
说 明	在许多设备中需要将电信号穿过硬隔板，比如密封壳体上的仪表板或压力容器的壁板。这种情况下通常会使用大头配件或过孔绝缘子 图中所示为一些商业化的大头配件。具有大头外形的接头有多种不同类型。这些接头很容易安装，同时密封性能良好且价格低廉。焊接型过孔绝缘子采用的是一个中心钻孔的螺栓，导线穿过螺栓并浇注在孔中；穿孔螺栓绝缘子可能采用绝缘或非绝缘导线制造
知识点2	高压过孔绝缘子
图 示	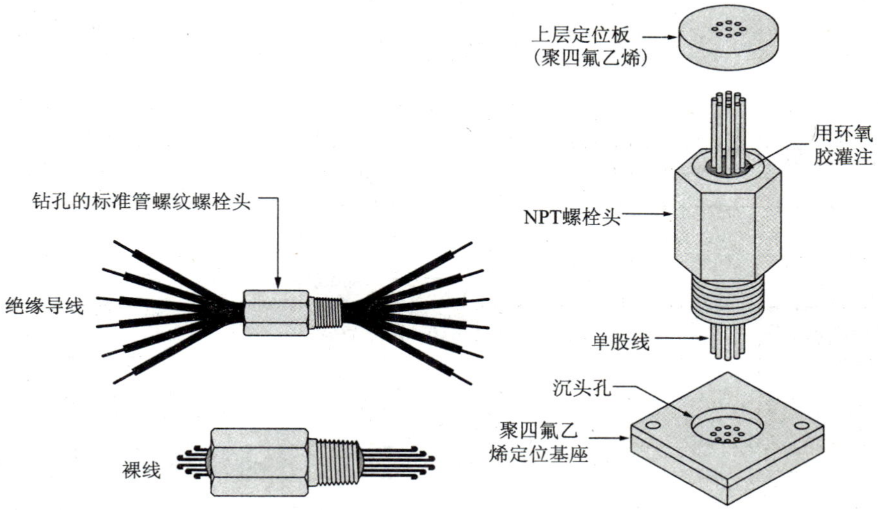 (a) (b)
说 明	① 低压差的过孔绝缘子可以使用绝缘导线，而高压差的过孔绝缘子一般使用实心裸线。图（a）所示为一对标准高压过孔绝缘子。其本体是一个有通孔的标准管螺纹（NPT）螺栓头，导线置于通孔中，再用一种双份化学填充材料灌注通孔 ② 图（b）是制作高压过孔绝缘子的指导图。首先，在一个NPT螺栓头的中心轴线上钻孔，并按照图中所示在下端的聚四氟乙烯塑料板上钻孔，用以隔开并排列导线。导线放置在孔中，然后把螺栓头放在沉头孔中。沉头孔的目的是为了使螺栓头与导线同心。然后用一种双份化学胶或填充物灌注螺栓头上的过孔。在胶凝固前要将顶部的定位板安装好。胶凝固后，将上下两块定位板取下，这样过孔绝缘子就可以安装了。需要注意，之所以用聚四氟乙烯是因为胶不会与这种材料黏合，定位板可以轻易地取下并再次利用

续表6.7

知识点3	高真空过孔绝缘子
图　　示	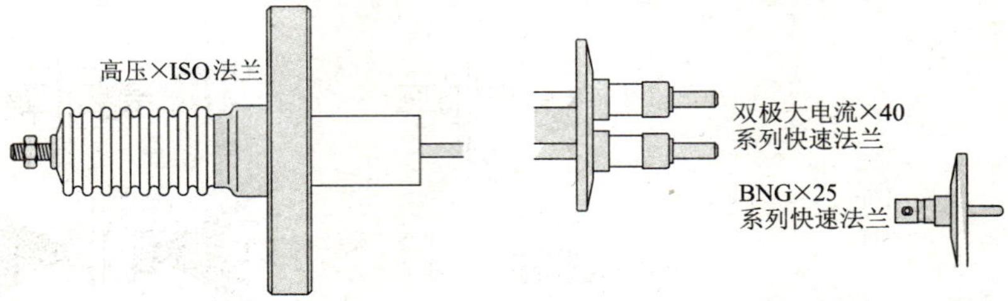
说　　明	高真空系统要求的密封性能比胶水和填充材料所能提供的更高。在这种情况下，通常使用焊接与钎焊混合的方法。图中所示为一个高真空过孔绝缘子。过孔绝缘子通常是焊接在标准法兰上的接头或绝缘子配件
知识点4	陶瓷金属焊接过孔绝缘子
图　　示	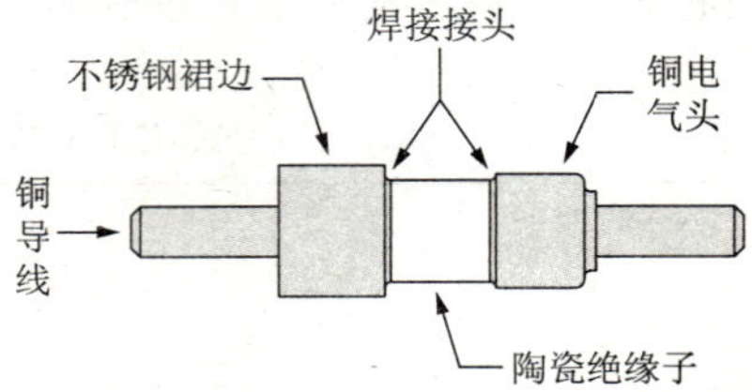
说　　明	陶瓷金属接头采用铟焊料制作，这种方式提供了一种极其清洁和精密的密封方式。图中所示为一种典型的陶瓷金属焊接过孔绝缘子。组件可以通过不锈钢裙边焊接在标准法兰盘上

表6.8　导线管

知识点1	导线管的作用
图　　示	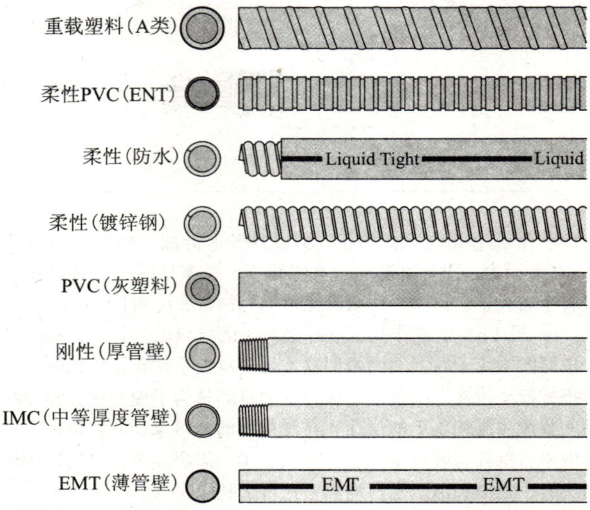

续表6.8

<table>
<tr><td>说 明</td><td>导线管是指电缆可以穿过其中进行布线的一类导管。这种设备在家庭中并不常见，通常商业和工业场所的电气规范中要求使用它
导线管有三种基本功能：第一，它提供了一种导向功能，通过它可以方便地抽出导线，这使安装大型、繁杂的导线系统的任务变得简单很多；第二，是保护导线不受外部因素的损坏，导线管能够防止机械、化学和天气因素造成的损坏；第三，防止外界受到导线电压的影响，破损或磨损的导线可能产生电击或成为火灾的隐患，在住宅、商业和工业环境中必须排除这种隐患</td></tr>
<tr><td>知识点2</td><td>电气金属导线管</td></tr>
<tr><td>图 示</td><td>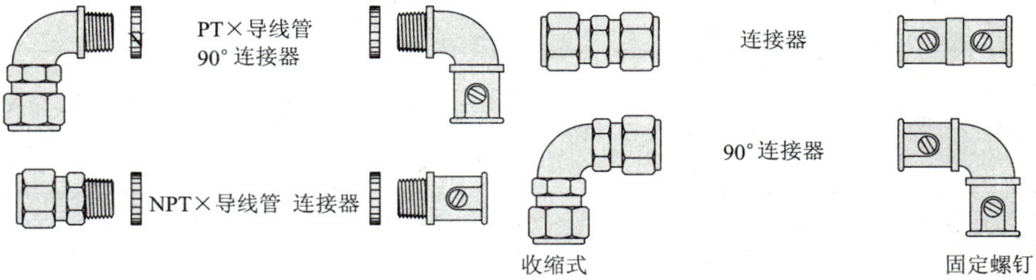
</td></tr>
<tr><td>说 明</td><td>电气金属导线管通常采用夹头或螺纹管样式的接头。夹头式配件能提供比较有力的连接，通常应用于暴露在外的设施上，但是连接起来比较困难；螺纹固定式可以进行比较快速简单的装配，通常应用于受保护的设施上</td></tr>
<tr><td>知识点3</td><td>刚性导线管</td></tr>
<tr><td>图 示</td><td>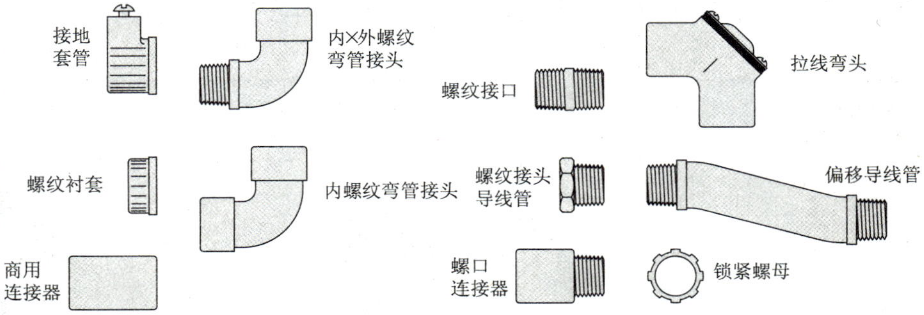
</td></tr>
<tr><td>说 明</td><td>刚性和IMC设备通常利用NPT螺纹来安装。安装这类导线管本质上就是管道工的工作了。图中所示为商业化刚性导线管装置的剖面图。这种装置通常采用铝制铸件或镀锌钢材制作</td></tr>
<tr><td>知识点4</td><td>导线管中间接头</td></tr>
<tr><td>图 示</td><td>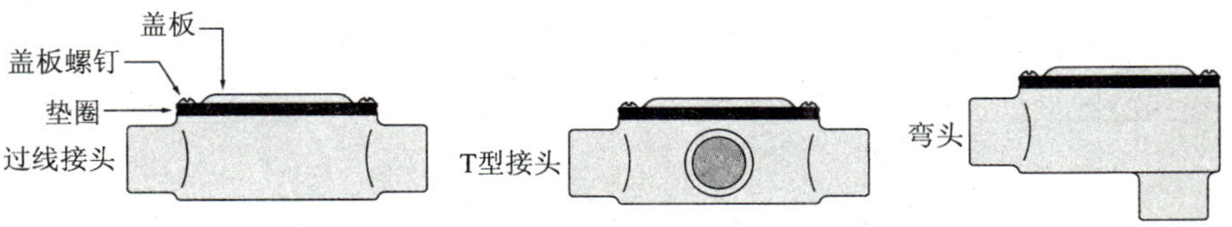
</td></tr>
<tr><td>说 明</td><td>图中所示为三种基本的导线管中间接头。它们为处理内部导线提供了预留接口。通过这类设备可以方便地拓展一个现有的导线系统，同时也可以减少导线拖曳的长度。这种装置可以用于EMT、刚性和PVC导线管</td></tr>
</table>

续表6.8

知识点5	软性金属导线管
图　示	
说　明	软性金属导线管需要专门设计的配件，这类配件有旋紧或螺纹夹紧形式，在电气商店或五金店都可以买到
知识点6	**软性PVC导线管**
图　示	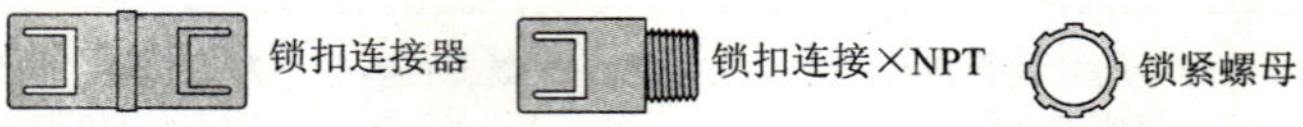
说　明	软性PVC导线管使用塑料锁扣连接配件，这种连接配件的使用极其简单。截取一定长度的导线管，然后简单地塞紧套在连接头上即可。如果想松开连接，必须把两个耳片撬起并掰至配件外侧
知识点7	**配合导线管使用的配件**
图　示	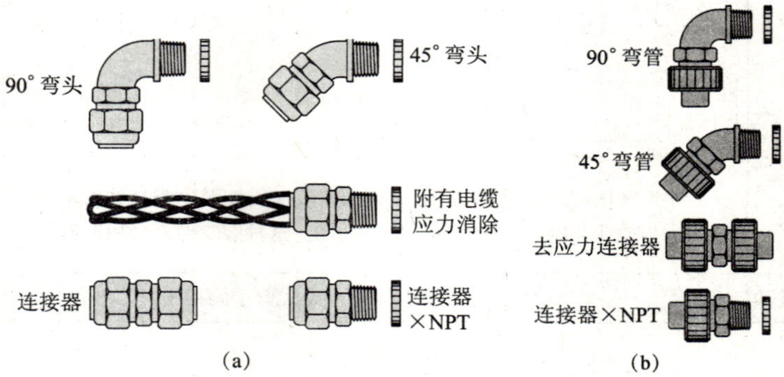
说　明	① 图（a）所示为一些配合防水导线管使用的配件。这些配件采用夹头式接头，并由橡胶密封件提供防水密封功能 ② 重载塑料导线管采用一系列特殊的配件，如图（b）所示，这些配件有一个中间层以抵抗夹头的压力，同样也有手动紧固螺母和密封夹头

表6.9　供电接头

知识点	供电接头
图　示	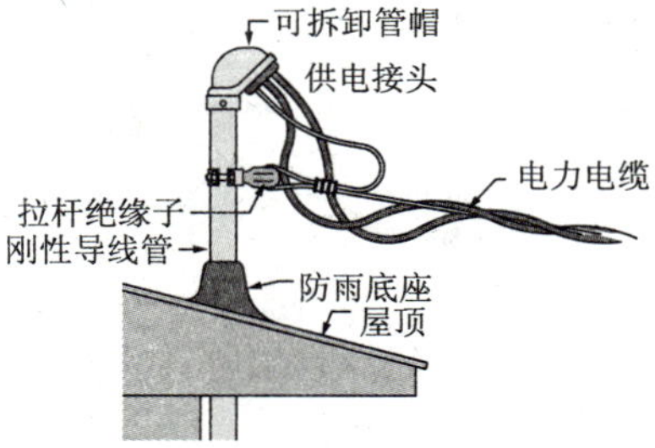
说　明	供电接头是一种特殊的导线管配件，专门用于将建筑中的电气系统接入供电网络。图中所示为一种典型的安装在住宅建筑上的供电接头。这种接头通常固定在镀锌刚性导线管的一端。导线管穿过房顶一直连接到建筑的电表上。电力电缆系在一个夹在导线管上的拉杆绝缘子上，电源线和地线相互缠绕并穿过供电接头

表6.10　出线盒与开关盒

知识点1	出线盒
图　示	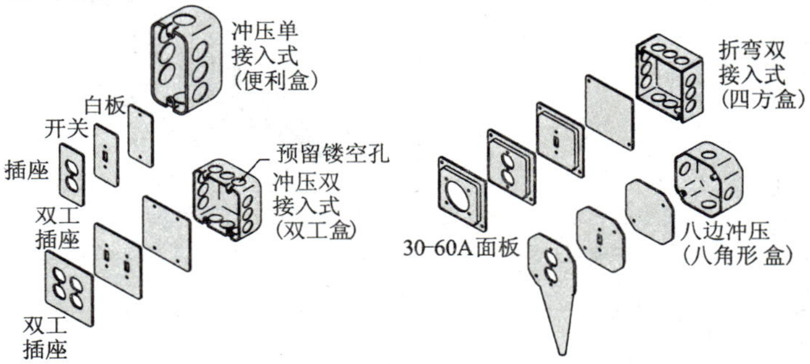
说　明	图中所示是很容易买到的普通插座盒和出线盒。根据所需安装的设备不同，有多种不同的盒盖可供选择。图中所示只是最常见的一些盒盖，这些盒子设计得特别灵巧，不仅可以用在电气布线上，同样也可用于一些自制工程。这类盒子多采用塑料或PVC材料来设计制作
知识点2	**插座盒与开关盒**
图　示	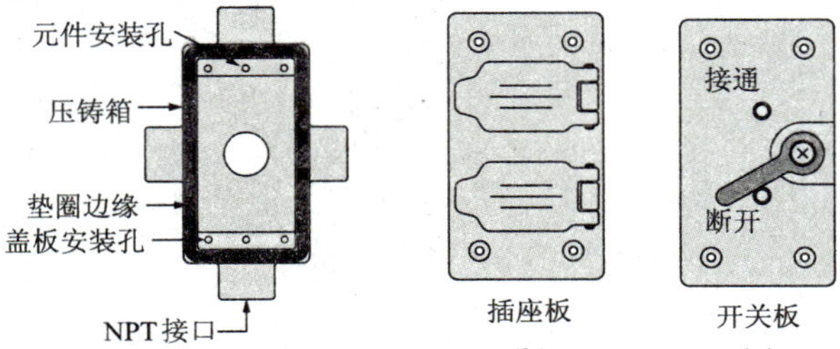 (a)　(b)　(c)
说　明	户外插座盒可以在线路断开时提供保护。这些插座盒有一对带弹簧的门，当插座不用时，门可以紧紧关闭。户外开关盒是在普通开关外加一个带整体旋钮的密封板，以实现防雨功能。这些盒子本身通常都有NPT接口

表6.11　电线管道

知识点	电线管道
图　示	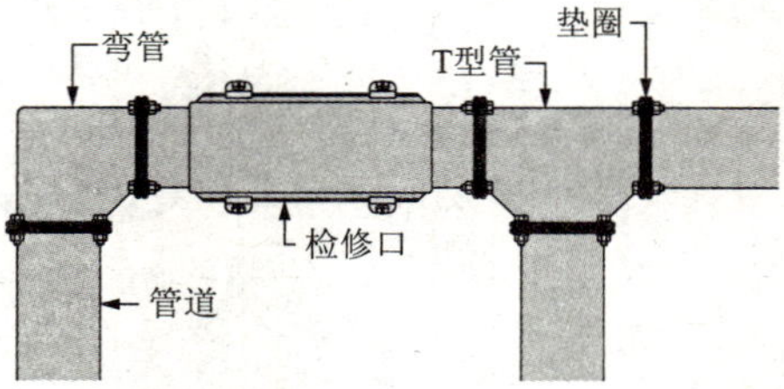
说　明	电线管道是一种专门为支撑导线而设计的独立管道。这种系统通常可以应用于大型设备和工业场所

表6.12　线　槽

知识点	线　槽
图　示	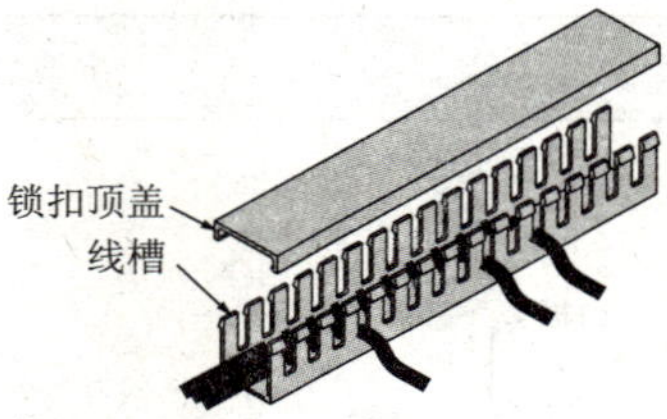
说　明	线槽为控制柜内部布线提供了一种便捷的方法。线槽是由一系列垂臂构成侧面的塑料盒。导线可以轻松地通过或穿出线盒。在布线完成后，在线盒上装一个可按下卡紧的顶盖，使其外观看起来比较整洁

表6.13　电缆保护板

知识点	电缆保护板
图　示	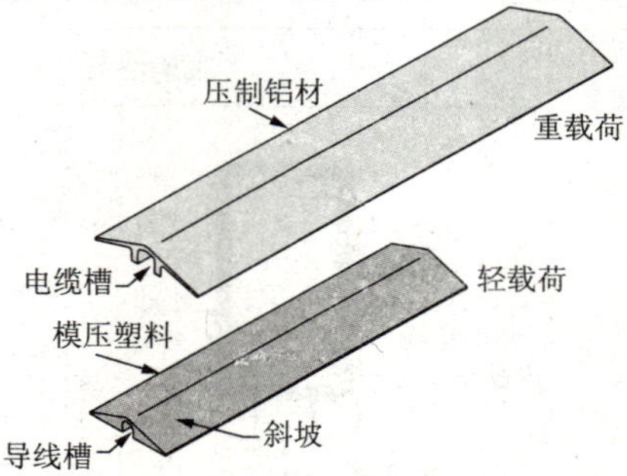
说　明	电缆保护板通常用于供电电缆需要穿过交通繁忙地段的情况。图中所示为两种常见的电缆保护板。轻载保护板由浇铸或挤压成型的塑料和橡胶制成。这种保护板适用于脚踩或较轻的轮式车辆通过。重载电缆保护板通常用于承受交通工具的重量，比如轻型/重型卡车和叉车

第7章

电控器件

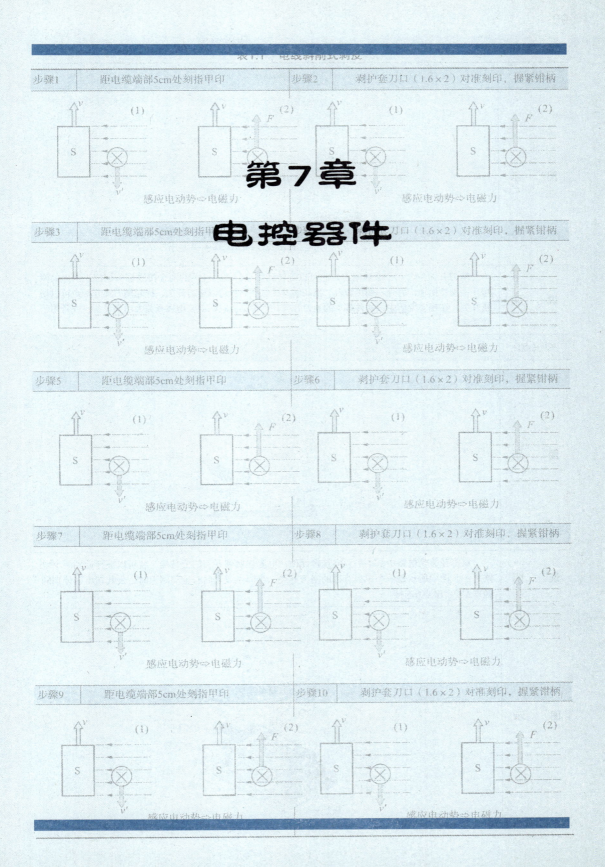

表7.1 手动开关

<table>
<tr><th>知识点1</th><th>闸刀开关</th></tr>
<tr><td>图　　示</td><td>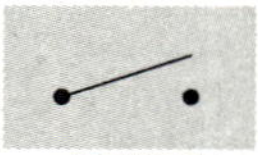
原理符号
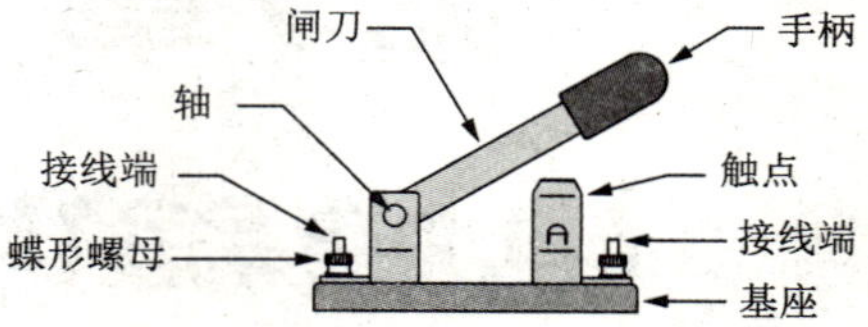
</td></tr>
<tr><td>说　　明</td><td>闸刀开关包含一个金属闸刀，它可以旋转到触点位置。开关的两个接线端分别位于闸刀的两端，一端接枢轴，另外一端接触点。推动闸刀接触触点就可以接通开关，提起闸刀离开触点可以切断开关。在现实生活中，这种基本的闸刀开关并不常见，它们主要用来开关大功率设备，或者用于教学活动</td></tr>
<tr><th>知识点2</th><th>双掷开关</th></tr>
<tr><td>图　　示</td><td>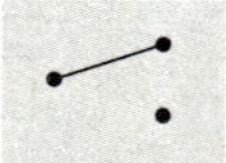
原理符号
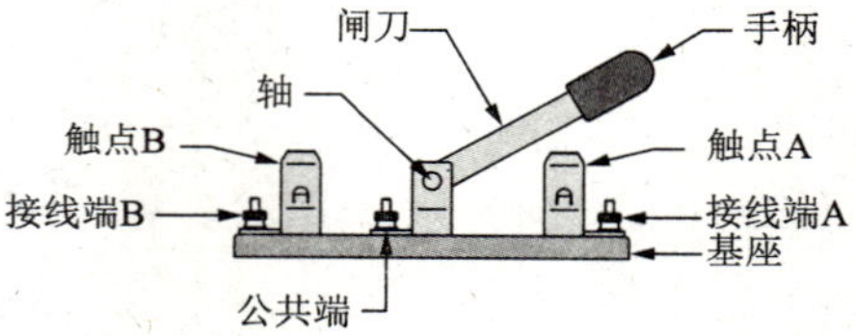
</td></tr>
<tr><td>说　　明</td><td>双掷开关是电路中基本的双向选择元件，电源连接到开关的公共端，就可以被导通到两个电路之一。图中所示是一个单极双掷的闸刀开关，当向左或者向右推动闸刀时，公共端可以分别同触点A或者触点B连接</td></tr>
<tr><td>图　　示</td><td>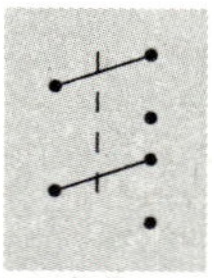
原理符号
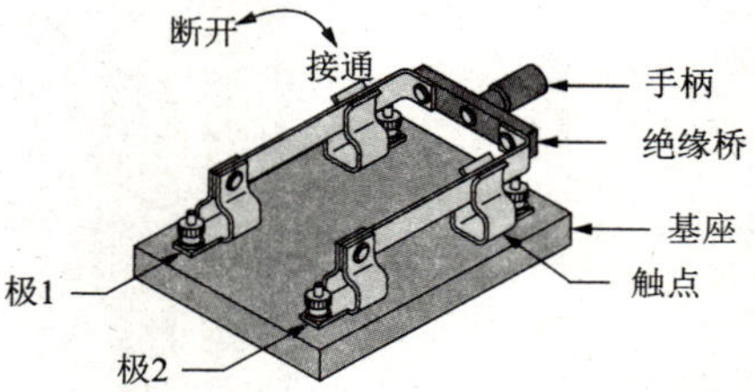
</td></tr>
</table>

续表7.1

说　明	可以利用多极开关同时对两个或者更多的电路进行开关控制。图中所示为一个双极闸刀开关，这个开关由共用一个公共手柄的两组标准开关组成，这两组标准开关固定在一个公共的基座上
图　示	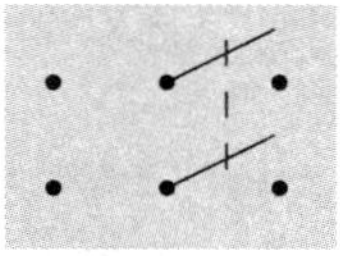 原理符号 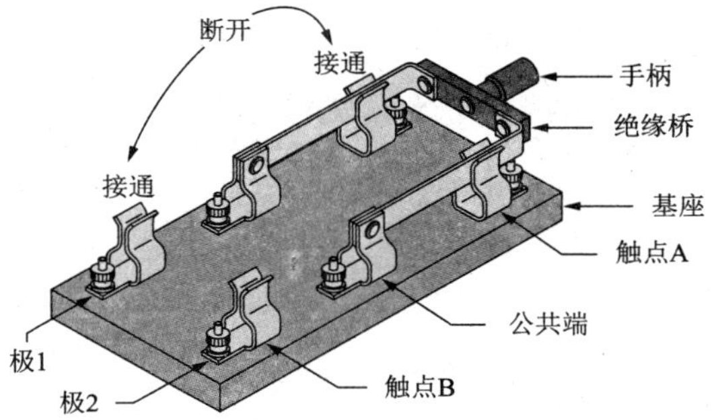
说　明	多极开关也可以扩展为双掷型，图中所示为一个双极双掷闸刀开关，这是最常见的一种开关结构
图　示	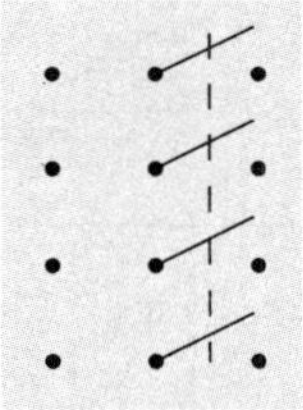 原理符号 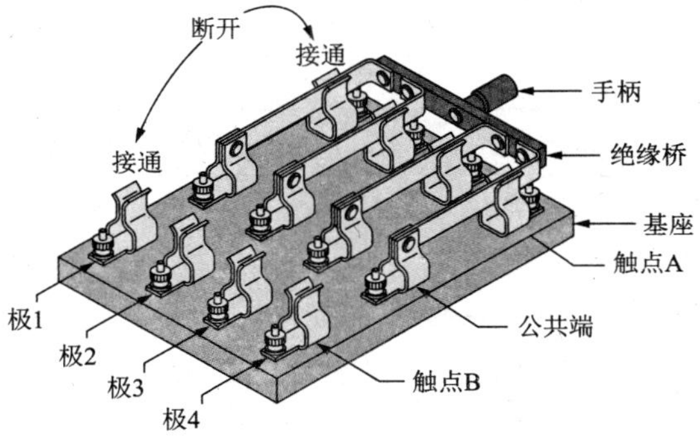
说　明	图中所示为一个四极双掷闸刀开关。开关的极数根据实际需要情况确定。三极、四极、六极、八极开关很常见，可以用来解决多个电路的开关控制问题

续表7.1

<table>
<tr><th>知识点3</th><th>闸刀开关的应用</th></tr>
<tr><td>图　　示</td><td>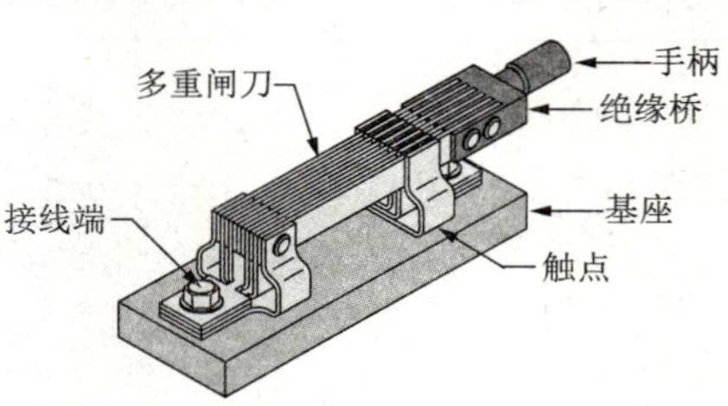
</td></tr>
<tr><td>说　　明</td><td>在工程应用领域，闸刀开关在高电压工作场合具备明显的优势。图中所示的大型多极片的闸刀开关在发电站可以找到，利用它可以开关大电流设备，也可以用来开关辅助发电系统</td></tr>
<tr><td>图　　示</td><td>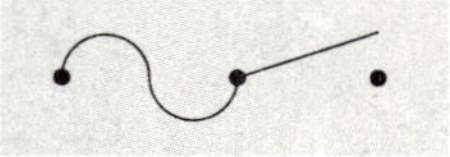
原理符号
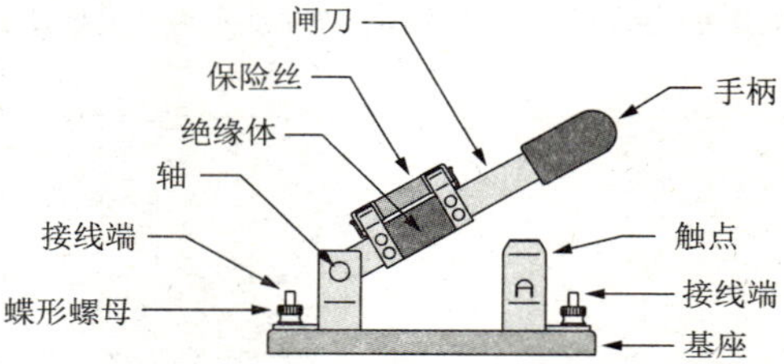
</td></tr>
<tr><td>说　　明</td><td>闸刀开关的另一个应用是保险开关，这种开关的闸刀采用一段绝缘材料隔开。保险丝通过闸刀上的两组槽孔跨过绝缘体，保险丝位于绝缘体的上侧，这些开关大多数为多极双掷结构</td></tr>
</table>

表7.2　开关动作

<table>
<tr><th>知识点1</th><th>凸轮动作开关结构</th></tr>
<tr><td>图　　示</td><td>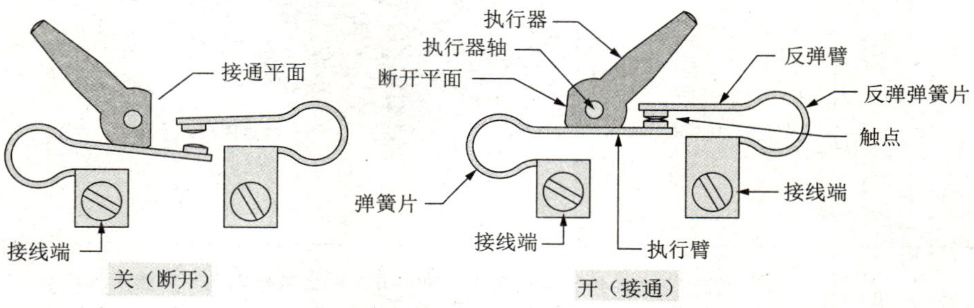
</td></tr>
</table>

续表7.2

说　明	① 开关动作是指开关上触点的断开或者接通的机制。闸刀开关可以看作一个凸轮动作开关。凸轮动作开关触点的断开或者接通同执行器的位置直接相关。由于在断开或者接通触点时的速度比较低，会引起电火花问题。为了补偿电弧放电对触点的损害，凸轮动作开关通常采用较重的机构 ② 图中所示为一个典型的凸轮动作开关机构。当执行器被压到左边的时候，凸轮断开触点；当执行器被压到右边的时候，凸轮接通触点。许多凸轮动作开关的凸轮上都有一个平面，利用它来保持执行器的位置
知识点2	**快速动作开关机构**
图　示	见下图

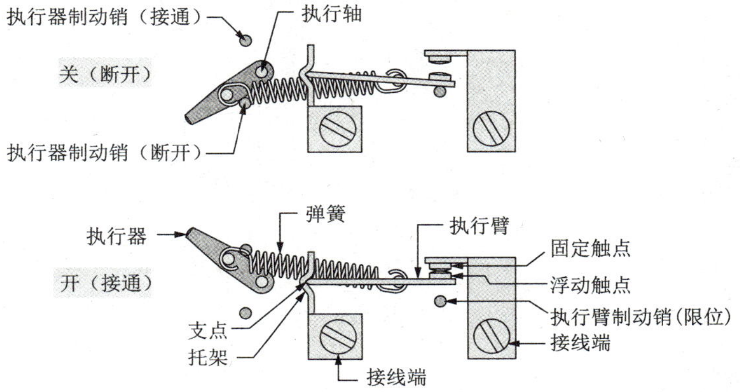

说　明	① 快速动作开关可以提供非常迅速的重复开/关动作。它包含一个可以存储执行器能量并将能量释放给触点的机构，该机构主要用来减小触点间的电弧。快速动作开关可以根据它的带载能力做得很小。此外，它还具有相当出色的触觉反馈特性 ② 快速动作开关的一个缺点是触点颤动。当开关接通时，触点以很快的速度强制闭合，运动中的触点可能会反弹，从而离开固定触点。在通常情况下，电路对开关反弹的灵敏度是有一定要求的 图中所示是一个快速动作开关机构，常见于高性能开关。执行器的能量被存储在弹簧内，当弹簧越过支点时，将把接触臂和浮动触点牵引到固定触点上
知识点3	**伪快速动作开关**
图　示	见下图

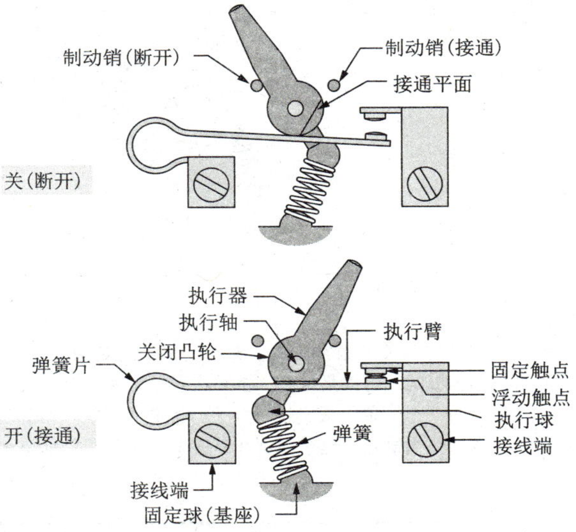

续表7.2

说　明	最常见的开关是凸轮动作开关和快速动作开关的组合体。伪快速动作开关是一个带有快速执行器的凸轮动作开关，这种开关具备很多优良的特性，使其得到广泛的应用。其简捷的设计风格降低了生产成本，减小了触点颤动，缩短了开/关周期，并且提高了接触反馈性能
图　示	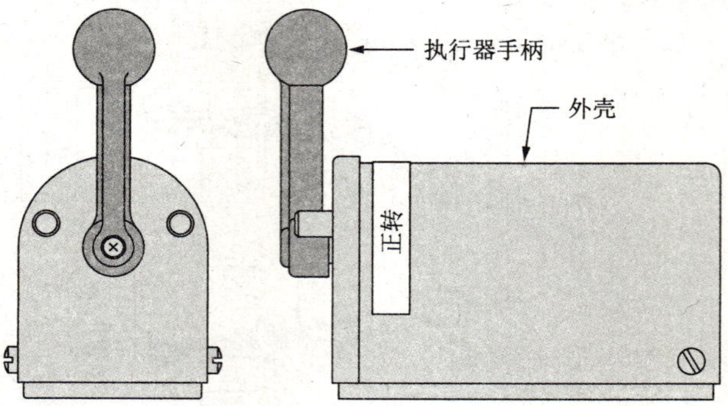
说　明	伪快速动作开关的典型形式为鼓形开关，这种开关可以使低功率的三相电动机实现正转–关–反转

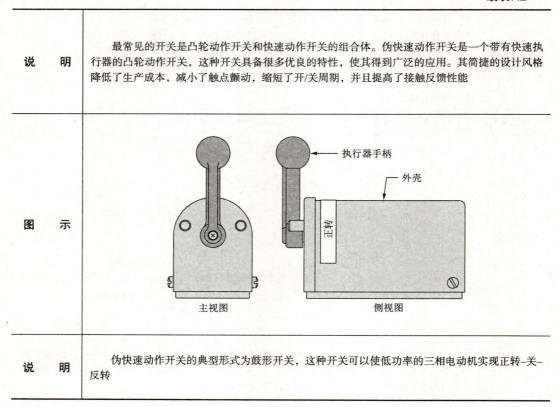

表7.3　按钮（瞬时开关）

知识点1	按钮的结构
图　示	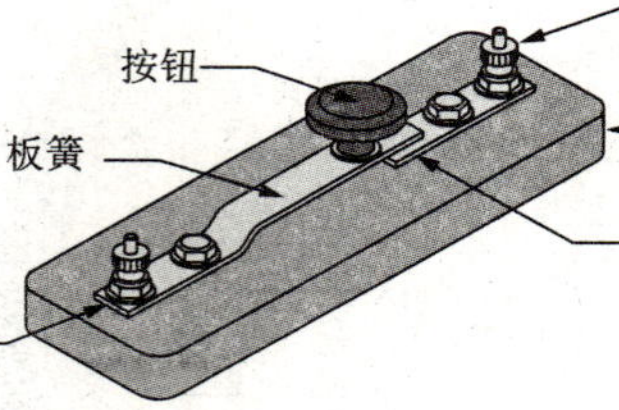
说　明	按钮也叫瞬时开关是很常见的。典型的例子就是门铃按钮。按钮不同于具有开/关状态的开关，它可以是多极的，可以是常开、常闭或者是二者的综合 图中所示为一个简单的板簧瞬时开关，铜制叶片的一端粘有绝缘按钮，另外一端固定在基座上；另一个铜条作为触点，也被固定在基座上，接线端分别位于这两个铜条的末端

续表7.3

<table>
<tr><th>知识点2</th><th>常开型瞬时开关</th></tr>
<tr><td>图　示</td><td>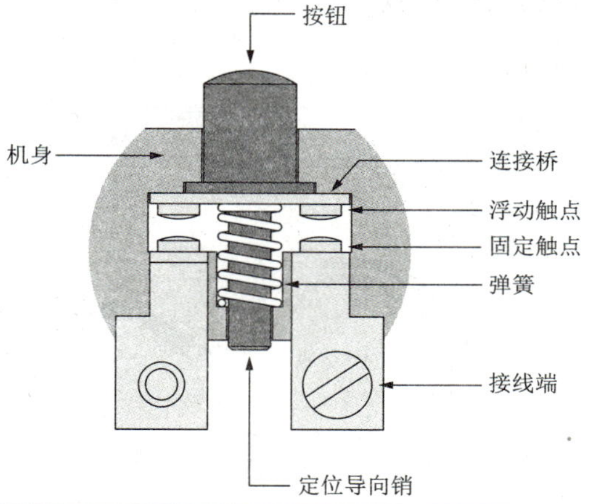
</td></tr>
<tr><td>说　明</td><td>图中所示为商用常开型瞬时开关的断面图，该模块包含了两套接触装置，固定触点位于开关的内部，浮动触点粘贴在桥上。当按钮按下时，桥下压到固定触点，电路接通</td></tr>
<tr><td>图　示</td><td>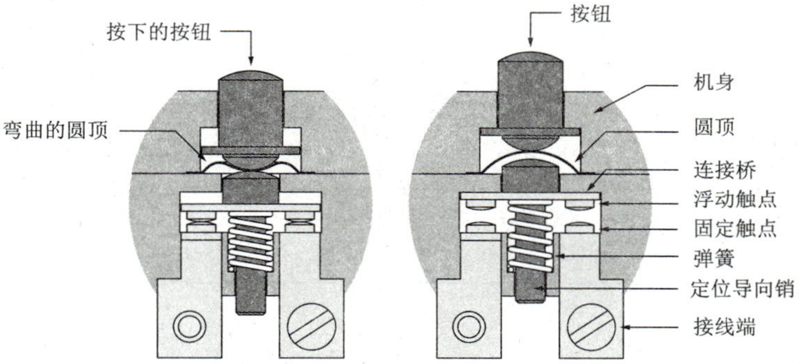

开（接通）　　关（断开）</td></tr>
<tr><td>说　明</td><td>为了减小瞬时开关尺寸，在结构上安装了具有弹性的圆顶，当按下按钮的时候，圆顶弯曲到某个位置</td></tr>
<tr><th>知识点3</th><th>舌簧开关</th></tr>
<tr><td>图　示</td><td>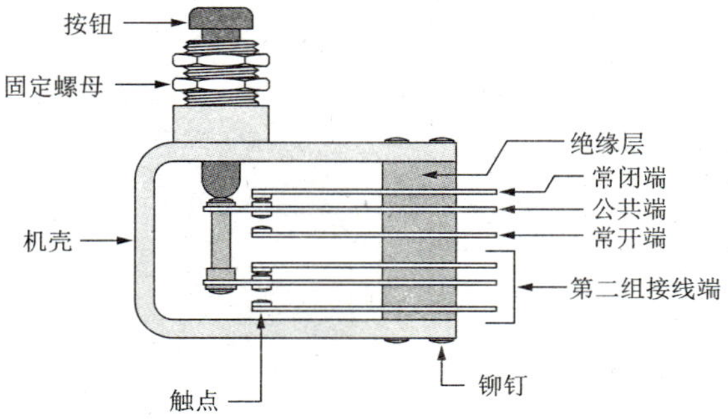
</td></tr>
</table>

续表7.3

说 明	舌簧开关是一种常见的瞬时开关。为了满足应用，很多叶片像堆栈一样排列在一起，由于带载能力有限，舌簧开关主要用于通信以及测试设备 图中所示是一个典型的双极双掷舌簧开关。可以看出，减小框架和增加栈中的叶片是相当容易的，所以多极舌簧开关的价格通常很便宜
知识点4	常见商用开关
图 示	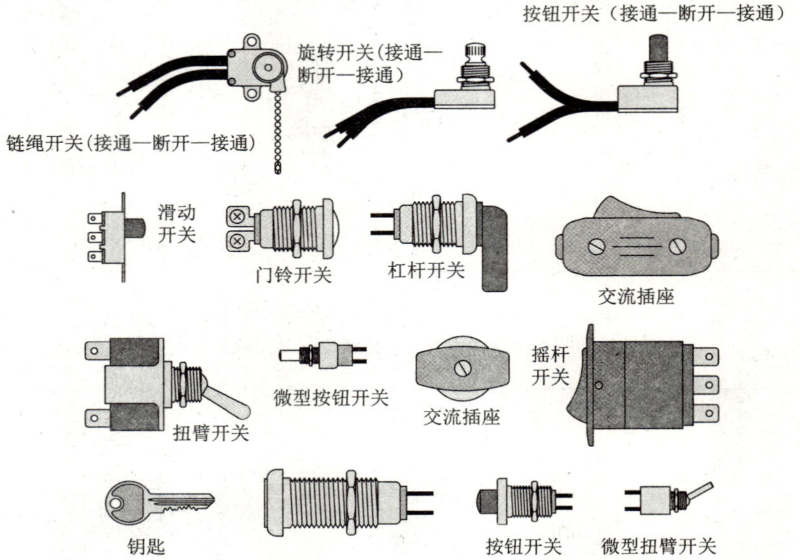
说 明	图中示出了商用开关的一些类型，大多数开关为凸轮动作开关、快速动作开关或者是伪快速动作开关。有单极、双极、多极以及单位、双位和三位

表7.4 电源断路器

知识点	电源断路器
图 示	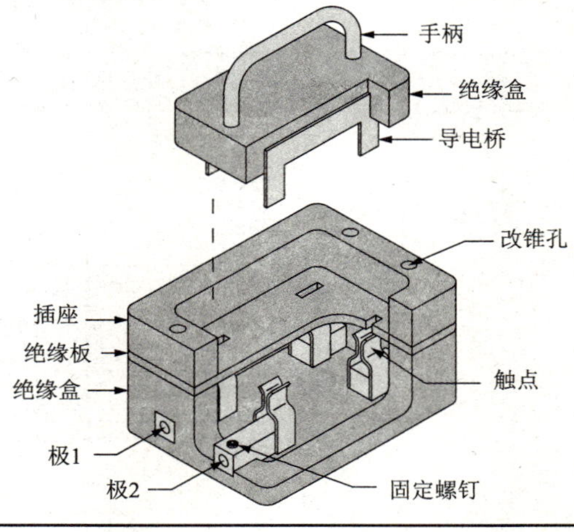

续表7.4

说　明	图中所示是市场上最简单的电源断路器。在家里或者商用的空调上都能找到诸如此类的断路器。这些断路器通常固定在邻近设备处，以便于工程师可以直接控制电源
图　示	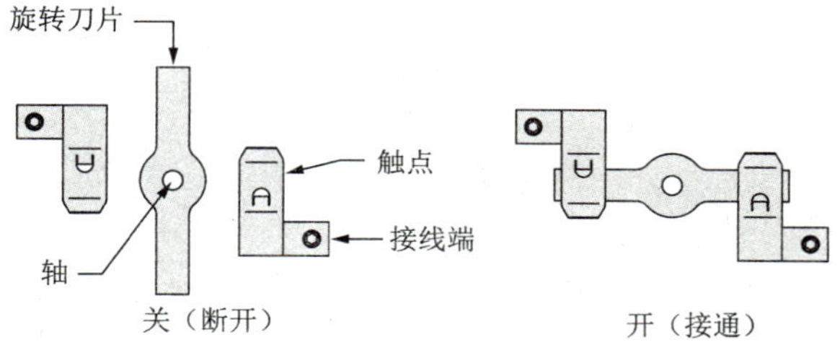
说　明	图中所示为带有旋转刀片的电源断路器的工作原理。旋转刀片是一个双向闸刀开关。执行手柄通过驱动轴连接到旋转闸刀的轴上，当执行器转过90° 时，闸刀就连接上了
图　示	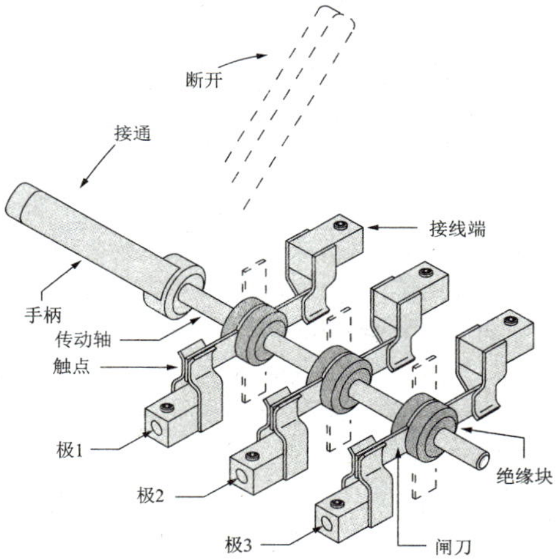
说　明	图中所示是一个三极型杠杆驱动电源断路器，虚线表示闸刀的关断位置
图　示	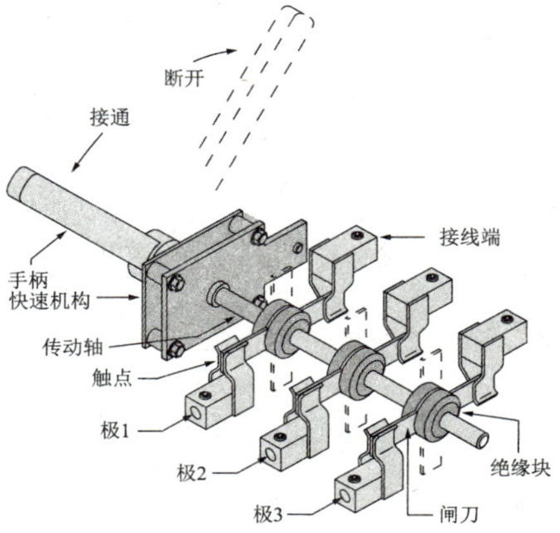

续表7.4

说　明	图中所示是一个典型的带有快速执行器的电源断路器，它最大限度地减小了电火花，从而可以关断正在运行的负载
图　示	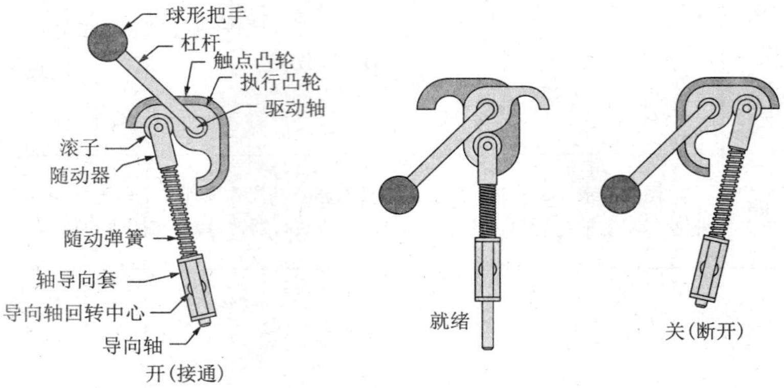
说　明	图中所示为一个极具代表性的快速执行器机构。压下杠杆时，执行凸轮通过压缩随动弹簧存储能量。当杠杆压到弧底时，外力的合力越过旋转中心，弹簧力迫使触点凸轮迅速回位。这种机构可以用来安全可靠地关断电流高达几百安［培］的负载
图　示	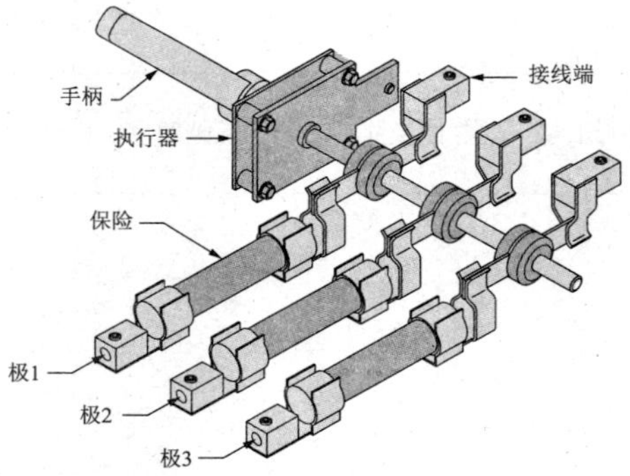
说　明	电源断路器也用在保险装置上，如图所示，它可以用来保护设备

表7.5　选择开关

<table>
<tr><th>知识点1</th><th>选择开关的结构</th></tr>
<tr><td>图　　示</td><td>
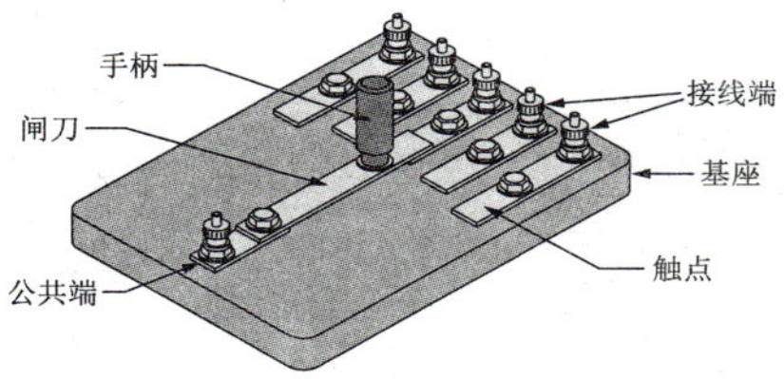

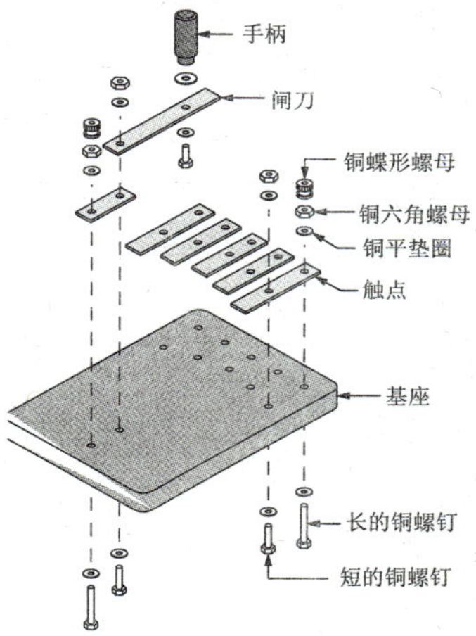

</td></tr>
<tr><td>说　　明</td><td>很多应用需要在多个电路中进行选择。选择开关就应用在此，这种开关都有一个公共端，可以同几个输出端相连
图中所示为一个简单的闸刀选择开关。刀片和触点都由铜条制成，固定在一个绝缘基座上，接线端位于铜条的末端，绝缘手柄粘贴在闸刀上，改变闸刀位置可以接通任意一组电路</td></tr>
<tr><td>图　　示</td><td>
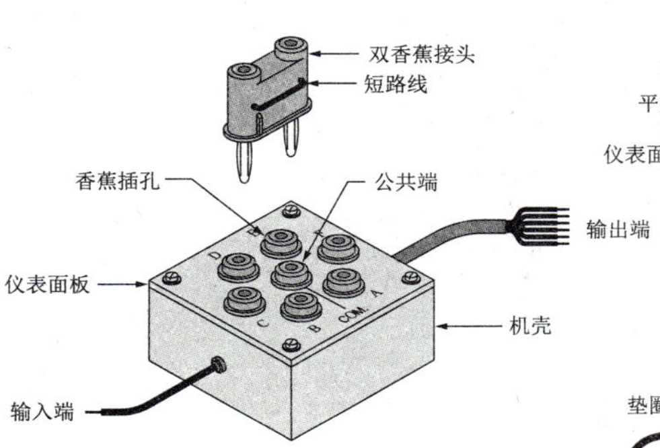

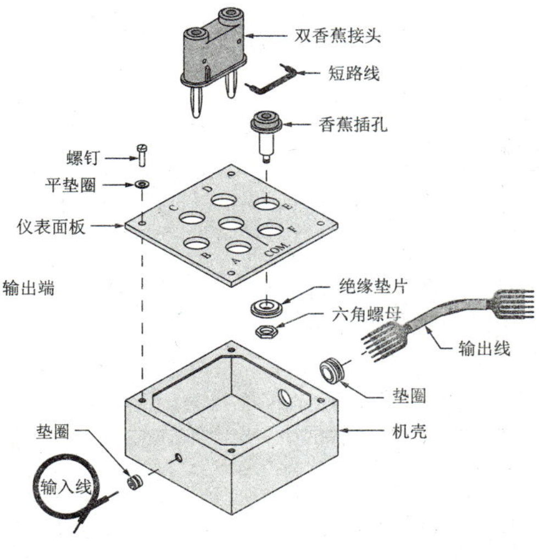

</td></tr>
</table>

续表7.5

说　明	构建选择开关的另外一个简单方法就是使用香蕉跳线，如图所示。公共插孔位于一组成圆形阵列分布的插孔的中心。圆半径为0.75in，是两个标准香蕉插孔的中心距离。将双香蕉接头短接，只需拔出插头然后重新插入不同的位置，就可将插头作为选择开关使用。需要注意，构成圆形阵列的插孔之间的中心距离不应是0.75in，这样可以避免接错香蕉接头
知识点2	旋钮选择开关
图　示	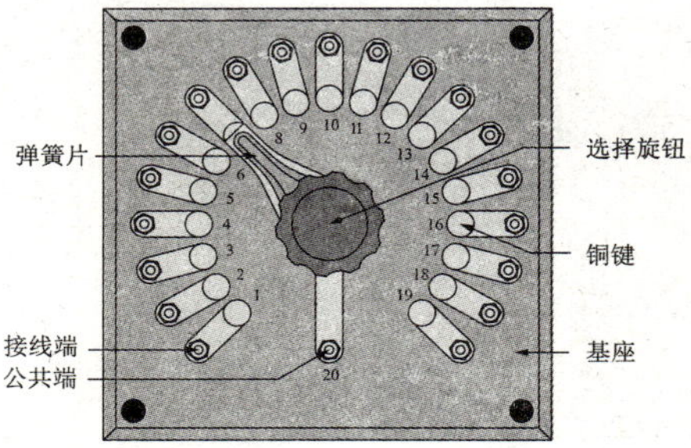
说　明	早期的测试设备和无线电通信设备通常使用的是旋钮选择开关，如图所示
知识点3	多极选择开关
图　示	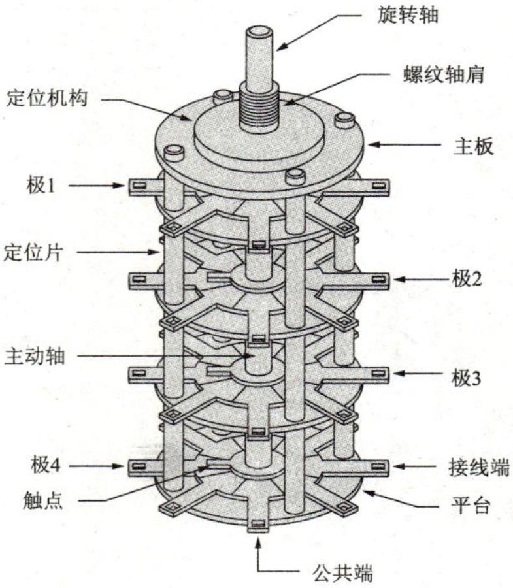
说　明	上图示出一个现代的、敞开式、多极选择开关。它们具备不同的构型、位数和极数。机芯通常由玻璃纤维绝缘板构成，并带有铜制的接触刀片。开关刀片由定位片和螺杆固定在机芯上。通常主机芯上有一个定位凹槽，它可以保证位置精度，并提供接触反馈

续表7.5

知识点4	密封式选择开关
图　示	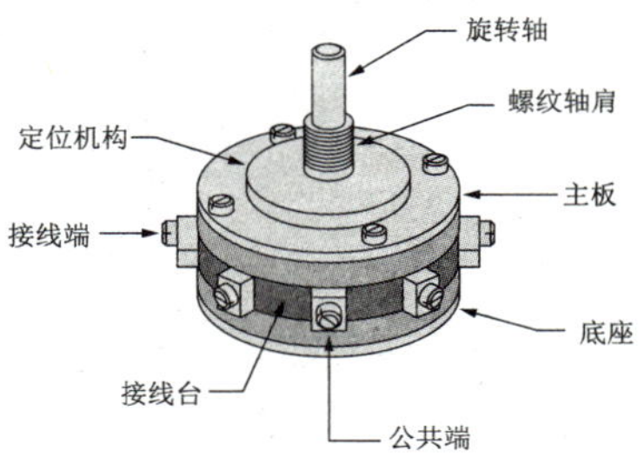
说　明	图中是一个典型的密封式选择开关，它的端子既有焊接式的也有螺纹连接式的
知识点5	**大电流开关选择器**
图　示	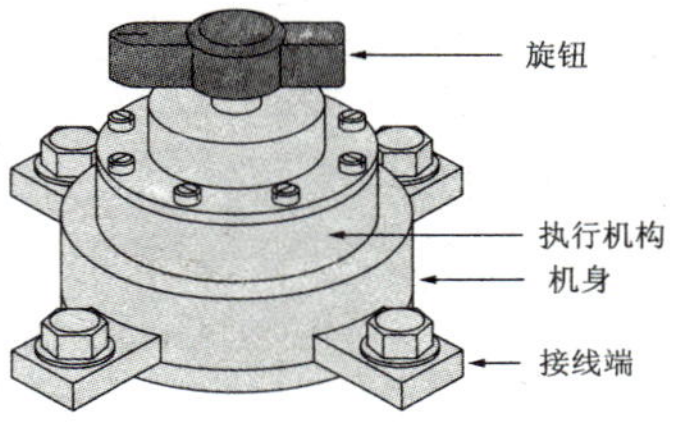
说　明	图中所示是大电流开关选择器，其内部包含了快速动作机构。它操作起来不是很舒服，执行器很硬，旋转时需要始终用力直到机构动作
知识点6	**指轮选择开关**
图　示	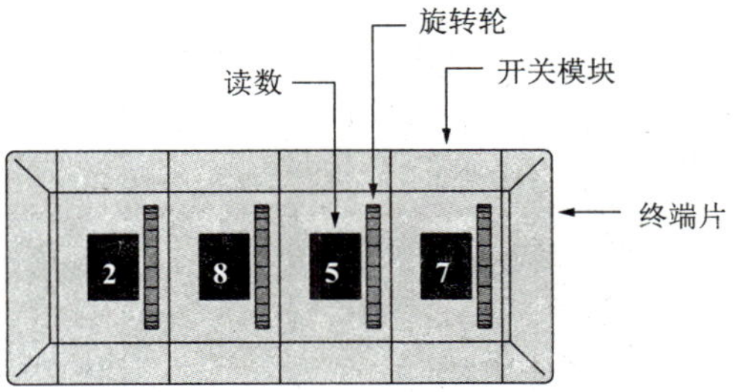
说　明	指轮选择开关可以为微处理机系统提供一个2值的输出。输入一个数值，将产生与该数值相对应的二进制数 图中示出了一个典型的指轮选择开关，每个开关都是单独一位，几个单元可以组合使用

表7.6　限位开关

<table>
<tr><th>知识点1</th><th>限位开关</th></tr>
<tr><td>图　　示</td><td>
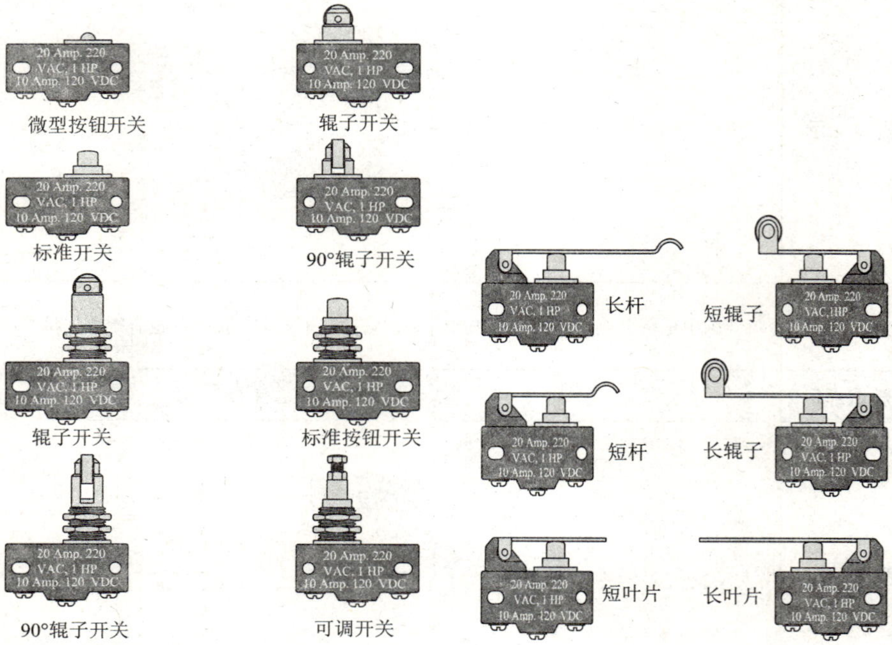

</td></tr>
<tr><td>说　　明</td><td>限位开关是用来监测机器位移的开关。它们结构千差万别，尺寸大小不一。通常包含一个单极双掷的快速动作开关。各种限位开关之间原理性的差异体现在执行器上。限位开关的执行器从小按钮直到相当精确的执行器，范围很广大。冰箱上用来打开灯的按钮就是一种限位开关，汽车门上的按钮也是一种限位开关</td></tr>
<tr><th>知识点2</th><th>执行器</th></tr>
<tr><td>图　　示</td><td>
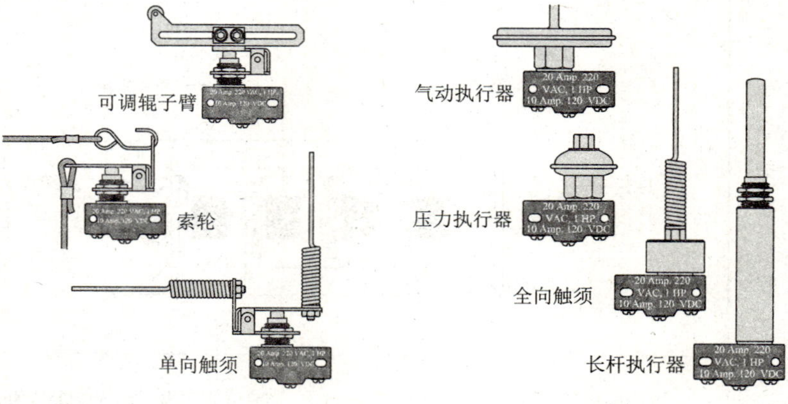

</td></tr>
<tr><td>说　　明</td><td>图中所示为不同的应用场合提供各种不同性能的执行器</td></tr>
</table>

续表7.6

<table>
<tr><th>知识点3</th><th>工业限位开关</th></tr>
<tr><td>图　　示</td><td>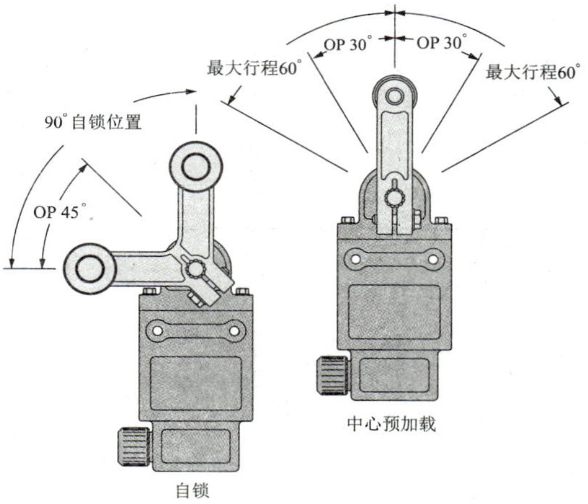
</td></tr>
<tr><td>说　　明</td><td>在类似工厂车间等恶劣的工作环境中，并不需要非常精确的限位开关，通常称这些开关为工业限位开关。它们通常有高强度的外壳，以防止水、油和化学物质的侵蚀。图中两个工业限位开关，其中一个带中心预加载杠杆臂，另外一个为带自锁功能的杠杆臂</td></tr>
<tr><th>知识点4</th><th>测微可调限位开关</th></tr>
<tr><td>图　　示</td><td>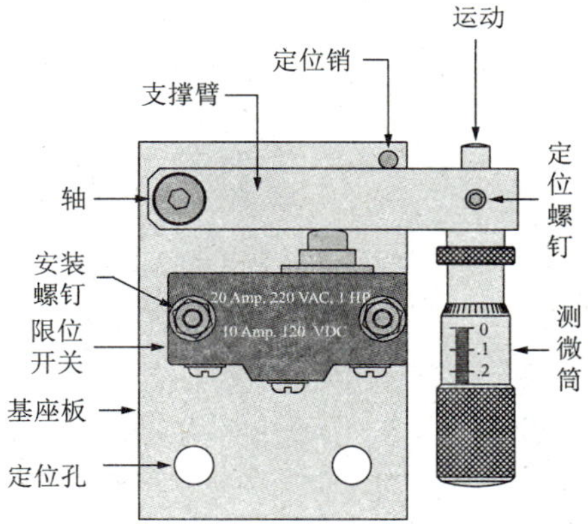
</td></tr>
<tr><td>说　　明</td><td>在需要精确控制机械运动时，可能会用到测微可调限位开关，这种结构的开关可以控制精度达0.001in的位移，测微可调限位开关在现代化的各种机床上尤为常见</td></tr>
</table>

续表7.6

知识点5	限位开关的应用
图　示	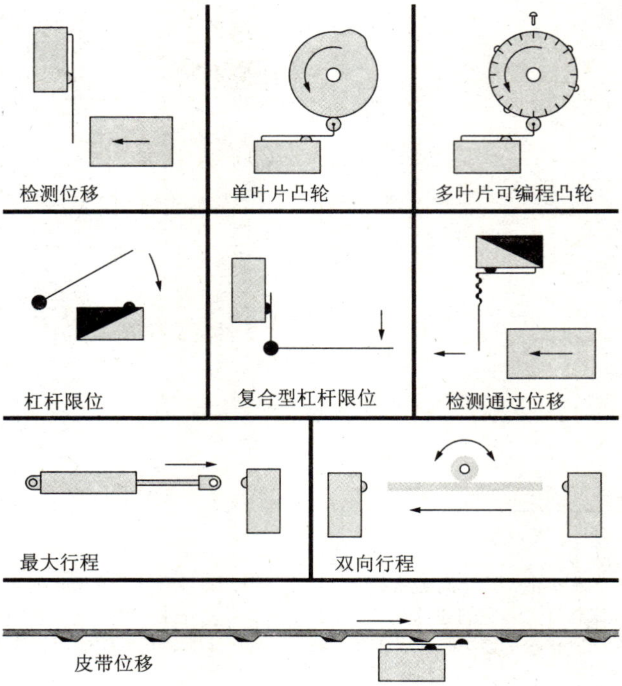
说　明	实际上，限位开关的应用范围很广，可以并且能够适用于各种不同的工作环境。图中示出了限位开关的几个基本应用示例
图　示	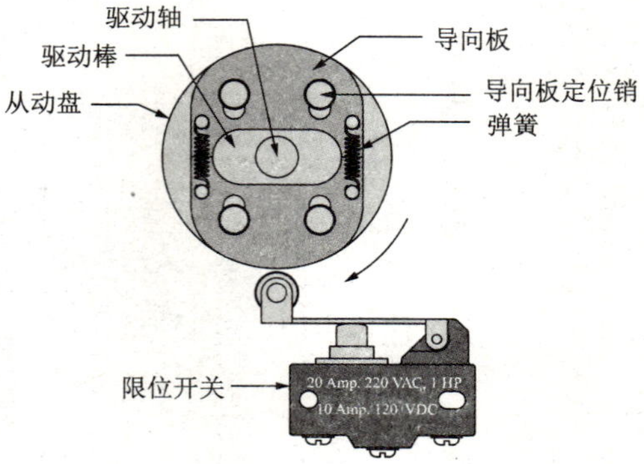
说　明	控制转矩最常见的一种方法是使用滑动离合器，滑动离合器的一个缺点是：当驱动器过载时没有显示。在一些应用中，过载的第一反应就是滑动离合器过热。为了解决这一问题，可以通过使用一个导向板和限位开关的方法来控制驱动电动机或者拉响警报，如图所示。驱动杆反作用于导向板，两个拉伸弹簧将导向板压在一起，当转矩超过额定值时，驱动杆使导向板伸出，触动限位开关。可以通过选择不同额定值的弹簧来调整额定转矩的大小

续表7.6

<table>
<tr><td>图　示</td><td>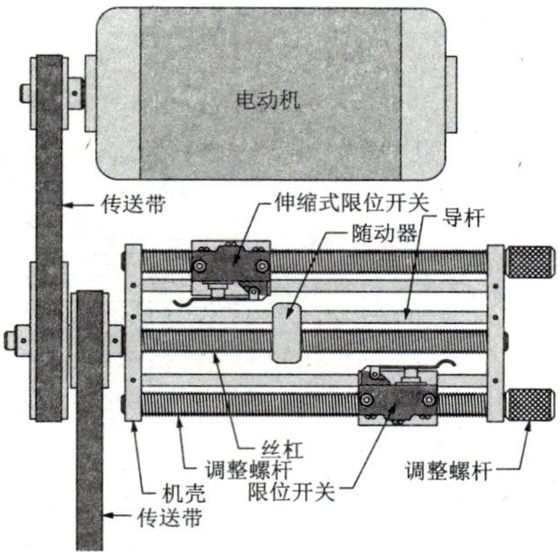
</td></tr>
<tr><td>说　明</td><td>为了对长的传送带实施本地控制，可以使用限位开关进行行程控制，配置如图所示。丝杠随着电动机转动，同时驱动滑块（跟随器）左右移动。滑块接通或者切断限位开关，从而切断电动机电源。由此可以通过改变开关的相对位置来调整开关点的位置。转动驱动限位开关的微调螺杆就能够实现开关点位置的改变</td></tr>
<tr><td>图　示</td><td>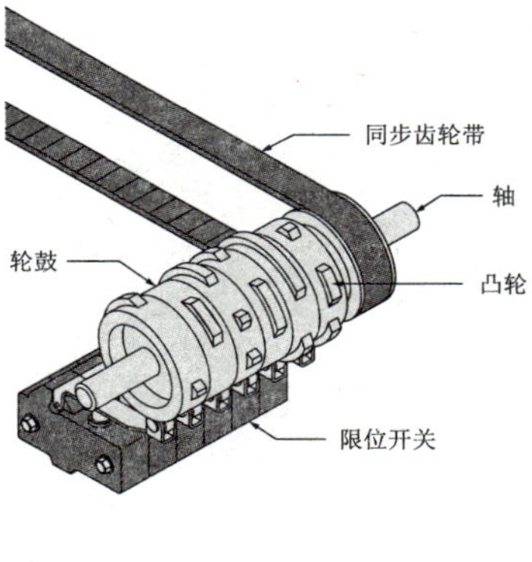
</td></tr>
<tr><td>说　明</td><td>复杂的旋转设备在一个周期内要求各种各样的控制功能。在很多情况下，由于灰尘、拆卸机器备用空间、机器间隙、安装条件等原因，现场环境并不适合安装限位开关。这时，就可以使用桶状限位开关，如图所示。限位开关可以被固定在一个安全、干净、容易接近的位置，开关所需要的旋转信息由同步齿轮带提供，传送带驱动带有预编程凸轮的桶转动，从而交替地断开或者接通限位开关</td></tr>
</table>

表7.7　磁性开关

知识点	磁性开关
图　示	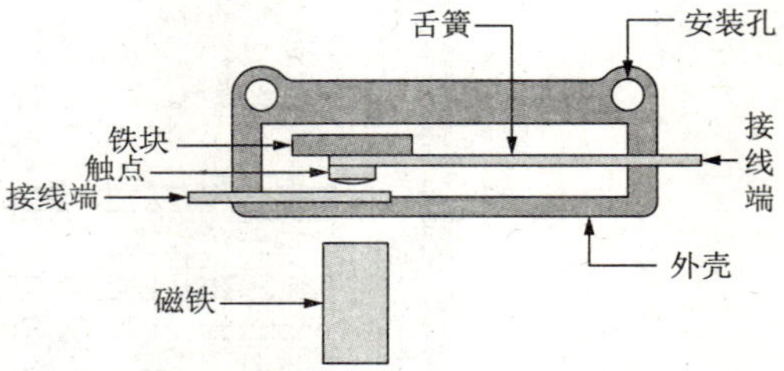
说　明	磁性开关是限位开关的一个变种，这类开关常见于安装在窗户上的报警传感器。磁性开关机构非常简单，因此其价格相对也很便宜。图中所示的磁性开关是一个装在塑料盒内，带有触点和铁块的舌簧。当磁铁移动到某个位置时，由于磁力作用使舌簧下垂，从而使开关接通。由于磁性开关较轻，它通常用于小型电流设备，并且仅仅作为传感器使用

表7.8　水银开关

知识点	水银开关
图　示	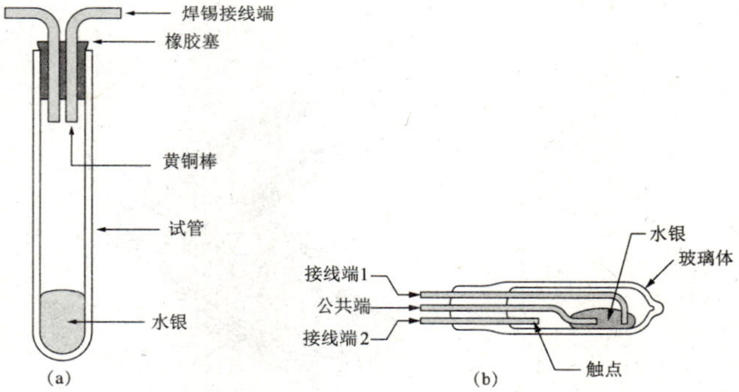
说　明	① 水银开关是一种跟重力作用有关的限位开关。这类开关的底部有一个盛放水银的空腔，顶部有两个接线端。当空腔的上下位置颠倒时，水银与接线端接触，于是开关处于接通状态。只要使开关的正面朝上放置，水银开关就会处于断开状态。图（a）所示是一个利用实验化学试管、橡胶塞和小黄铜棒制作的水银开关 ② 商用的水银开关通常为双掷型，它们结构紧凑，备有预先已接好的引线。水银开关常用于那些常见的老式家用自动调温器，该水银开关同两个金属线圈相连。当温度下降时，线圈使开关倾斜，触点处于接通状态。典型的商用水银开关如图（b）所示

表7.9　浮控开关

知识点	浮空开关
图　　示	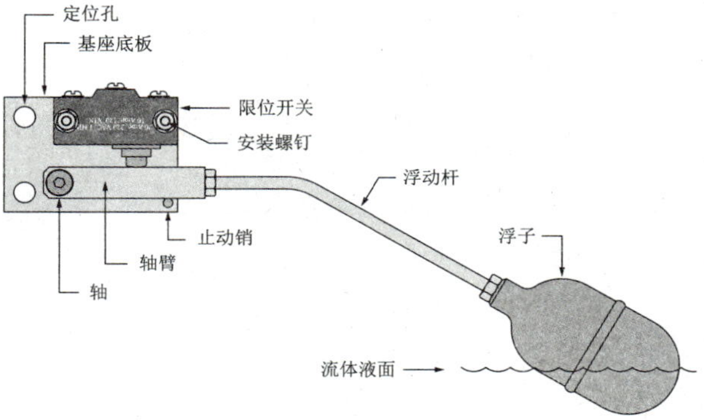
说　　明	在工业应用领域，另外一个常见的要求是液位检测。为了满足液位检测的需求，需要各种不同型号的浮控开关。图中示出了把一个普通的限位开关作为浮控开关使用的工作原理。支撑臂连接了一个杆和浮子，支撑臂的低位由定位销控制。当液面上升的时候，浮子提起支撑臂，然后触动限位开关
图　　示	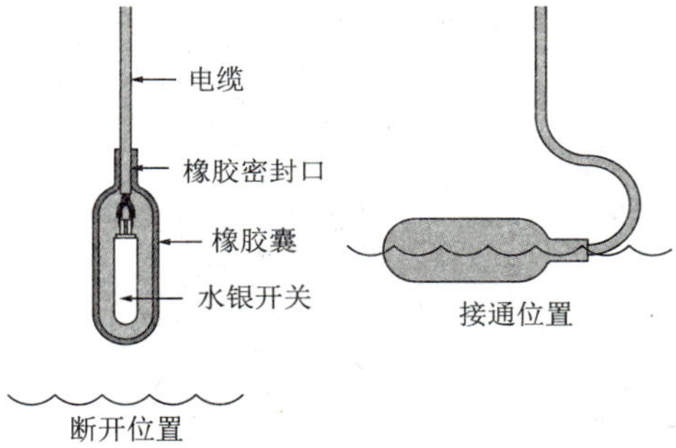
说　　明	图中示出了一个简单的自由浮控开关。水银开关密封在一个橡胶囊内，可以通过导线自由悬挂。当流体液位上升时，橡胶囊向一侧倾斜浮动，水银开关处于接通状态
图　　示	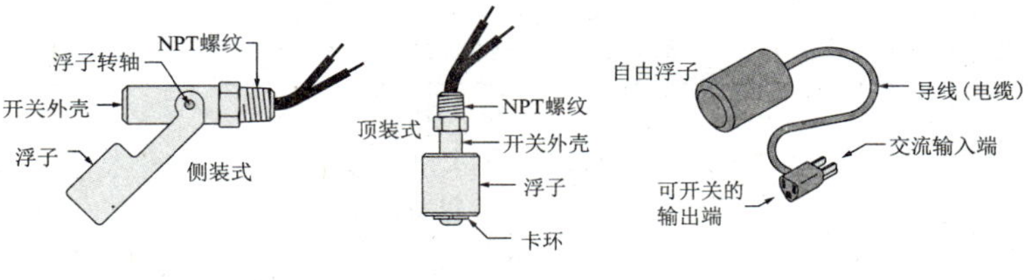
说　　明	图中所示为几种常见的浮控开关。这些直通式安装的开关用在水箱内，而开关只能从外部进行安装。浮子内带有磁铁，当浮子与外壳内的磁性开关对齐时，就会触发磁性开关。可以将浮子安装在水箱的顶部或者底部，从而可使开关处于常闭或者常开状态 顶端固定的浮控开关通常垂直安装，浮控开关带动一个磁铁，当浮子处于外壳的顶部时，磁铁吸合接通外壳内部的磁性开关。通过翻转浮子，可以使开关处于常闭或常开的状态

表7.10 接触器

知识点1	接触器
图 示	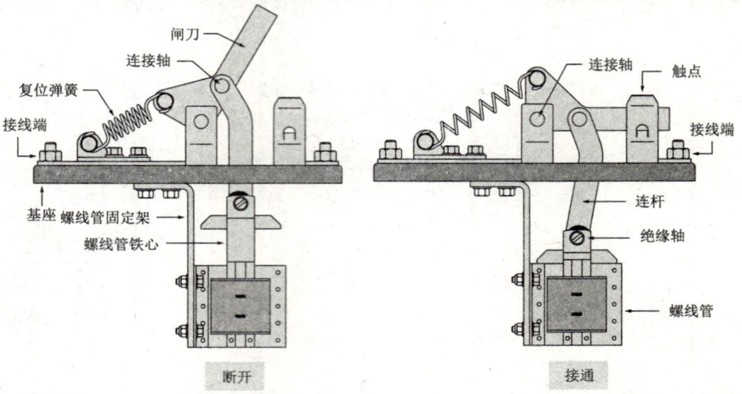
说 明	接触器由一系列大电流触点组成，这些触点由线圈驱动，从而起到开关的作用。通常情况下，线圈需要的是低电压、低电流信号，所以可以通过从远处引来的一根细线进行控制，由此大大提高了安全度 图中示出了一个闸刀开关接触器，当线圈断电时，复位弹簧推动闸刀恢复到上端位置，接触器开关断开；当线圈通电时，闸刀被推向触点，接触器开关接通
图 示	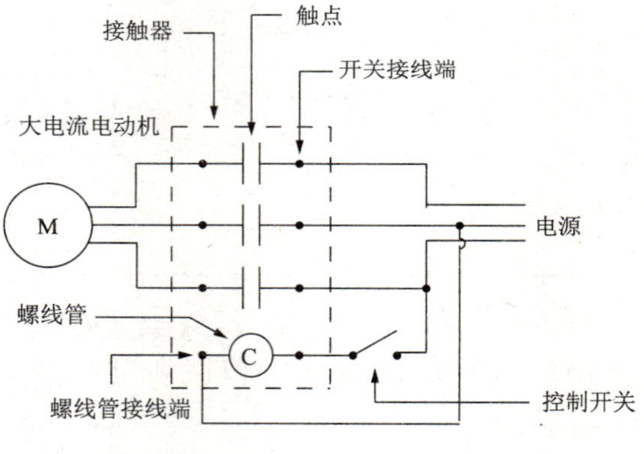
说 明	图中示出了一个基本接触器电路的原理图。控制开关仅控制线圈电源，主电源由大负载开关控制
图 示	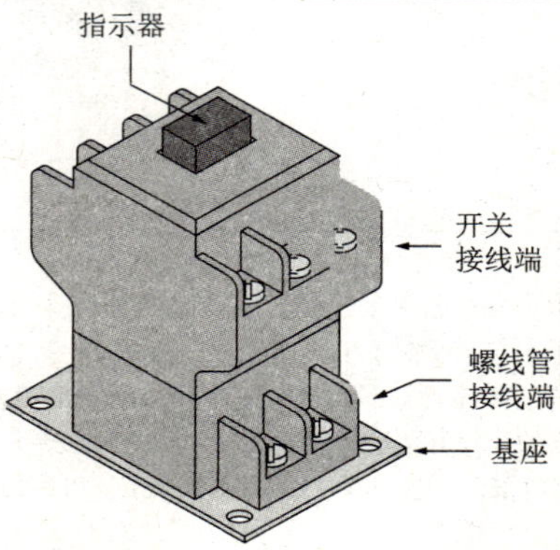

续表7.10

<table>
<tr><td>说　明</td><td>通常商用接触器每极有高达200A的额定电流。一个四极的额定电流为125A的接触器，并联时可以提供500A的关断性能，这些开关通常具有结构紧凑而价格低廉的封装</td></tr>
<tr><td>图　示</td><td>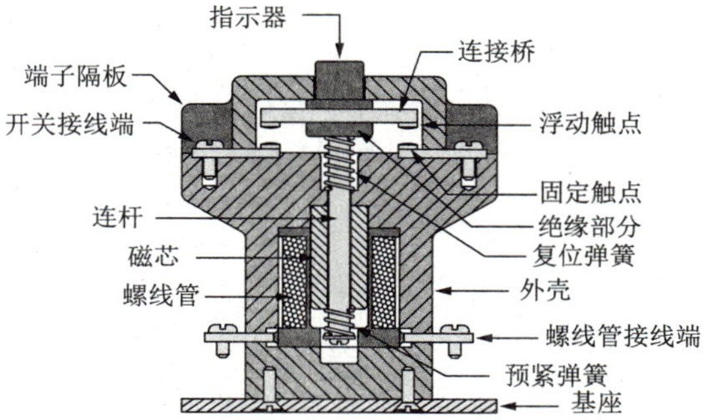
</td></tr>
<tr><td>说　明</td><td>上图所示为一个商用开关的剖视图。请注意，图中的指示器也可以兼有手动控制功能，这对于维修保养工程师而言是相当有用的</td></tr>
<tr><td>图　示</td><td>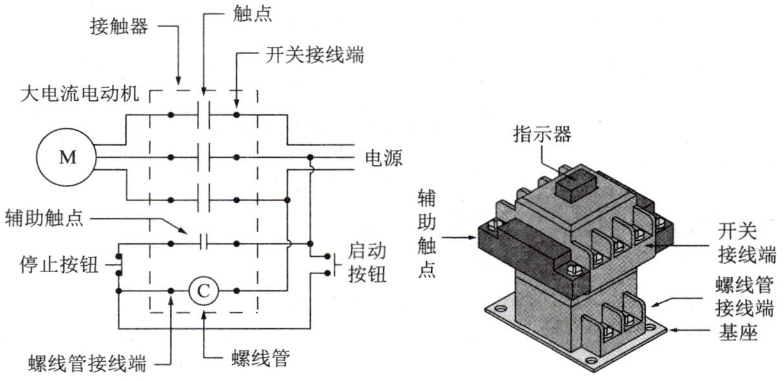

(a)　(b)</td></tr>
<tr><td>说　明</td><td>有些接触器还包含辅助触点，它使得控制过程相对更容易；图（b）所示为带有两组辅助触点的商用开关</td></tr>
<tr><td>知识点2</td><td>接触器的应用</td></tr>
<tr><td>图　示</td><td>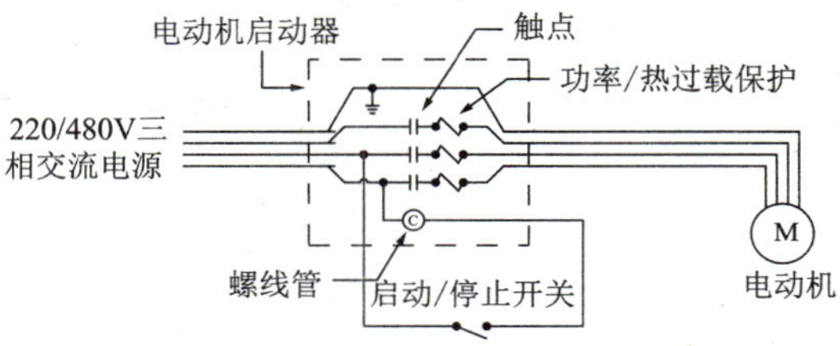
</td></tr>
<tr><td>说　明</td><td>图中示出了一个基本的电动机控制器，它是一个使用接触器的例子。在该应用中，螺线管电压与线电压相匹配，并且在输出端承受过载</td></tr>
</table>

续表7.10

图 示	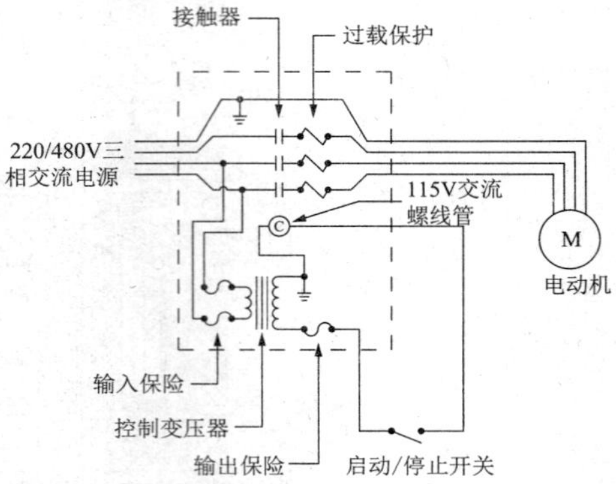 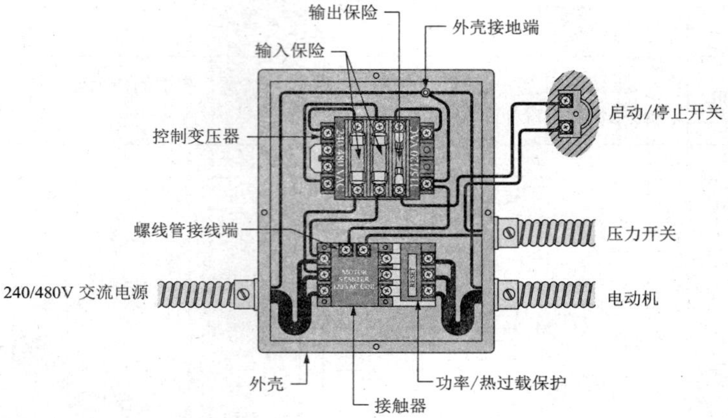
说 明	为了更安全，控制螺线管的电路或者控制电路使用的电压会低于线电压。在这种情况下，接触器螺线管作为低压设备，同时在控制器上装有降压变压器。低压控制更安全，也更容易实现。图中所示为一个带有低压控制电路的电动机控制器原理图。请注意，该控制变压器的输入和输出端都装有保险，这是因为控制电路作为一个独立的系统，需要与系统中的其他电路分开并分别进行保护

续表7.10

<table>
<tr><td>图　示</td><td>
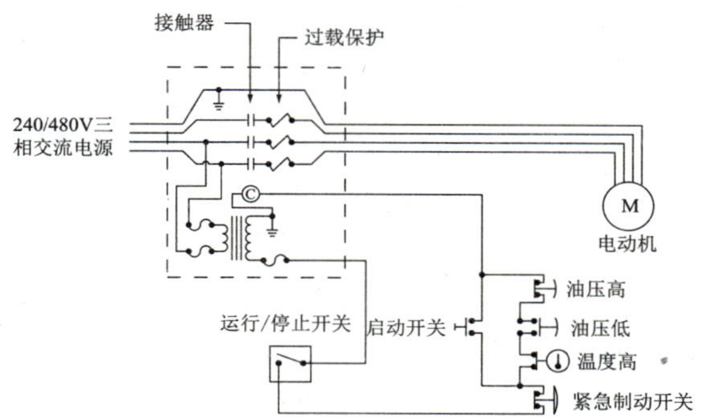

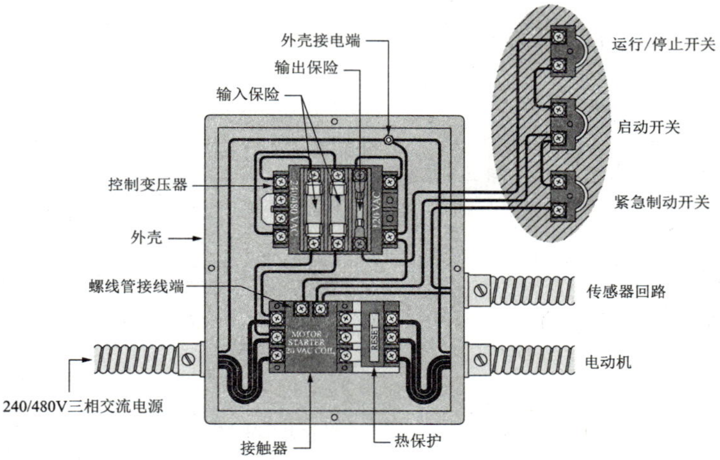

</td></tr>
<tr><td>说　明</td><td>图中示出了当检测到某些不能令人满意的参数时，控制电路如何触发中断。回路中可以加载各种传感器，需要注意的是，低油压传感器是一个常开开关。在启动机器时，传感器信号应不予考虑，直到压力达到某个特定的值。启动开关就是用来实现这个功能的，它同各种传感器组成一个回路</td></tr>
</table>

续表7.10

<table>
<tr><td>图　示</td><td>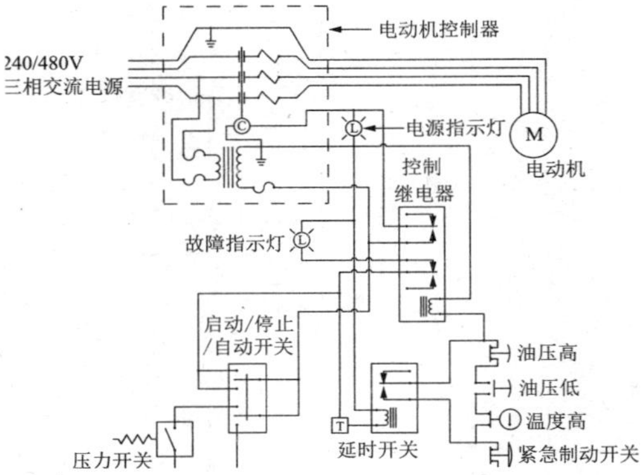

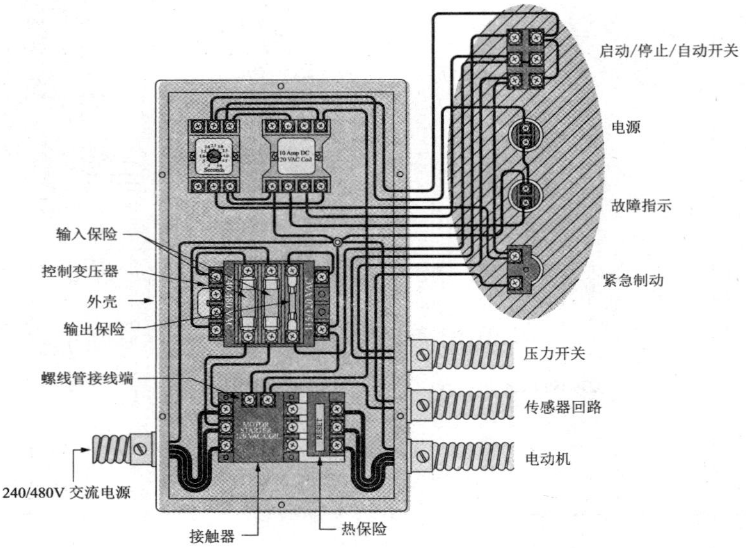
</td></tr>
<tr><td>说　明</td><td>图中示出了商用螺旋压缩机的控制电路。这个电路被设计成既可以实现连续操作，也可以自动控制，并且当传感器使系统关闭时，可以提供故障指示信息</td></tr>
<tr><td>图　示</td><td>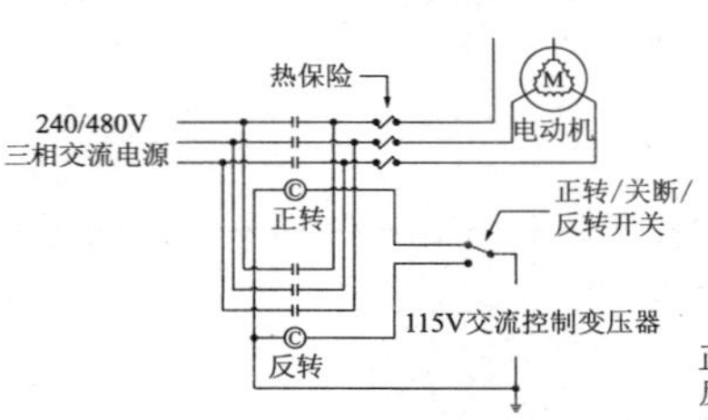

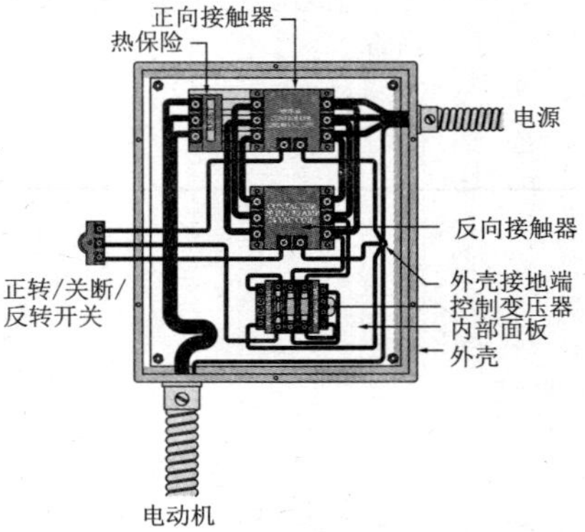
</td></tr>
</table>

续表7.10

说　明

接触器还常用于换向电路，反接任意两根电线，就可以使三相电动机反转。通过使用两个并联的接触器可以很容易地实现该功能。第一正向接触器正常连接。第二反向接触器有两个触点交叉连接。两个接触器由一个单极双掷、中位切断开关控制。当控制开关接通正向接触器时，电动机正转。当开关切换到反向时，正向接触器断电，反向接触器接通，电动机反转。当接触器处于中间关断位置时，正、反向接触器都断电

图　示

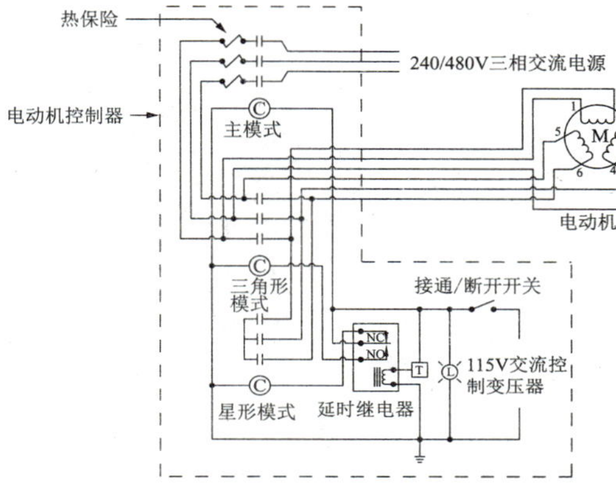

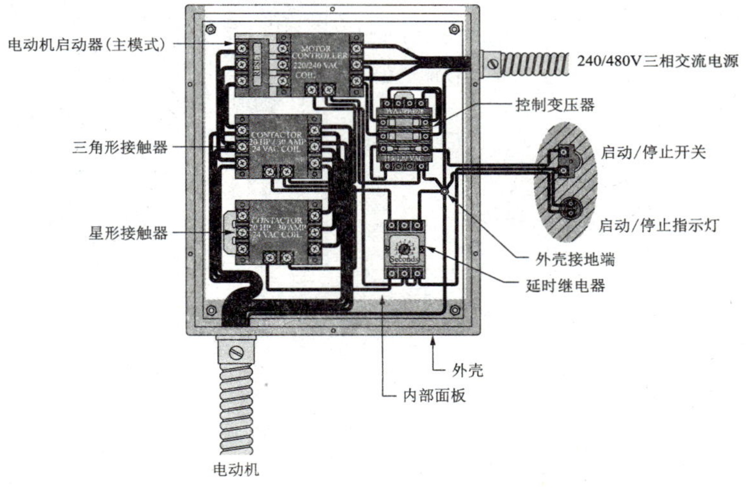

说　明

三角形/星形电动机控制器通常使用三个接触器，这样配置是为了能够在低转矩模式下启动电动机，然后在高转矩模式下运行电动机，这对启动惯性载荷比较高的设备，如冲床等，是相当有用的。电动机通电时，启动器以星形的方式与电动机相连产生低转矩特性。运行一段预定时间后，星形接触器断开，三角形接触器接通。控制器保持电动机以三角形方式运行，直到重新启动电动机为止

续表7.10

<table>
<tr><td>图示</td><td>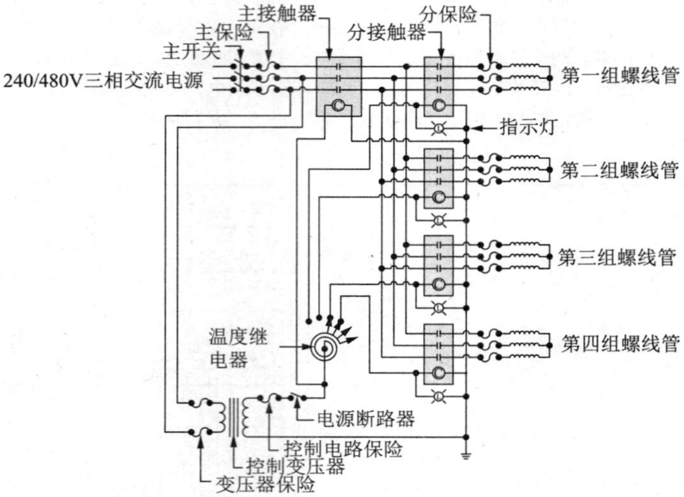

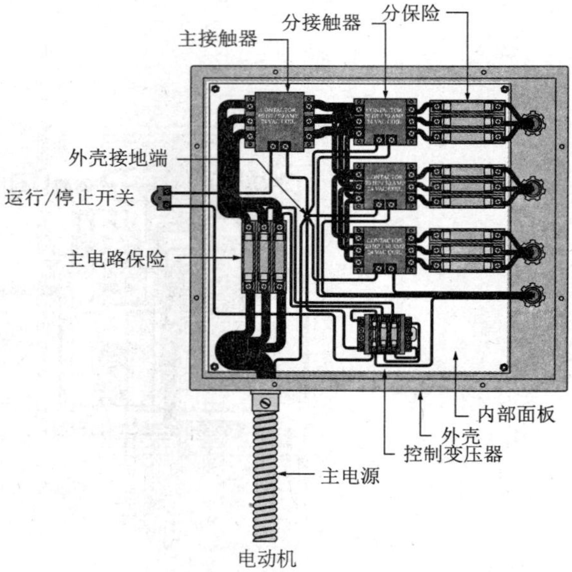
</td></tr>
<tr><td>说明</td><td>图中所示是由接触器控制的大型三相高阻熔炉，这些熔炉采用一组由接触器分别单独控制的电热元件，接触器的控制电路同一个分段恒温器相接</td></tr>
</table>

表7.11 继电器

<table>
<tr><th>知识点1</th><th>继电器</th></tr>
<tr><td>图 示</td><td>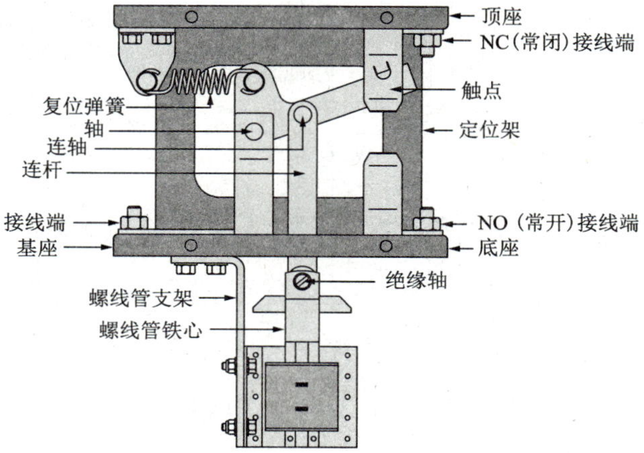
</td></tr>
<tr><td>说 明</td><td>继电器同接触器非常相似，经常用作高级开关。继电器一般都是一些多极双掷的器件，用来关断小电流电路。继电器广泛地应用于控制电路，几乎在所有的机电应用领域都有用武之地
图中所示为单极双掷的闸刀开关继电器</td></tr>
<tr><td>图 示</td><td>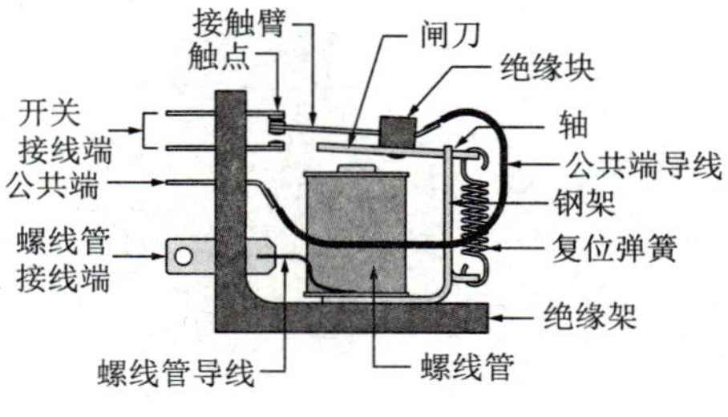
</td></tr>
<tr><td>说 明</td><td>上图示出了一个典型的双掷继电器。这种形式的继电器具有8个极，广泛地应用于各种装置。它们通常被封装在一个起保护作用的塑料容器内，这样可以使内部机构免受灰尘侵蚀</td></tr>
</table>

续表7.11

<table>
<tr><th>知识点2</th><th>延时继电器</th></tr>
<tr><td>图 示</td><td>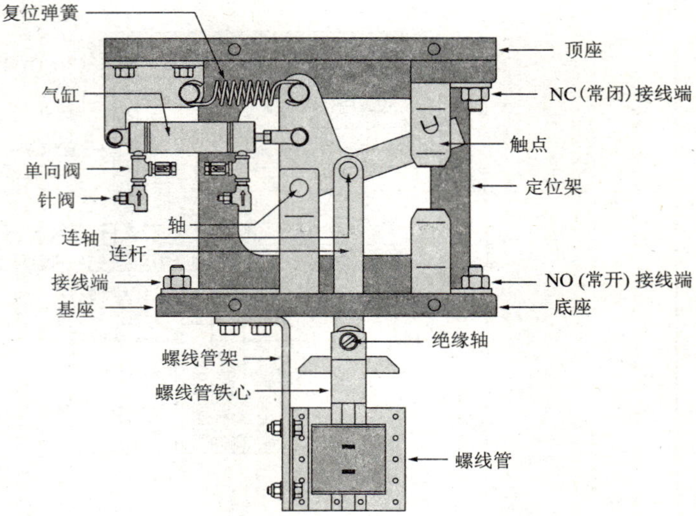
</td></tr>
<tr><td>说 明</td><td>延时继电器在许多控制应用场合起到非常重要的作用。如图所示，延时缸和限制活塞位移速度的针形阀装配在一起。当螺线管通电的时候，延时缸使开关动作减速，起到延时的作用；同理，当螺线管断电的时候也一样</td></tr>
<tr><td>图 示</td><td>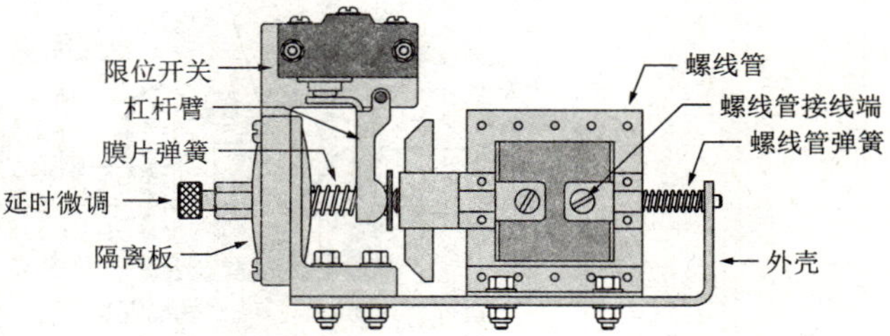
</td></tr>
<tr><td>说 明</td><td>图中示出了一个商用的气动延时继电器。大部分模块安装在一个使用标准限位开关和螺线管的框架上，唯一不同的是延时膜片</td></tr>
</table>

表7.12　扇形继电器

知识点1	扇形继电器

图　示

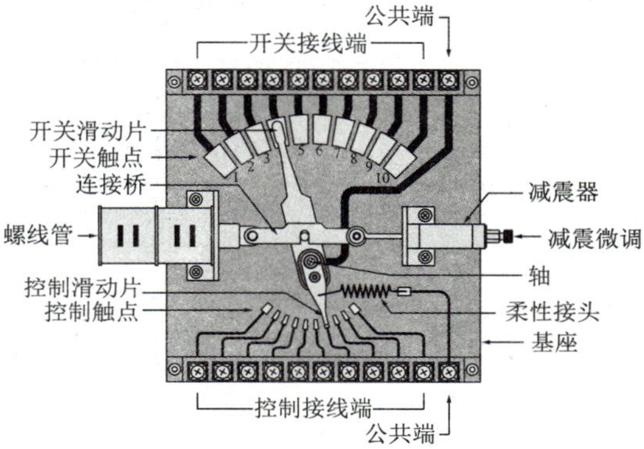

说　明

扇形继电器是扇形开关的一种，它们通常用作双向控制系统中的单极、多掷控制元件

图中所示为一个极具代表性的通用扇形继电器，它具有10个开关触点和一个公用的滑动片。螺线管采用双螺线管结构，用来提供对滑动片的双向控制。减振器对过冲起阻尼作用。控制端通常应用于控制电路中，充当位置传感器

图　示

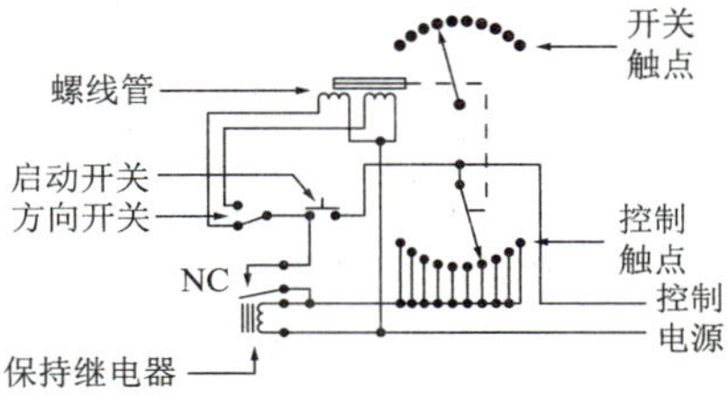

说　明

图中所示为一个扇形继电器控制电路的原理图。当每次按下启动开关时，继电器或者向上，或者向下移动一个位置。移动方向取决于方向开关的设置

知识点2	扇形继电器的应用

图　示

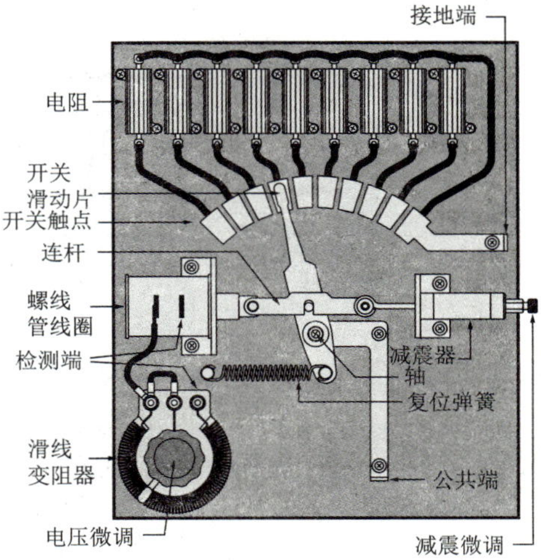

续表7.12

<table>
<tr><td>说　明</td><td>图中示出了一个扇形继电器用作发电机稳压器的例子。当发电机的输出电压上升时，螺线管线圈电压增加，线圈推动滑动片右转，励磁电路电阻变大，从而利用滑线变阻器调节发动机两端的电压</td></tr>
</table>

表7.13 自锁继电器

<table>
<tr><th>知识点</th><th>自锁继电器</th></tr>
<tr><td>图　示</td><td>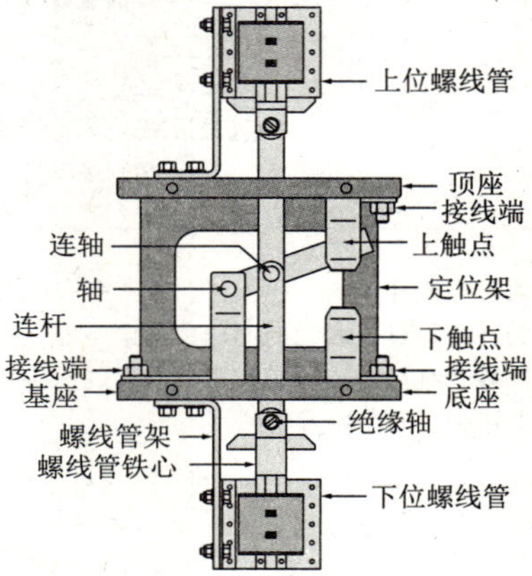
</td></tr>
<tr><td>说　明</td><td>自锁继电器是一种当电源断电时仍能保持断电前开关状态的继电器。为了使继电器回到原来的状态，需要对另外一个螺线管短时通电
上图所示为一个自锁闸刀开关继电器。当位于上方的螺线管通电时，闸刀推入上方的触点位置。此时即便是螺线管掉电了，触点仍在该位置处于接通状态。为了转变继电器的工作状态，可以给位于下方的螺线管通电，这样闸刀就会推入下方的触点位置</td></tr>
<tr><td>图　示</td><td>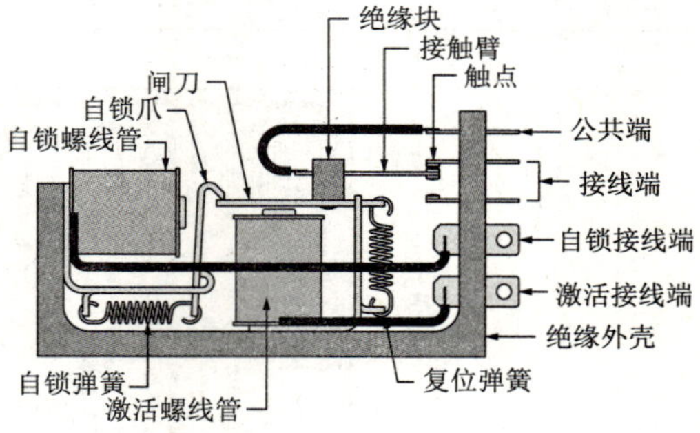
</td></tr>
<tr><td>说　明</td><td>除了包含一个自锁机构以外，商用的自锁继电器在结构上同标准继电器是非常相似的，如图所示。当继电器螺线管通电时，闸刀拉下，自锁爪压住衔铁。为了使继电器复位，需要对自锁螺线管通电，使自锁爪松开</td></tr>
</table>

续表7.13

图　　示	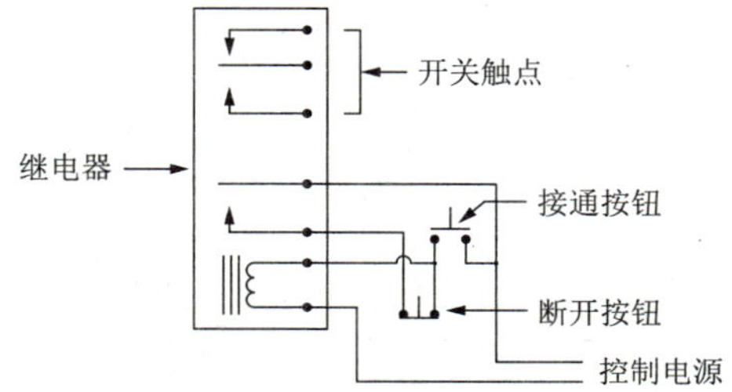
说　　明	使继电器实现自锁的另外一种方法是使用标准继电器中的一组常开触点。图中所示为一个典型保持电路的原理图。当按下启动开关时，线圈通电并且继电器闭合。闭合触点为螺线管供电，此时即使释放启动开关，继电器仍然保持吸合状态；当按下断开开关时，螺线管电源断开，继电器复位

表7.14　水银池继电器

知识点	水银池继电器
图　　示	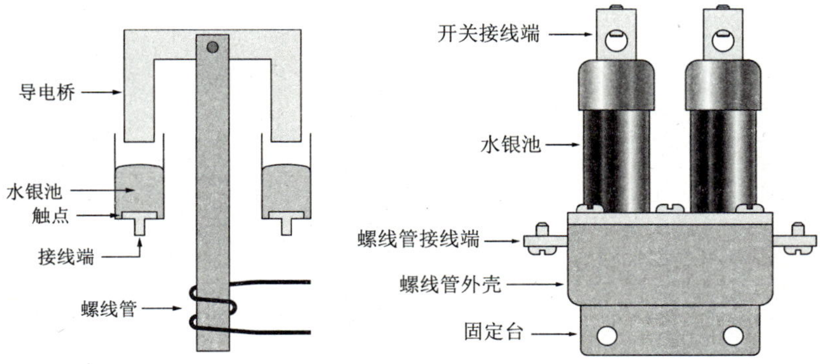(a)　(b)
说　　明	水银池继电器是一种大电流开关设备。这种类型的继电器在功能上与接触器更为相似，其工作原理如图（a）所示。这种继电器利用两个水银池作为接触端。当线圈推动导电桥进入水银池时，开关接通 图（b）所示为典型的商用水银池继电器

表7.15 定时器

<table>
<tr><th>知识点1</th><th>定时器原理</th></tr>
<tr><td>图 示</td><td>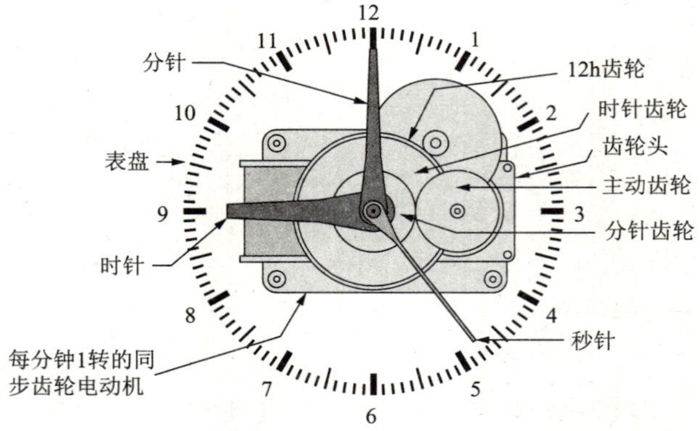
</td></tr>
<tr><td>说 明</td><td>定时器是根据预设时间间隔或24h周期循环启动的设备。在两种情况下，即在预设时间间隔结束时，或者在一天内的不同时刻，定时器通常会触发一个限位开关
最常见的机电定时器是普通的钟表。典型的挂钟使用三相交流同步电动机，该电机在60Hz AC电源驱动下工作。电动机以每分钟一转（缩写为1r/min）的速度驱动齿轮箱。秒针以1：1的比例驱动，分针以60：1的比例驱动，时针以720：1的比例驱动。24h表盘钟表的时钟以1440：1的比例驱动。图中所示为一个12h表盘同步电动机驱动的挂钟的透视图</td></tr>
<tr><td>图 示</td><td>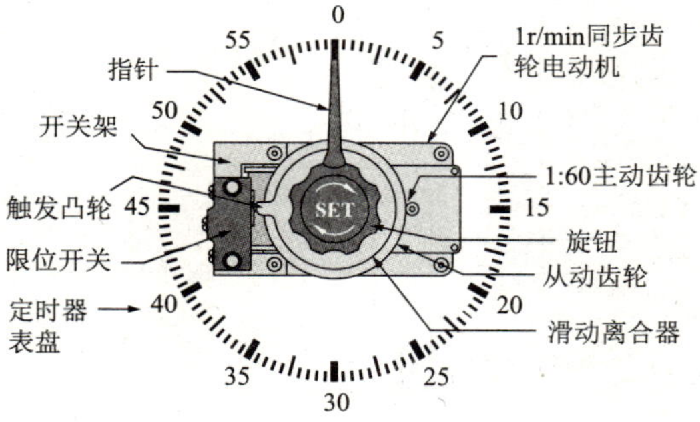

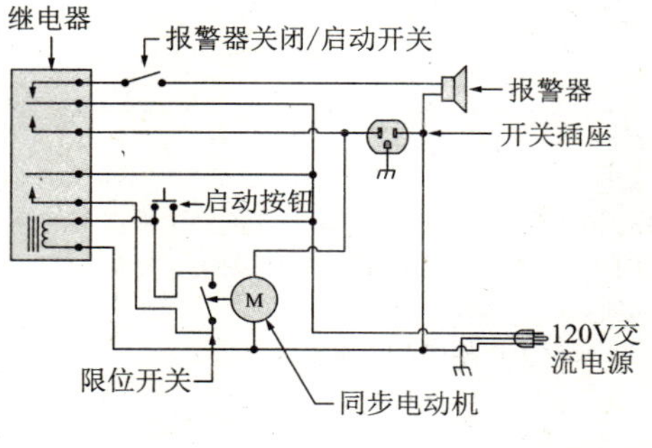
</td></tr>
</table>

续表7.15

说　明	与挂钟类似的实验用定时器通常使用同步齿轮电动机驱动，最常见的定时间隔为60min（一个小时）。这类定时器的定时间隔有多种类型，范围从60s～48h。图中所示的机构使用1r/min的同步齿轮电动机以60：1的减速比驱动指针和触发凸轮。指针和触发凸轮通过滑动离合器与从动齿轮相连。操作者可以通过旋钮来设置定时间隔，同时触发凸轮也随着指针旋转。当定时器电动机通电后，它将一直旋转，直到凸轮触发限位开关
知识点2	**弹簧复位定时器**
图　示	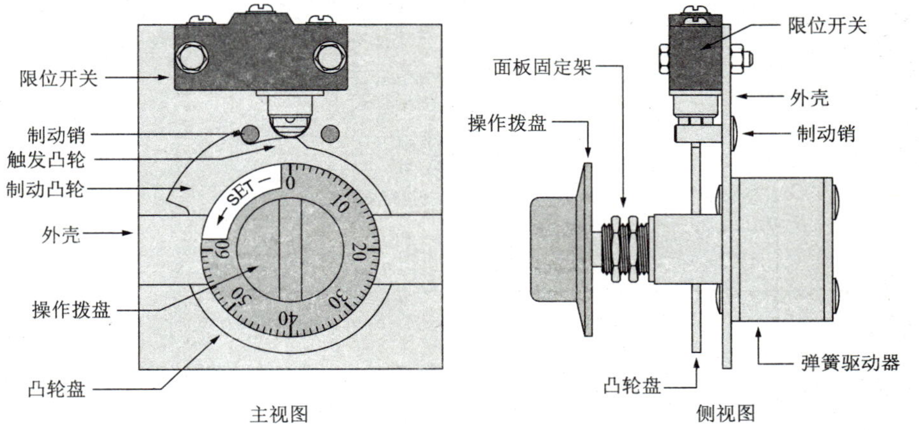
说　明	对于使用仪表的场合，弹簧复位定时器更常用。这样的定时器通常包含一个可以通过旋转旋钮来设定的弹簧驱动器。操作人员旋转旋钮到希望的时间间隔。在旋转时弹簧被压缩，而一旦释放，弹簧就可以驱动定时器。在设定定时时间的同时，触发凸轮随着旋钮一起旋转
知识点3	**数字定时器**
图　示	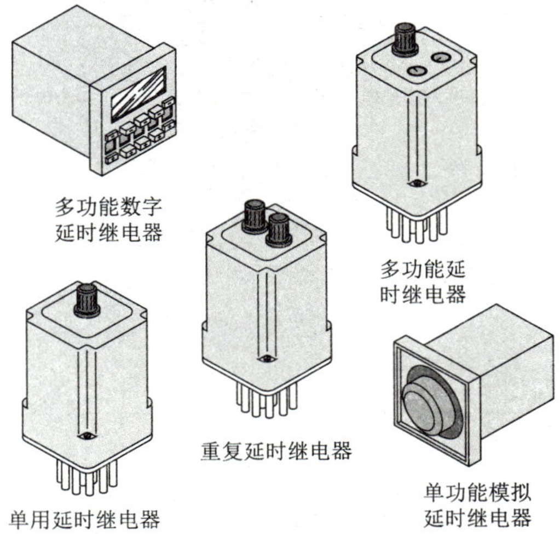
说　明	在实际的各种应用场合中，数字定时继电器已成为定时应用的理想选择。这些定时器种类繁多，型号不一。在绝大多数情况下，其价格都要比机械定时器便宜。图中示出了市场上常见的几种定时继电器。需要注意，这些定时器既有标准封装形式的，也有仪表面板安装形式的

续表7.15

知识点4	棘轮驱动定时器
图　示	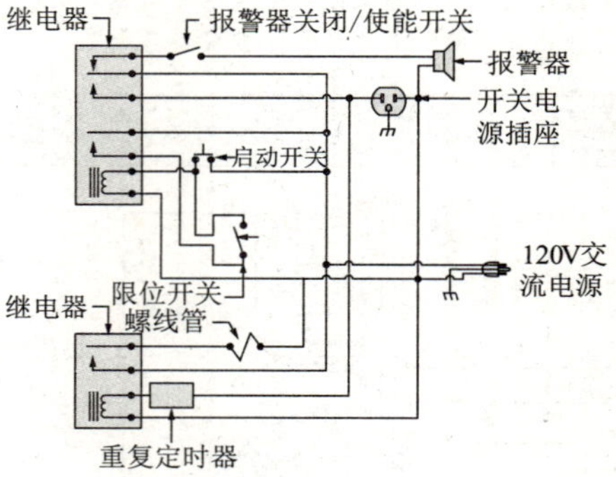
说　明	图中示出了一个棘轮驱动定时器的控制电路原理图。和同步定时器一样，这种定时器通常都有一个带开关功能的交流插座和一个声音报警器
知识点5	**灯式定时器**
图　示	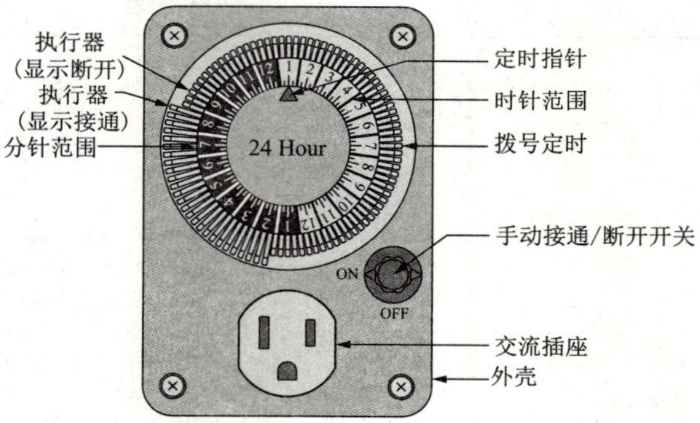
说　明	市场上最常见的一种控制用的定时器为灯式定时器，常见于五金店、药房等。该定时器是一个带多执行器拨盘的同步电动机单元，通常这种定时器的定时精度为15min。如图所示，将带有“ON”的按钮旋出，就可以开始定时。通常这种定时器有一个交流插座和一个手动开关按钮

续表7.15

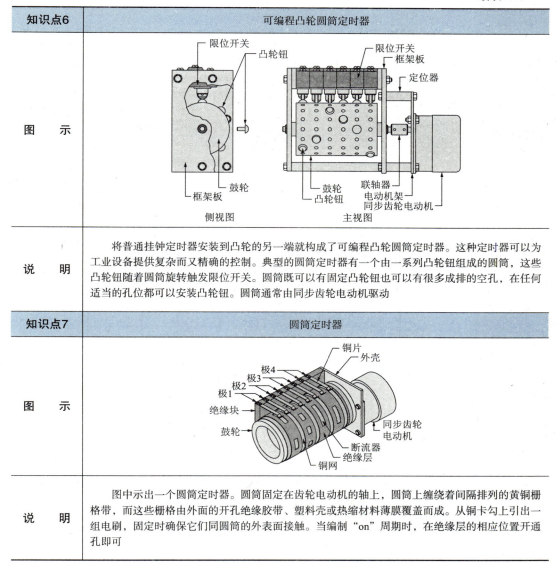

<table>
<tr><th>知识点6</th><th>可编程凸轮圆筒定时器</th></tr>
<tr><td>图 示</td><td>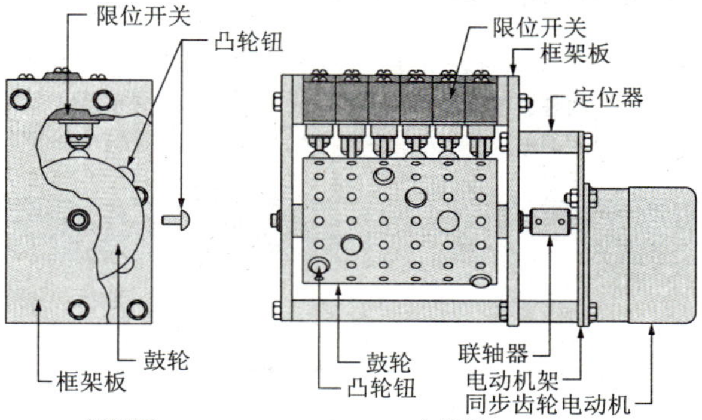

侧视图 主视图</td></tr>
<tr><td>说 明</td><td>将普通挂钟定时器安装到凸轮的另一端就构成了可编程凸轮圆筒定时器。这种定时器可以为工业设备提供复杂而又精确的控制。典型的圆筒定时器有一个由一系列凸轮钮组成的圆筒，这些凸轮钮随着圆筒旋转触发限位开关。圆筒既可以有固定凸轮钮也可以有很多成排的空孔，在任何适当的孔位都可以安装凸轮钮。圆筒通常由同步齿轮电动机驱动</td></tr>
<tr><th>知识点7</th><th>圆筒定时器</th></tr>
<tr><td>图 示</td><td>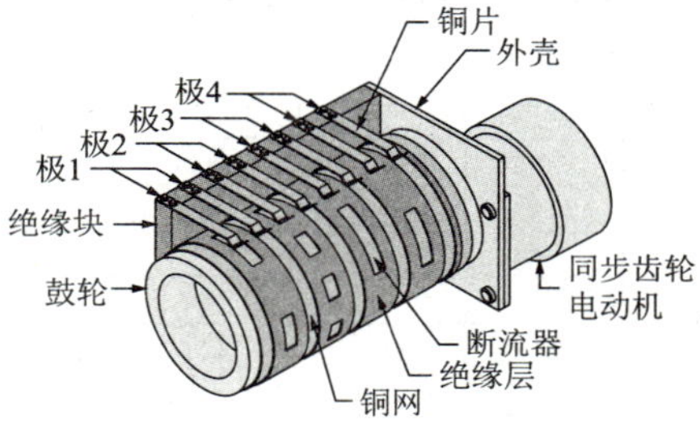
</td></tr>
<tr><td>说 明</td><td>图中示出一个圆筒定时器。圆筒固定在齿轮电动机的轴上，圆筒上缠绕着间隔排列的黄铜栅格带，而这些栅格由外面的开孔绝缘胶带、塑料壳或热缩材料薄膜覆盖而成。从铜卡勾上引出一组电刷，固定时确保它们同圆筒的外表面接触。当编制“on”周期时，在绝缘层的相应位置开通孔即可</td></tr>
</table>

表7.16 电 阻

<table>
<tr><th>知识点1</th><th>碳膜电阻</th></tr>
<tr><td>图 示</td><td>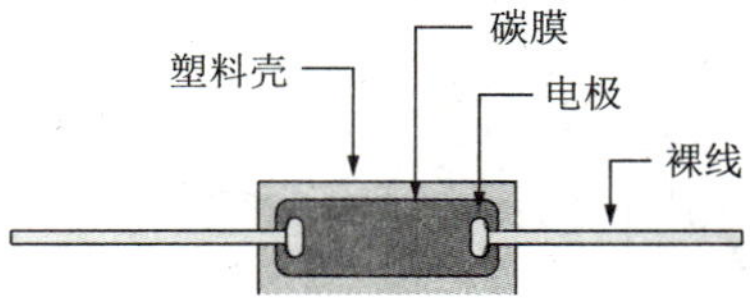
</td></tr>
</table>

续表7.16

说明

根据欧姆定律，我们可以利用电阻来控制电路中的电压和电流。电阻有两种基本类型，一类为碳膜电阻；另外一类为绕线电阻。碳膜电阻使用碳芯作为电阻元素，碳芯的长度和直径决定阻值的大小，并且可以根据需要配置成任意阻值；绕线电阻使用线圈作为电阻元件。根据实际的应用需要，这两种类型的电阻在尺寸上大小不一，结构方面也千差万别

碳膜电阻的电极与碳芯相连，整个装置密封在塑料外壳中

知识点2　色带

图示

颜色	第一条色带	第二条色带	第三条色带	倍数	允许误差
黑色	1	1	1	1	1%
褐色	2	2	2	10	2%
红色	3	3	3	100	–
橙色	4	4	4	1K	–
黄色	5	5	5	10K	–
绿色	5	5	5	100K	0.5%
蓝色	6	6	6	1M	0.25%
紫色	7	7	7	10M	0.10%
灰色	8	8	8	–	0.05%
白色	9	9	9	–	–
金色	–	–	–	0.1	5%
银色	–	–	–	0.01	10%

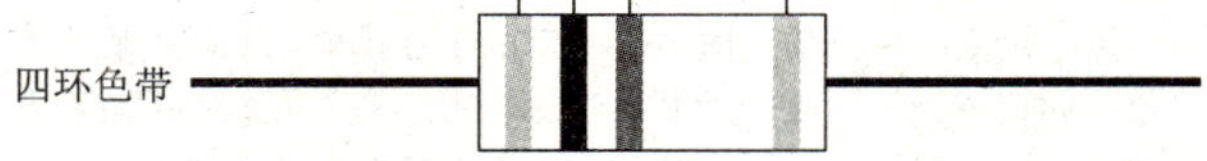

说明

小型电阻的阻值可以通过色带来识别，色带清楚地表示出该电阻的额定阻值和精度。标准色带表如图所示，请注意，误差带距离阻值带稍微远一些。上图清楚地表明了如何从左到右读取色带以确定阻值

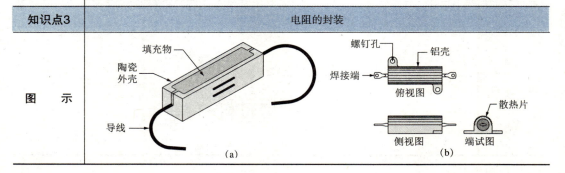

知识点3　电阻的封装

图示

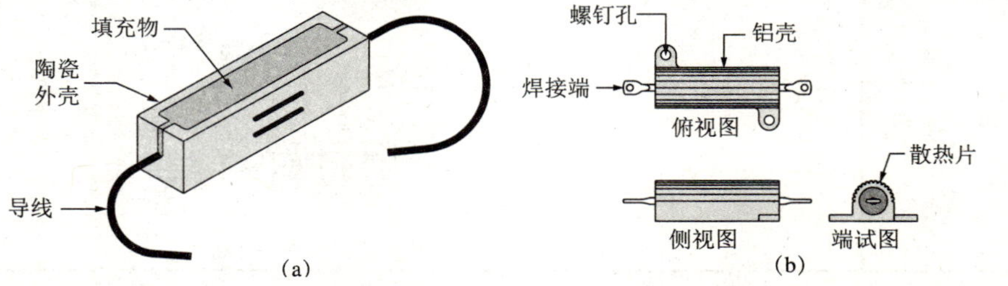

续表7.16

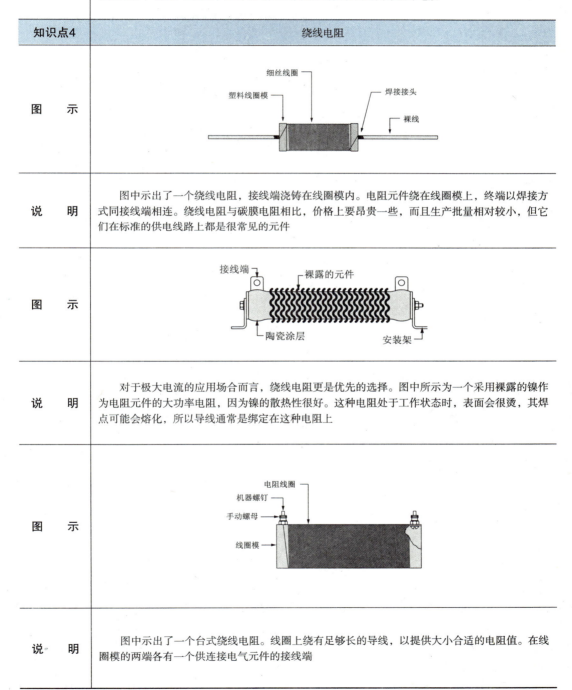

说　　明	① 大电流负载的电阻通常采用陶瓷封装，如图（a）所示。当这种电阻处于工作状态时表面很烫，因此，当与使用陶瓷电阻的电路打交道时，需要特别小心 ② 特大功率的电阻经常封装在能够安装散热器的铝壳中。图（b）示出了一个适合安装散热器的大功率电阻。固定时，最好在电阻和散热器的安装面之间涂上导电胶
知识点4	绕线电阻
图　　示	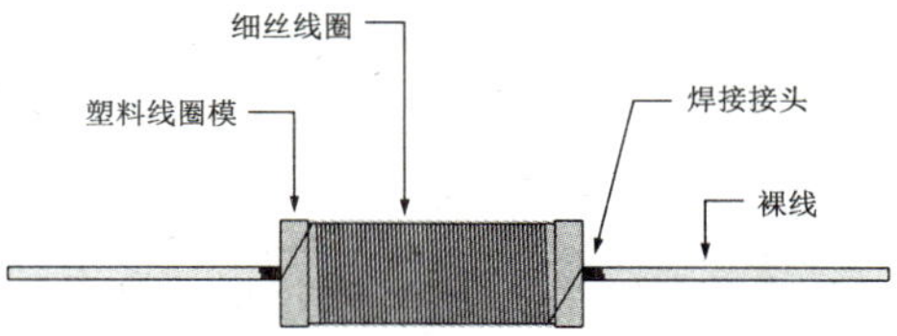
说　　明	图中示出了一个绕线电阻，接线端浇铸在线圈模内。电阻元件绕在线圈模上，终端以焊接方式同接线端相连。绕线电阻与碳膜电阻相比，价格上要昂贵一些，而且生产批量相对较小，但它们在标准的供电线路上都是很常见的元件
图　　示	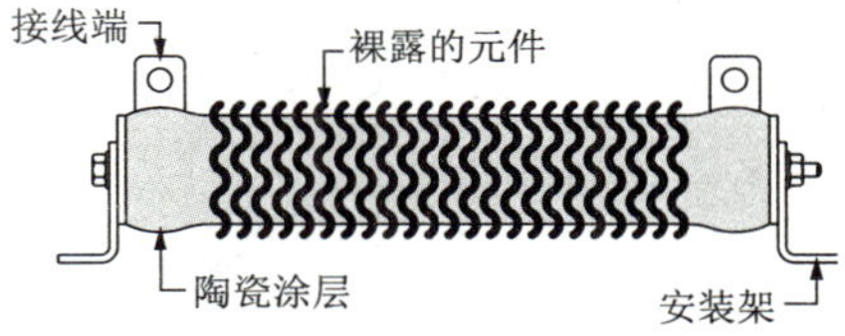
说　　明	对于极大电流的应用场合而言，绕线电阻更是优先的选择。图中所示为一个采用裸露的镍作为电阻元件的大功率电阻，因为镍的散热性很好。这种电阻处于工作状态时，表面会很烫，其焊点可能会熔化，所以导线通常是绑定在这种电阻上
图　　示	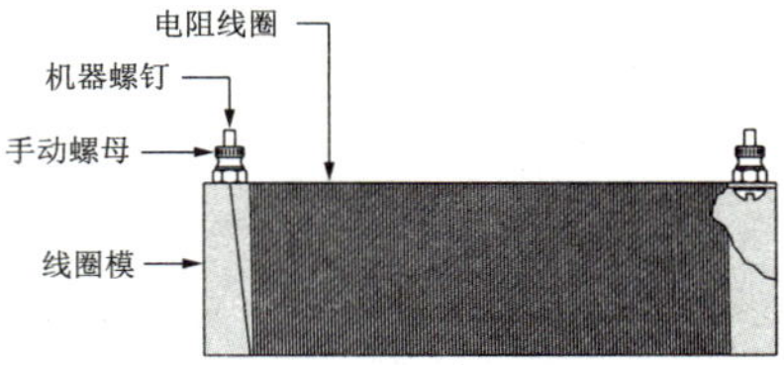
说　　明	图中示出了一个台式绕线电阻。线圈上绕有足够长的导线，以提供大小合适的电阻值。在线圈模的两端各有一个供连接电气元件的接线端

表7.17 可变电阻

知识点1	绕线式可变电阻器
图　示	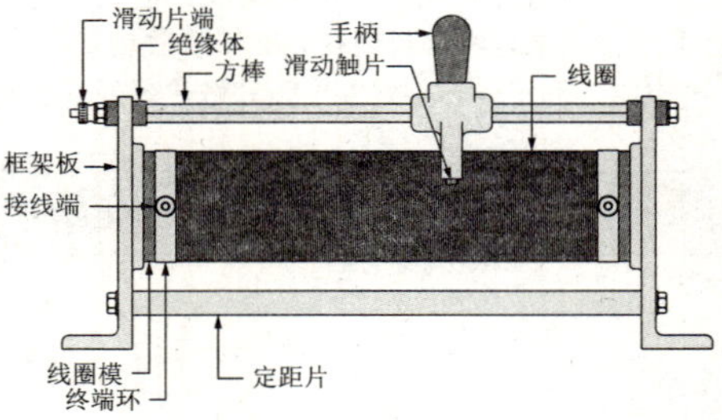
说　明	在很多应用场合，需要调整处于工作状态的电路的参数，最简单的可调参数就是电阻。通过使用可变电阻就可以完成这一功能。可变电阻最常用的场合之一就是用来调节音量。当我们旋转立体音响上的旋钮使声音升高或者降低时，实际上调整的就是电路内部的电阻值 图中示出一个绕线式可变电阻器。它的主要元件是两端有接线端的线圈管。第三端的滑动片可以沿着线圈管的长度方向滑动。在任意位置，电阻等于其中一个接线端与滑动片之间的导线长度
图　示	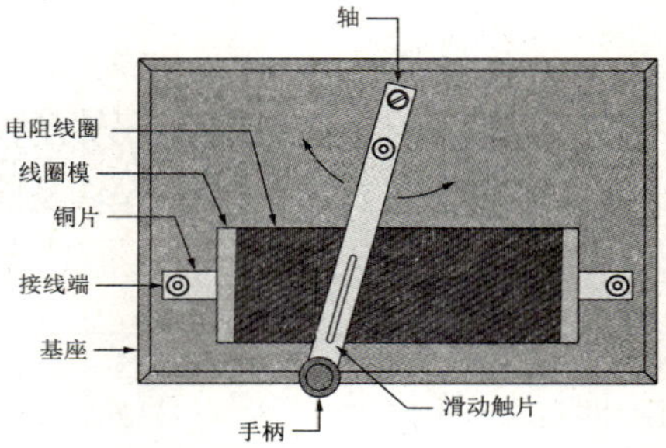
说　明	将线圈绕接在线圈模上，再将其与两个终端接线端相连，就可以构造一个可变电阻。滑动触片可以由黄铜片制成，上端接有绝缘手柄。在与滑动触片接触的线圈顶部，导线上的绝缘层必须打磨掉。图中所示为一个台式绕线滑动变阻器
图　示	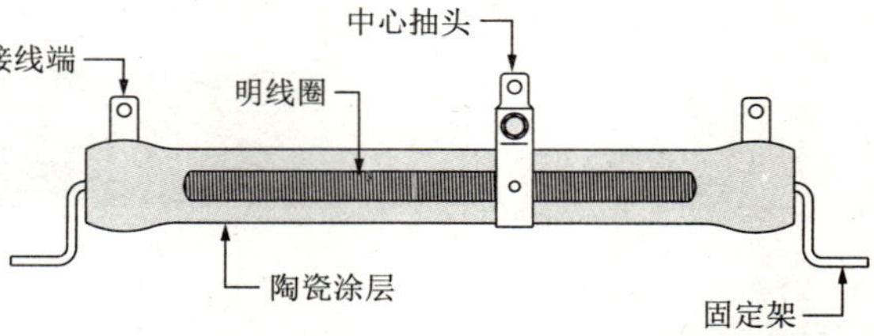
说　明	对于一些需要重新启动或者周期性调整的电路，会用到各种带有中心抽头的电阻。这种电阻作为固定电阻安装，但允许在启动期间或者掉电的时候进行微调。图中示出了一个带有钳形中心抽头的绕线陶瓷电阻器

续表7.17

知识点2	滑线变阻器
图　　示	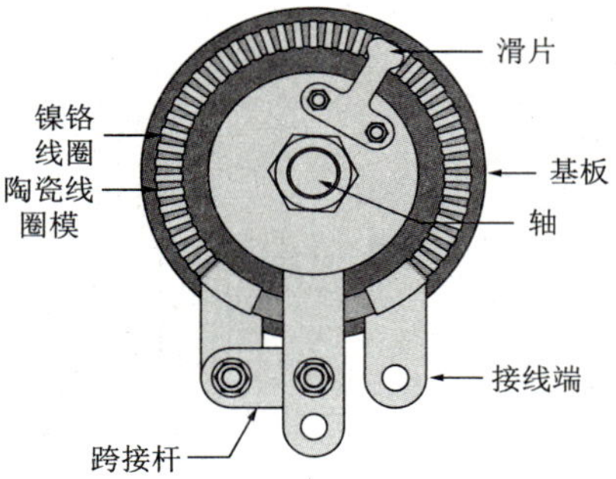
说　　明	滑线变阻器是一种可以在电路通电的时候进行微调的电阻。这类变阻器经常用于电动机、反应堆和取暖控制器等大电流应用场合中。滑线变阻器是一种绕线电阻，图中所示就是一个大电流滑线变阻器。线圈呈马蹄形，并带有一个固定在轴上的滑片。利用轴，滑片可以调整到线圈的任意位置。通常滑线变阻器的滑片连接到线圈的任意一端，在这种情况下，它就可以作为一个可变电阻使用
知识点3	**电位计**
图　　示	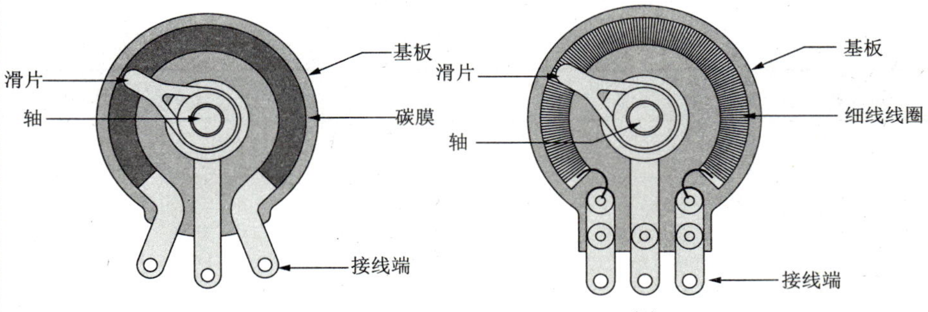 (a)　　(b)
说　　明	电位计也是一种可变电阻，适用于灵敏度要求较高的设备。和标准电阻一样，电位计一般也分为两种类型：碳膜型和绕线型图（a）为碳膜电位计；图（b）为绕线电位计
图　　示	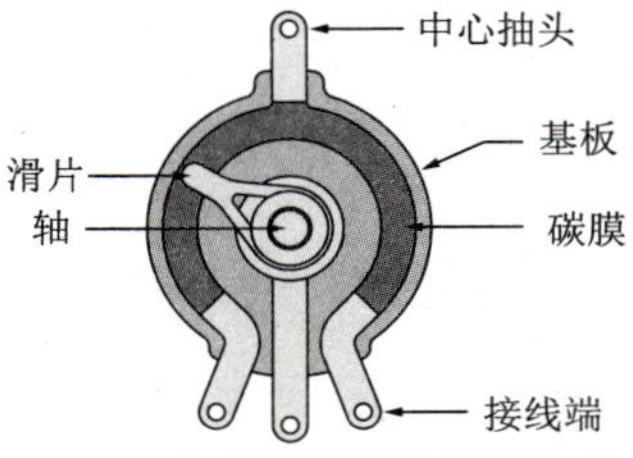
说　　明	在一些特殊的应用场合，需要使用具备中心抽头的电位计。虽然这种电位计也能满足普通需要，但是在绝大多数情况下，带有中心抽头的电位计都是为了针对某个电路而特别设计的

续表7.17

知识点4	碳堆电阻
图　示	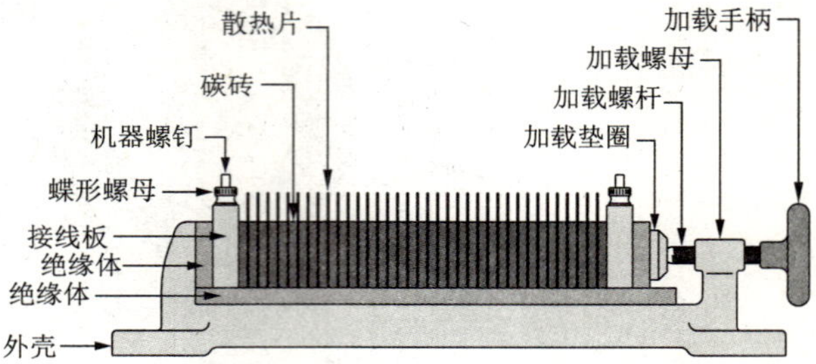
说　明	碳堆电阻通常用于大电流设备。这种电阻也是一种可变电阻，以一组碳片作为基本元素。当碳片受到的压力增加时，总电阻值降低；当压力减少，总电阻值升高。这种电阻经常作为外接负荷以测试发电机和一些大功率设备。这种电阻处于工作状态时，即便表面变红、发热也不足为奇。如图所示，就是一个小型的碳堆电阻

表7.18　电容器

知识点1	电容器
图　示	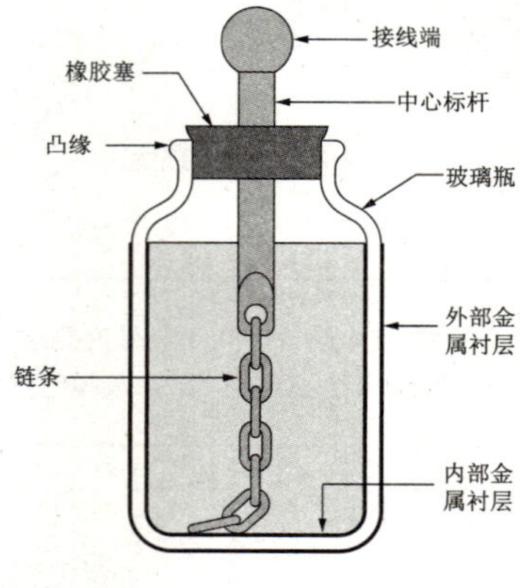
说　明	电容器的功能很像一种吸电器。它们可以吸收或者释放与其容量以及应用场合相当的电荷。电容器通常用作过滤器 图中所示电容器是莱顿瓶，它是一个玻璃瓶，在它的内侧和外侧都贴有金属衬层，如图所示。固定在橡胶塞上的接线端通过悬挂的锁链与内部衬层相连。当接线端有电子时，内部衬层就形成一个净电场。如果接线端与外部衬层相连，电荷将在两个衬层之间流动，最后达到中和状态

续表7.18

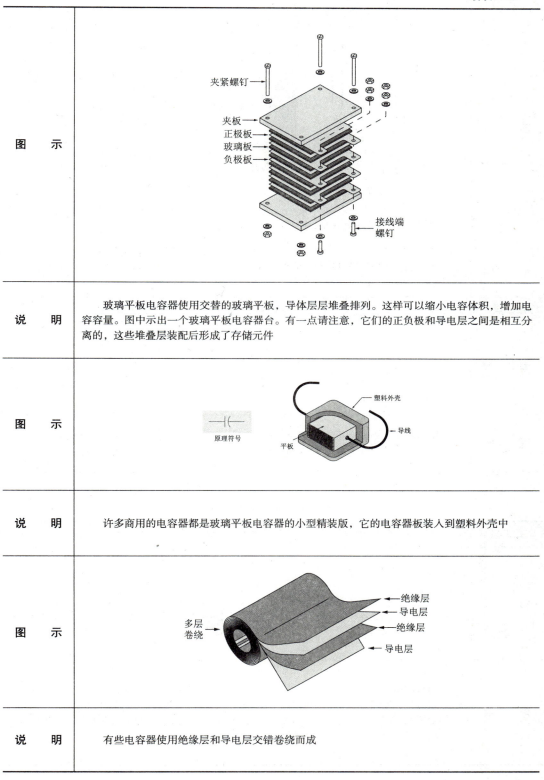

图　　示	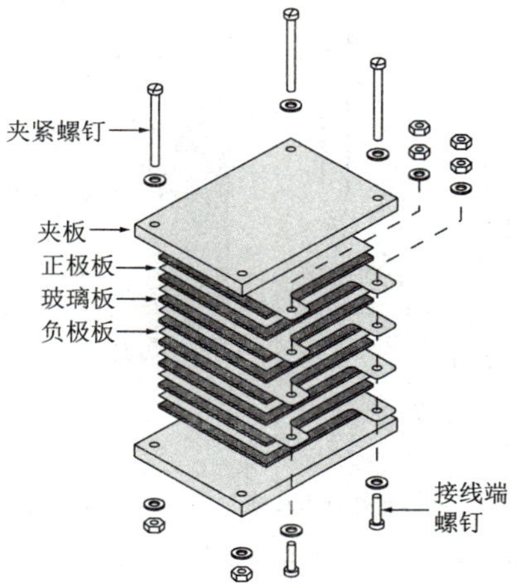
说　　明	玻璃平板电容器使用交替的玻璃平板，导体层层堆叠排列。这样可以缩小电容体积，增加电容容量。图中示出一个玻璃平板电容器台。有一点请注意，它们的正负极和导电层之间是相互分离的，这些堆叠层装配后形成了存储元件
图　　示	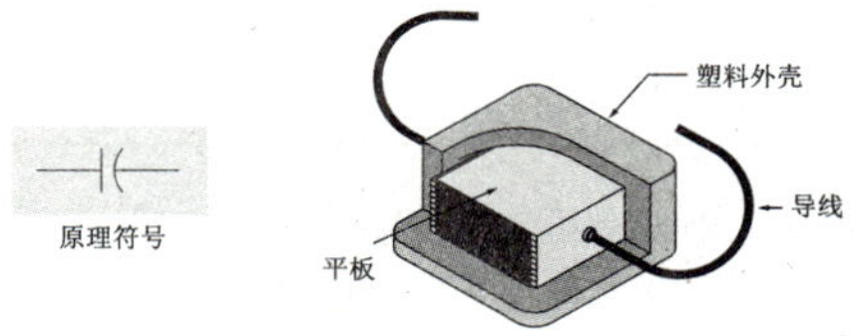
说　　明	许多商用的电容器都是玻璃平板电容器的小型精装版，它的电容器板装入到塑料外壳中
图　　示	
说　　明	有些电容器使用绝缘层和导电层交错卷绕而成

续表7.18

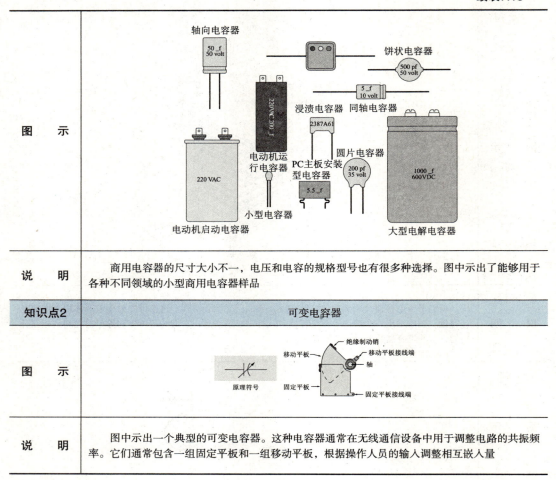

图　示	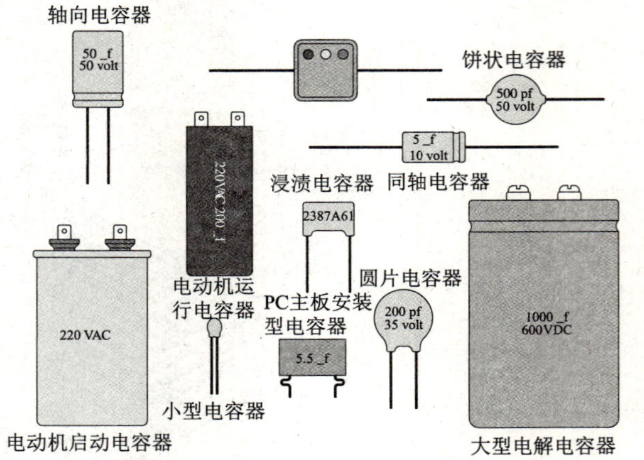
说　明	商用电容器的尺寸大小不一，电压和电容的规格型号也有很多种选择。图中示出了能够用于各种不同领域的小型商用电容器样品
知识点2	**可变电容器**
图　示	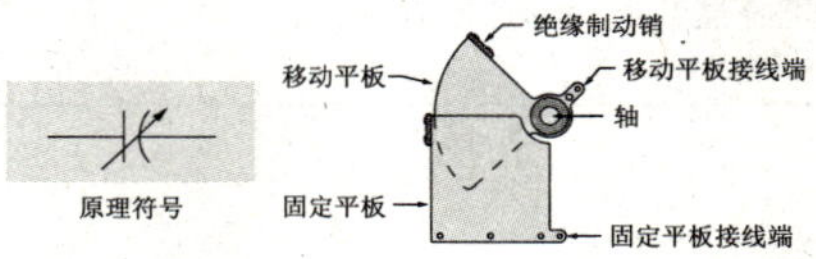
说　明	图中示出一个典型的可变电容器。这种电容器通常在无线通信设备中用于调整电路的共振频率。它们通常包含一组固定平板和一组移动平板，根据操作人员的输入调整相互嵌入量

表7.19　可控硅整流器

知识点	**可控硅整流程**
图　示	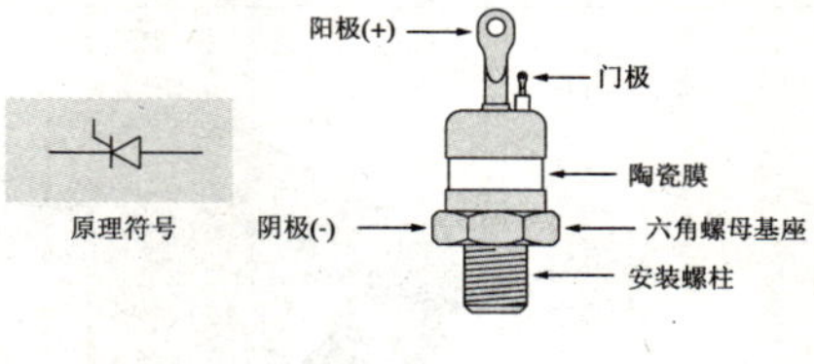
说　明	可控硅整流器（SCR）是一个含有触发端的二极管。当在门极施加电压时，晶闸管导通。这种特性使得它广泛应用于电源与电动机控制领域。一旦晶闸管导通，即便是移除门极电压，SCR也将保持导通状态，直到通过阴极和阳极的电压为0时为止。这一特性使得SCR成为一种比较理想的交流开关，因为交流电压信号每秒钟有120次降为0值

表7.20 熔断器

知识点1	熔断器原理
图 示	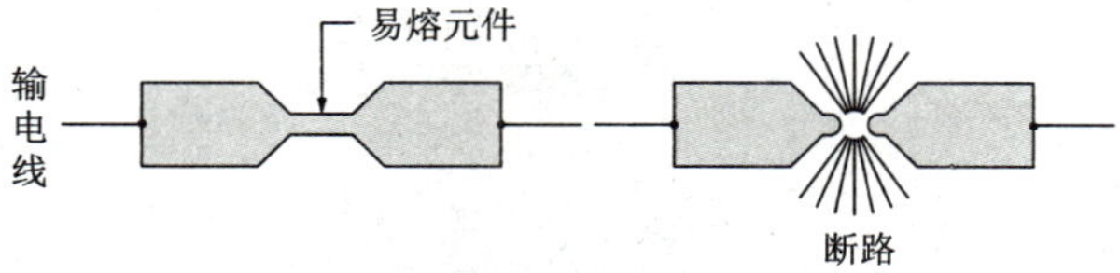
说 明	最基本的熔断器是一种结构非常简单的元件。它是一种小型的金属导路，熔断器中间有一种易熔元件。当电流上升到超过允许值时，这条金属导路就会断开。图中示出了一种典型熔断器。熔断器中间部分的线路宽度较窄，当电流上升超过允许的极限值时，中间部位的线路就会熔化，从而使得电路自动断开
知识点2	**延迟熔断器**
图 示	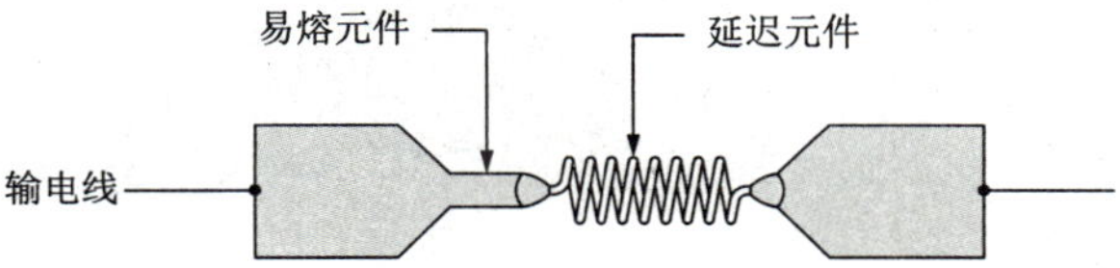
说 明	在使用中，尤其当电路中有瞬间启动峰值电流通过时，必须使用延迟装置或者延迟熔断器。在延迟熔断器导路中，宽度缩减的部分通过一个线圈或延迟元件相互连接。延迟元件使熔断器在短时间内能够具备较大的载流能力。但如果电流冲击时间过长的话，电路就会断开。图中示出了一种延迟熔断器
知识点3	**标准熔断器**
图 示	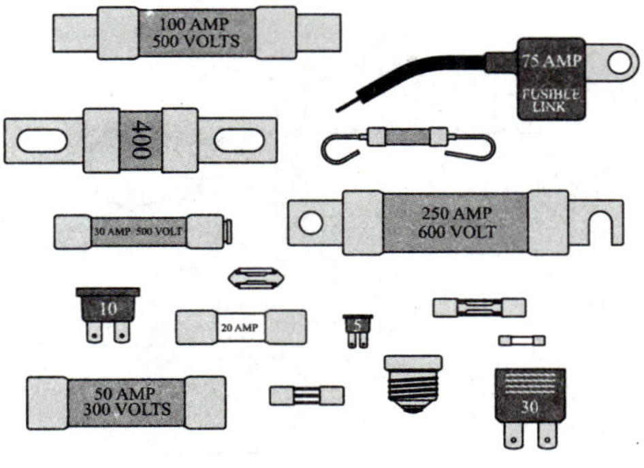
说 明	熔断器规格尺寸大小不一，如果按额定电压和电流来分，种类也比较繁多。评定熔断器的参数包括最大电流、最大电压及瞬间启动峰值电流。瞬间启动峰值电流是指设备启动期间熔断器的载流。图中示出了一些不同种类的用于各种工作场合的标准熔断器

续表7.20

知识点4	熔断器的安装和拆卸
图　示	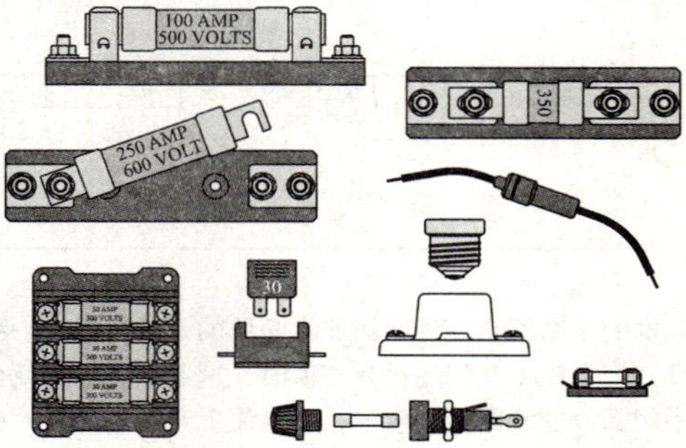
说　明	图中示出了一些不同种类的用于安装熔断器的装置，这些在市场上都可以很容易购买到
图　示	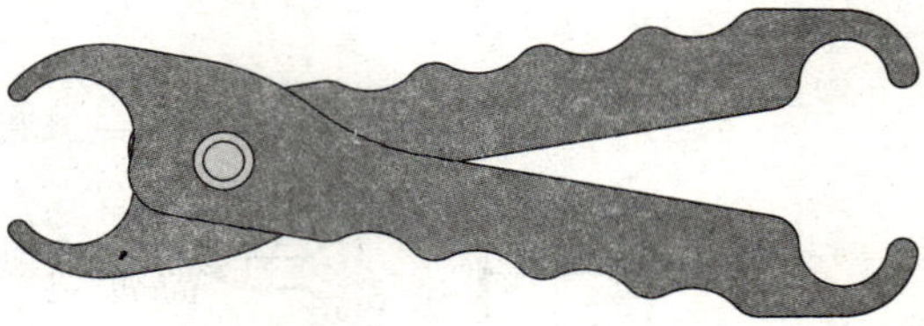
说　明	为了拆卸大型熔断器，通常会使用一种熔断器拉出器，如图所示。这种工具使熔断器的拆卸工作变得非常容易，它能保护熔断器模块免遭损坏，并且能够避免操作人员由于疏忽而引发的意外触电事故

表7.21　断路器

知识点1	断路器的工作原理
图　示	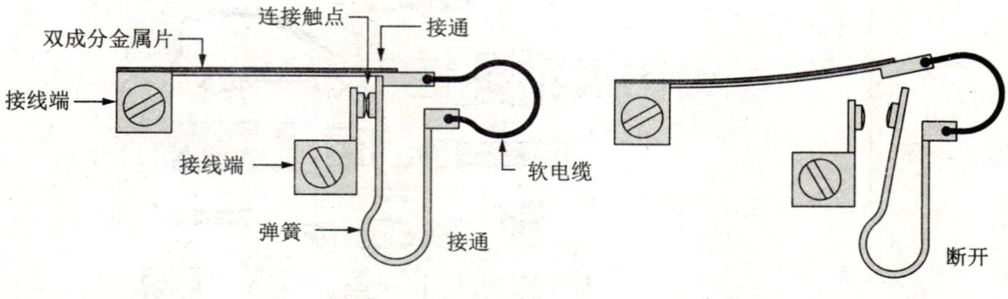
说　明	图中示出了热断路器的典型工作原理。电源通过双成分金属片、软电缆、板簧及一系列连接触点为线路供电。如果电流超出了断路器的极限电流，双成分金属片将受热弯曲，将锁定板簧的锁扣打开，使得连接触点断开；当双金属片冷却后，连接触点就可以重新复位接通

续表7.21

知识点2	面板安装型断路器
图　示	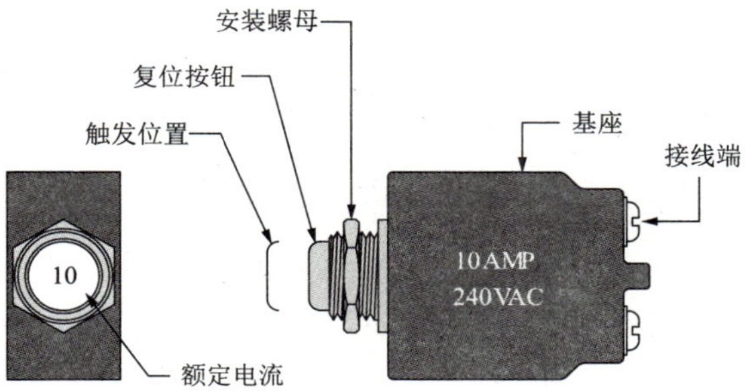
说　明	对于面板安装的应用场合，会用到小型断路器，其总体外观与开关按钮相同。图中示出了一种面板安装型的断路器。当断路器被触发脱扣时，按钮会伸出，提供可视指示信号。面板安装型断路器总是将电流容量打印在按钮表面或基座侧面上
图　示	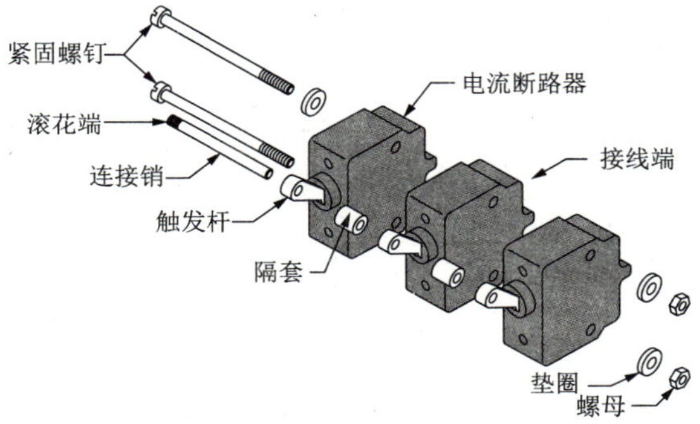
说　明	多极面板安装型断路器是一种非常典型的联动装置，每一个极都有一个拨动型触发钮。触发钮被连接在一起以确保如果一个断路器被激活，另外其他两个断路器也会跟着同时起作用，以保护整个电路
知识点3	**电源断路器**
图　示	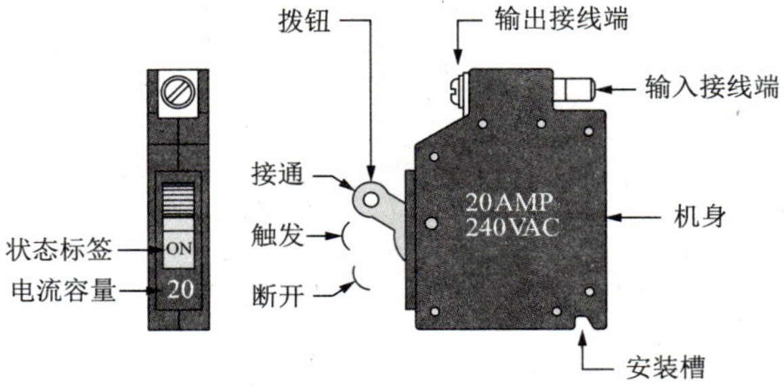
说　明	家庭或办公室的配电箱或断路器盒都经过专门设计，可以相当轻松地安装和拆卸。图中示出了一种典型的电源断路器。将安装槽卡在一根轨道上，然后将断路器上端绕着轨道旋转直到输入接线端与电源总线接通为止。输出端通常为一种螺旋式的接线端，很容易与电线连接。这些断路器同样有一个拨动型触发钮，当拨钮位于上方时，电路接通；位于下方时，电路断开；当断路器被触发时，拨钮位于中间位置

第8章

电气接口与线路安装

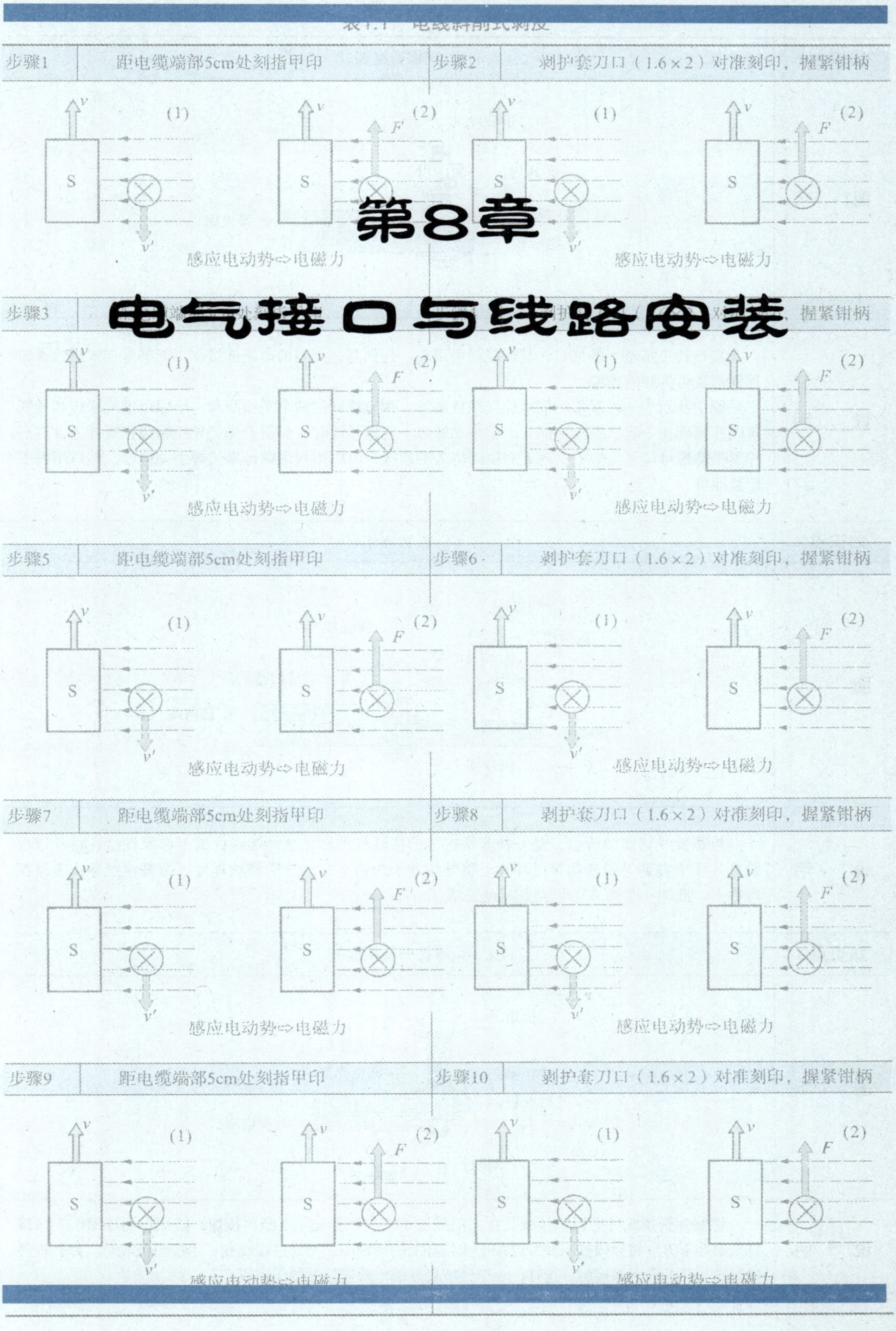

表8.1 接线柱

<table>
<tr><th>知识点1</th><th>铜螺栓接线柱</th></tr>
<tr><td>图 示</td><td>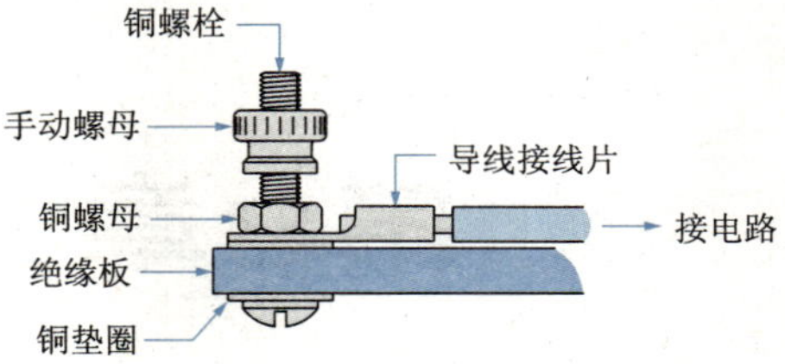
</td></tr>
<tr><td>说 明</td><td>接线柱是最基本的接口，其性能最为可靠。任何其他类型的电路连接都不能够像老式螺栓螺母那样形成可拆卸的连接
图中所示为一种基本的铜螺栓接线柱装置。铜螺栓通过两个平垫圈和一个螺母把绝缘板和导线接线片紧固在一起。螺栓顶部有一个手动螺母。连接导线时，只需要先把导线缠绕在螺杆上，然后拧紧手动螺母即可。为了实现更为稳固持久的连接，可以用六角螺母来代替手动螺母，然后用扳手拧紧即可</td></tr>
<tr><th>知识点2</th><th>板簧连接柱</th></tr>
<tr><td>图 示</td><td>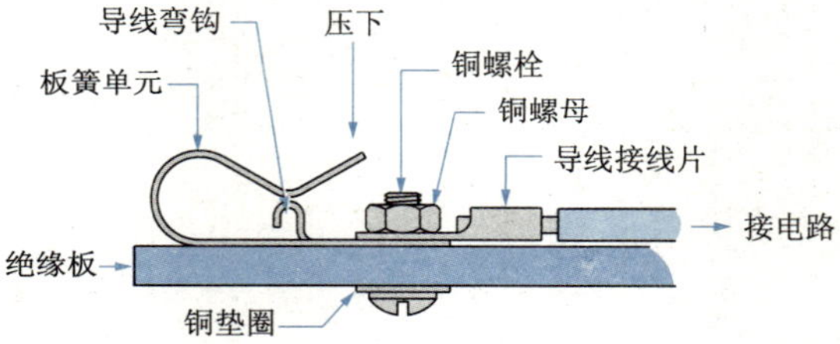
</td></tr>
<tr><td>说 明</td><td>板簧接线柱如图所示，是一种非常古老的接线柱类型。这种接线柱的工作原理是，将开口板簧耳片压下直到导线弯钩穿过耳片。将导线置于弯钩下方，然后释放耳片。弹簧将把导线压靠在弯钩上，此时一个可靠的电路连接便形成了</td></tr>
<tr><th>知识点3</th><th>螺旋弹簧接线柱</th></tr>
<tr><td>图 示</td><td>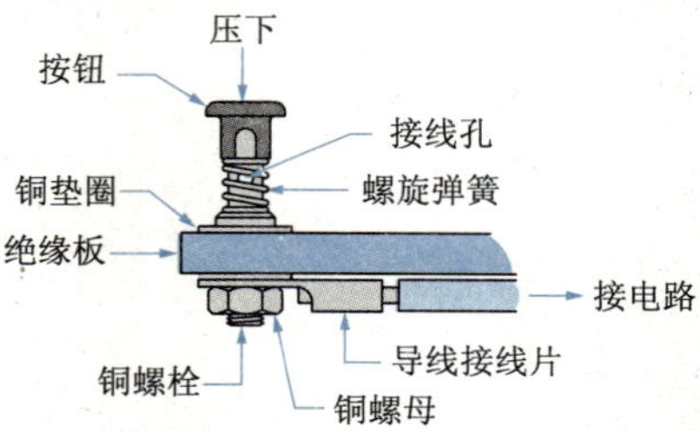
</td></tr>
<tr><td>说 明</td><td>螺旋弹簧接线柱把板簧接线装置向前推进了一步。首先压下塑料按钮，按钮进而压缩螺旋弹簧直至通孔下方。将导线插入并穿过位于按钮环上的插槽中，再穿过接线孔。当按钮释放时，弹簧将迫使导线与孔的内表面接触。这样，一个性能良好的电路连接便制作完成</td></tr>
</table>

续表8.1

知识点4	螺栓锁紧接线柱
图　示	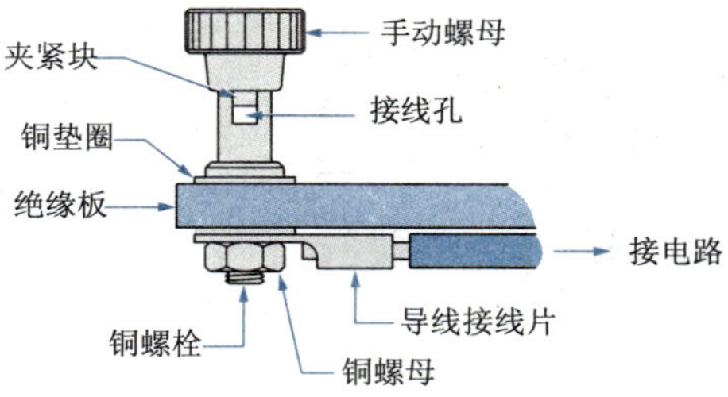
说　明	螺栓锁紧接线柱的设计目的就是兼顾弹簧接线柱的方便性和螺栓/螺母连接的紧固性。手动螺母被旋开后，会提起夹紧块，断开导线连接。使用时，先将导线插入连接孔，然后旋紧螺母即可

知识点5	组合接线柱
图　示	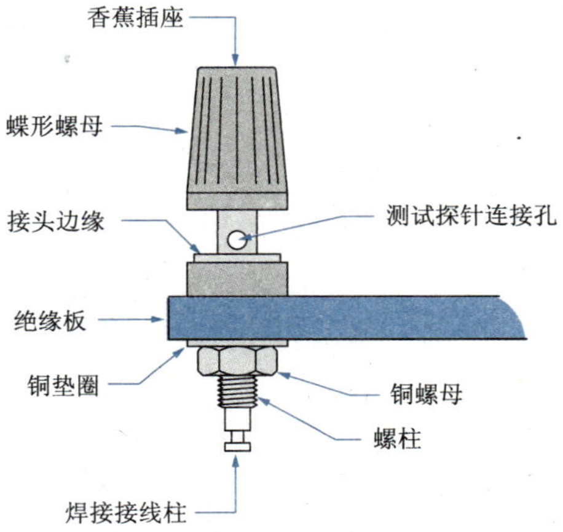
说　明	组合接线柱能够综合所有接线柱的优点。这种接线柱有一个既能绕线又能穿线的螺栓锁紧手动螺母。其中螺母是绝缘的，并且接线柱的顶部带有一个标准香蕉插座。一般情况下，这种装置都备有一组绝缘垫圈，所以可以把它们安装在金属板上。永久性连接可以用一个导线接线片或者焊接接线柱制成。这种装置价位非常低廉，是首选的接线柱连接方式

表8.2　香蕉接口

知识点	香蕉接口
图　　示	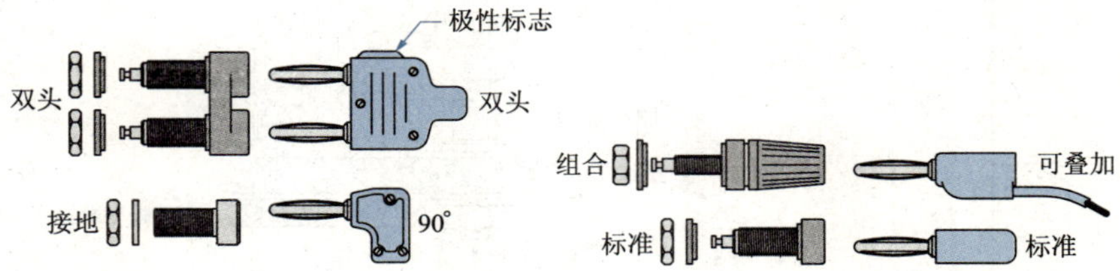
说　　明	从本质上说，香蕉接口是单个插头和插座的组合，是一种易于接插的大电流、低电阻电气插件。图中所示为几种香蕉接口及插座装置。绝大多数香蕉接口都有一个针对测试导线而优化设计的无焊接导线接口。同时，绝大多数插座都集成有焊接接线柱。接地插座是全金属结构。双香蕉接口的插头中心间距为0.75in，并且插头上有极性标志

表8.3　BNC接口

知识点1	BNC接口
图　　示	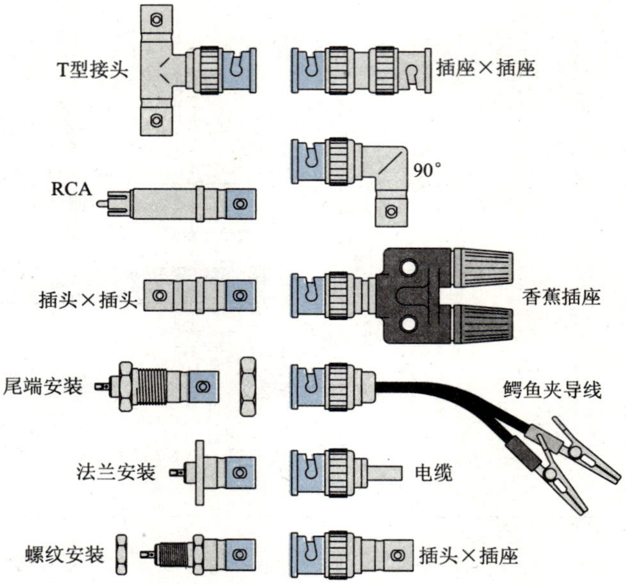
说　　明	BNC接口提供非常好的无线频率特性，500V DC电压等级，而且还具备很好地防止杂波信号干扰的保护功能，但是它的载流能力并不好。这种接口分为插座和插头，使用时，把插头推到插座内部再将轴衬外环旋转四分之一圈，即可实现接口的紧密配合。当接口达到锁紧点时，轴衬外环上能感觉到锁紧力。BNC接口极为常见，对于几乎所有的标准接口都可以很容易买到相应的适配器

续表8.3

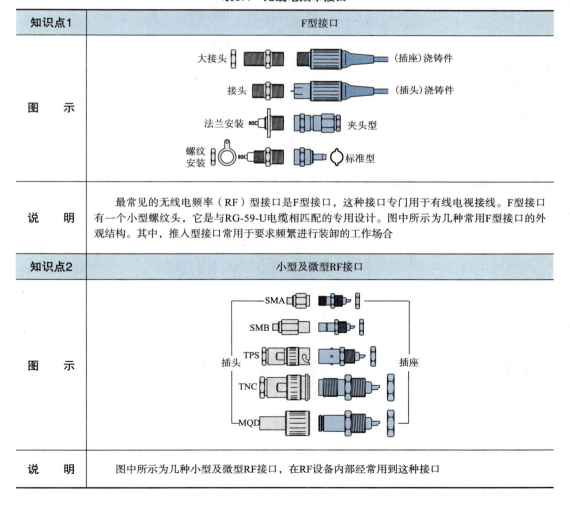

知识点2	MHV及SHV接口
图　示	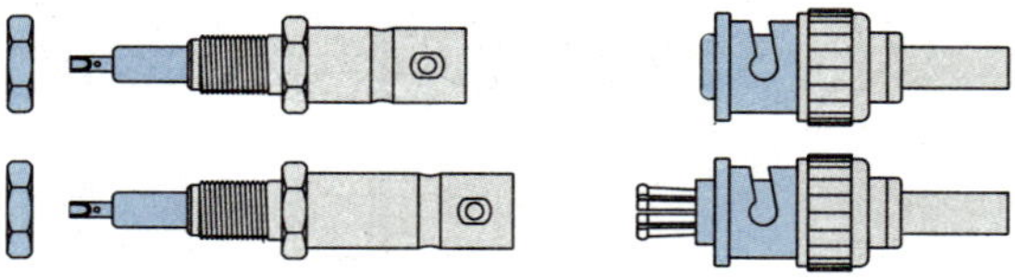
说　明	为了解决MHV接口存在的缺点，开发了SHV接口。这种接口不仅能与BNC或者MHV接口相匹配，并且在带电电路上使用时，能够为用户提供电压保护功能。通过插头中心伸出的螺旋弹簧能够很容易辨别出安全高压接口。SHV插座与BNC及MHV接口相比，要长很多。对于所有的高压应用场合，应当首选SHV接口

表8.4　无线电频率接口

知识点1	F型接口
图　示	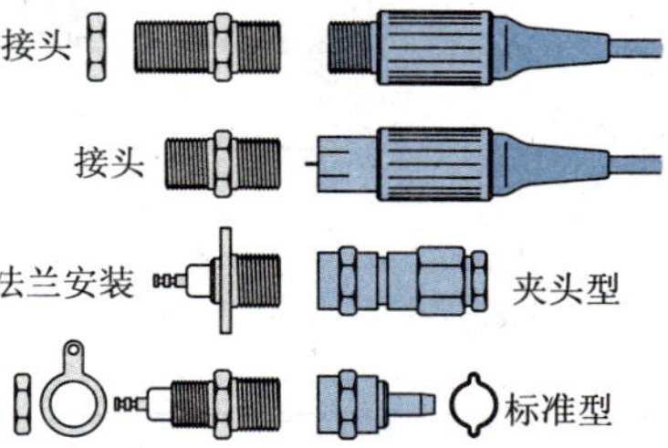
说　明	最常见的无线电频率（RF）型接口是F型接口，这种接口专门用于有线电视接线。F型接口有一个小型螺纹头，它是与RG-59-U电缆相匹配的专用设计。图中所示为几种常用F型接口的外观结构。其中，推入型接口常用于要求频繁进行装卸的工作场合
知识点2	**小型及微型RF接口**
图　示	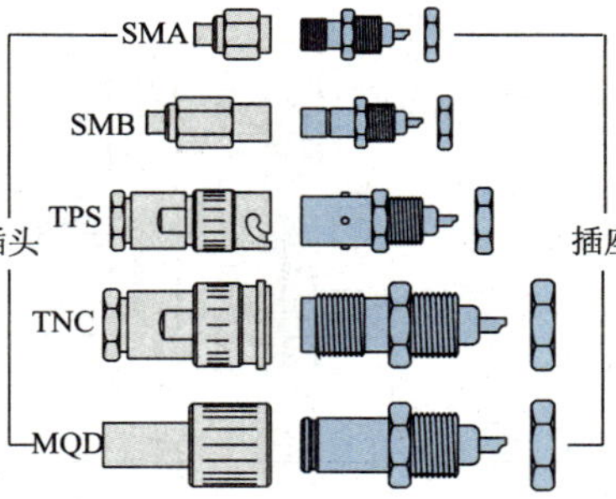
说　明	图中所示为几种小型及微型RF接口，在RF设备内部经常用到这种接口

续表8.4

知识点3	中等尺寸的RF接口
图　　示	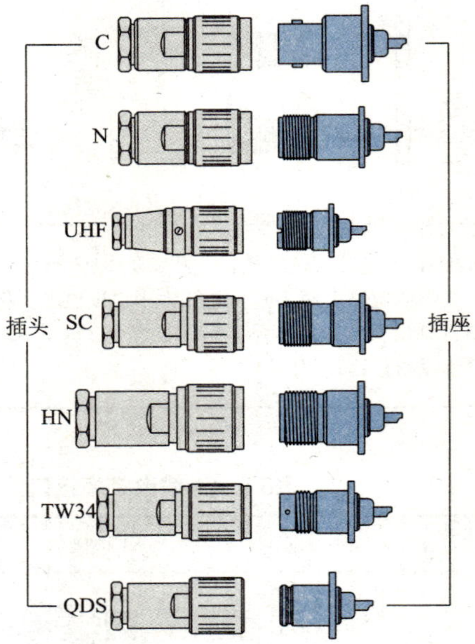
说　　明	图中示出了一类具有中等尺寸大小的RF接口。这种尺寸范围内的接口常见于业余、商业及航海用无线电通信设备。用于公共波段（CB）收音机的接口采用超高频（UHF）设计规格
知识点4	**大型RF接口**
图　　示	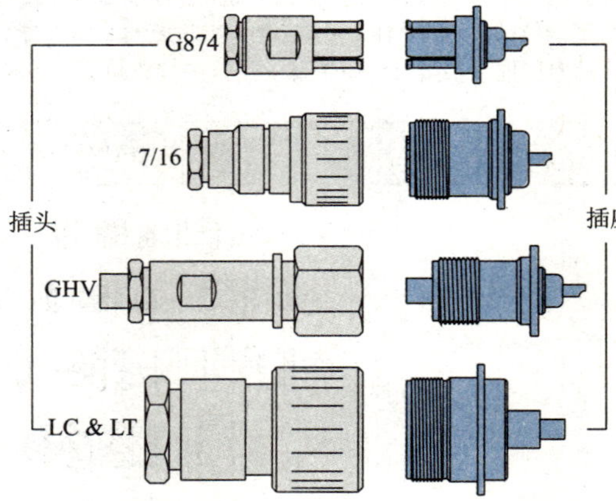
说　　明	大型无线电频率接口是为更高频率及大功率信号设计的。这种接口可在大功率无线电发射器及军用设备中见到。G874接口是独一无二的，因为它是唯一采用通用极性设计的RF接口

表8.5　音频接口

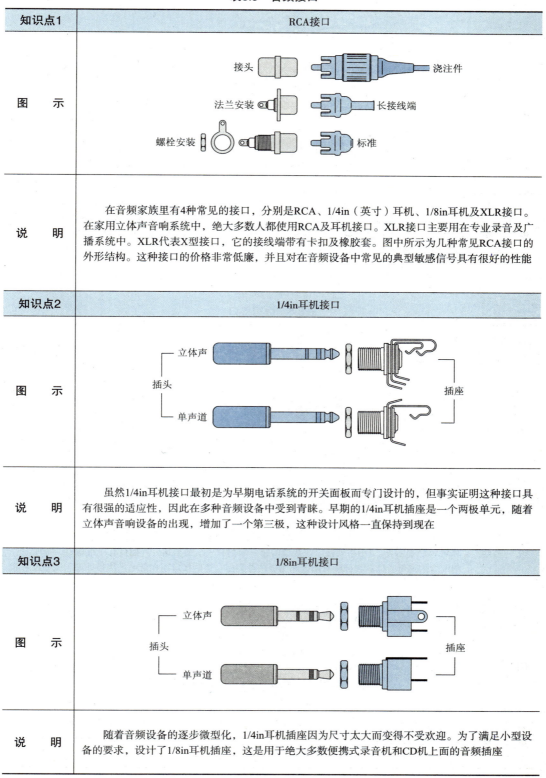

知识点1	RCA接口
图　示	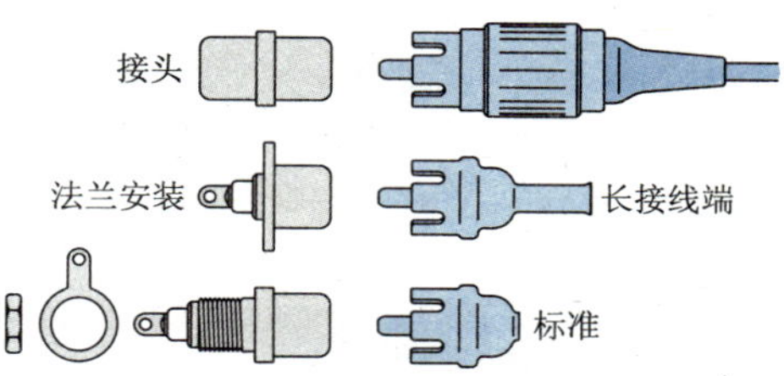
说　明	在音频家族里有4种常见的接口，分别是RCA、1/4in（英寸）耳机、1/8in耳机及XLR接口。在家用立体声音响系统中，绝大多数人都使用RCA及耳机接口。XLR接口主要用在专业录音及广播系统中。XLR代表X型接口，它的接线端带有卡扣及橡胶套。图中所示为几种常见RCA接口的外形结构。这种接口的价格非常低廉，并且对在音频设备中常见的典型敏感信号具有很好的性能
知识点2	**1/4in耳机接口**
图　示	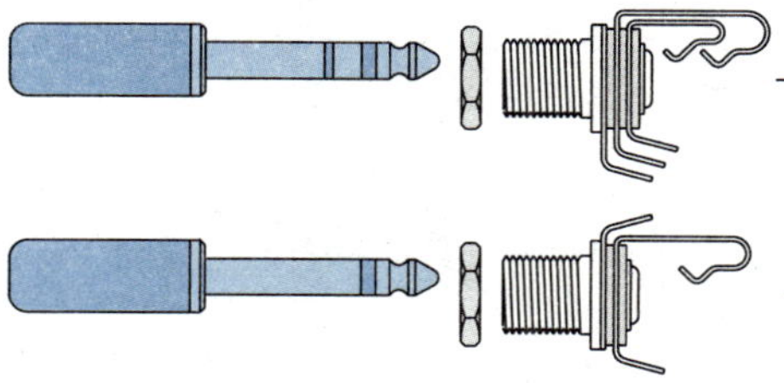
说　明	虽然1/4in耳机接口最初是为早期电话系统的开关面板而专门设计的，但事实证明这种接口具有很强的适应性，因此在多种音频设备中受到青睐。早期的1/4in耳机插座是一个两极单元，随着立体声音响设备的出现，增加了一个第三极，这种设计风格一直保持到现在
知识点3	**1/8in耳机接口**
图　示	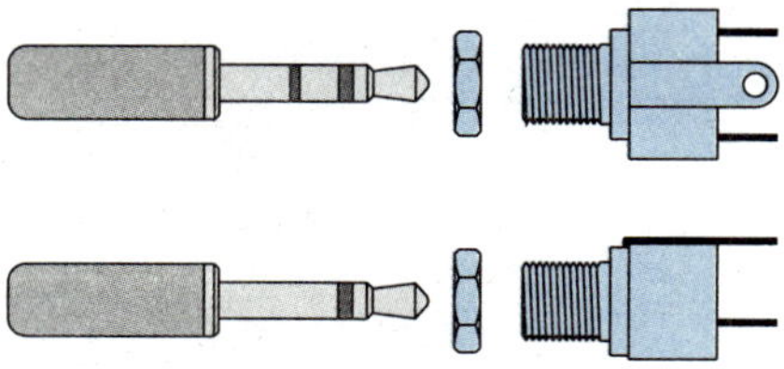
说　明	随着音频设备的逐步微型化，1/4in耳机插座因为尺寸太大而变得不受欢迎。为了满足小型设备的要求，设计了1/8in耳机插座，这是用于绝大多数便携式录音机和CD机上面的音频插座

续表8.5

知识点4	XLR接口
图　示	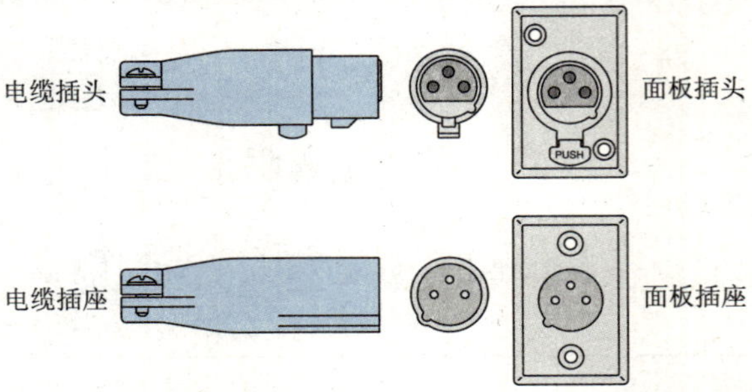
说　明	XLR接口是一种用途广泛的音频接口，它有3个管脚，并带有一个屏蔽外壳。插头集成了一个自动锁紧机械装置，必须手动释放才能断开连接。该接口的插头和插座既有面板安装型，也有电缆连接型。这些接口是公共广播设备的最佳选择。它们非常耐用，具有很长的使用寿命，适用于低电平信号（如麦克风）、中间信号（如前置放大器输出、音调控制等），也可以作为低功率放大器输出接口

表8.6　数据接口

知识点1	DB系列接口
图　示	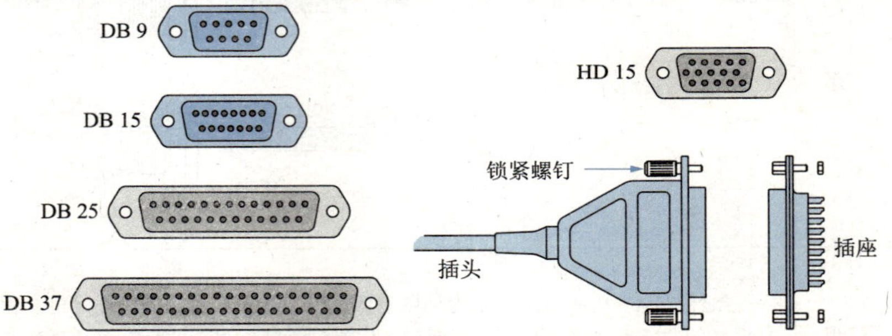
说　明	DB（D类型微型）系列接口是数字世界中最常见的接口之一。DB之后有一个数字，它代表这个接口的针头数目。DB9有9针，DB25有25针。HD15是一个特殊的类型，它通常用于连接计算机VGA显示器。DB系列接口在接口的每一端都有一组锁紧螺钉。插口有一组螺钉，插座有一组配合的螺母。插口和插座有阳极和阴极两种类型。这些接口用在低电平信号处理、试验设备和工具中
知识点2	Centronics36接口
图　示	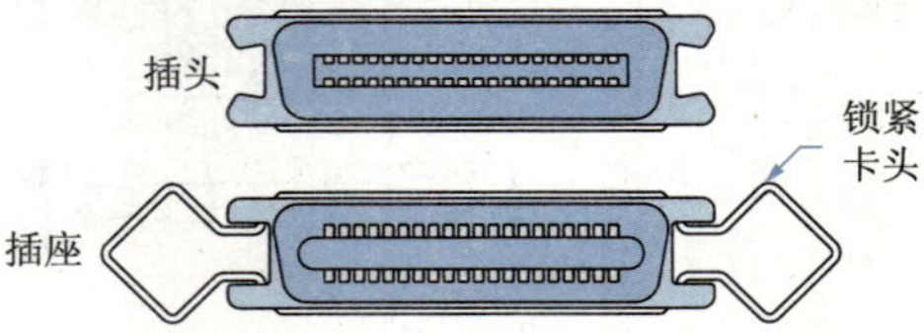
说　明	Centronics36接口通常作为打印机并行接口使用。其阳极接口的两端有两个卡槽，与阴极接口上的一对锁紧卡口相对应。插口插好后，卡头就可以锁扣在卡槽内了。这些接口可应用于低电平信号处理、试验设备和工具中

续表8.6

知识点3　USB接口

图示

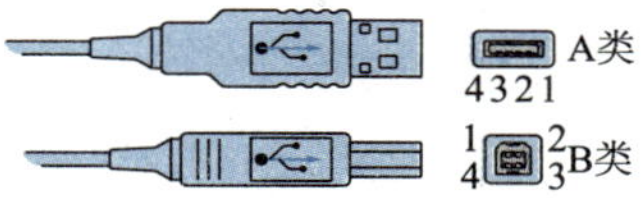

针	名称	规格
1	VBUS	+5V直流电
2	D−	数据−
3	D+	数据+
4	GND	地

说明

通用串行总线接口（USB）在个人计算机中非常流行。图中所示为A类和B类USB接口，以及一个输出针脚表

知识点4　DIN接口

图示

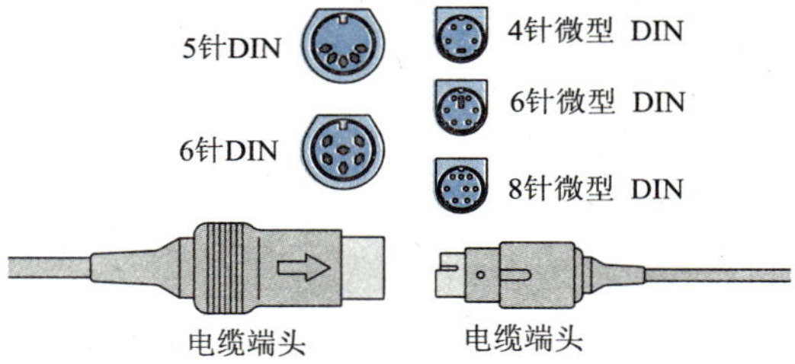

说明

DIN接口是鼠标和键盘上最常见的插头。它们在所有控制设备中都可以使用，包括音频设备、试验设备和工具。生产者为了保证设计的独特性，经常用一个DIN接口代替标准插头。图中所示为标准和微型DIN接口的实例

知识点5　标准插座（RJ）接口

图示

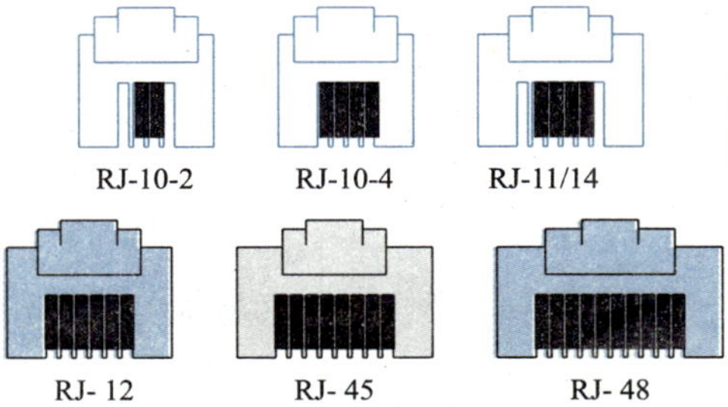

插座	针脚	已用针脚
RJ-10	4	全部或者 2,3
RJ-11 & 14	6	2,3,4,5
RJ-12	6	全部
RJ-45	8	全部
RJ-48	10	全部

说明

标准插座（RJ）接口通常用于电话。RJ-10-2用于把话筒连接到电话机，RJ-11/14和RJ-12用于把电话机连接在墙上的电话线插座中。RJ-48通常用于以太网连接。这些接口的电流承载能力很低，仅用于低电平信号。图中所示为标准RJ接口及其针脚配置

表8.7　印制电路板接口

知识点1	边缘接口
图　示	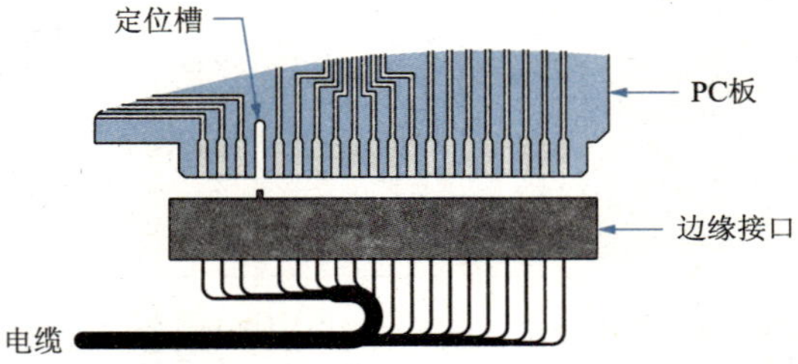
说　明	边缘接口是用于数字和控制电路的接口，如图所示，可以把PC板设计成一边有一排引脚的形式。切入板中的定位槽用来保证接口对正插入
知识点2	**扁平电缆卡接接口**
图　示	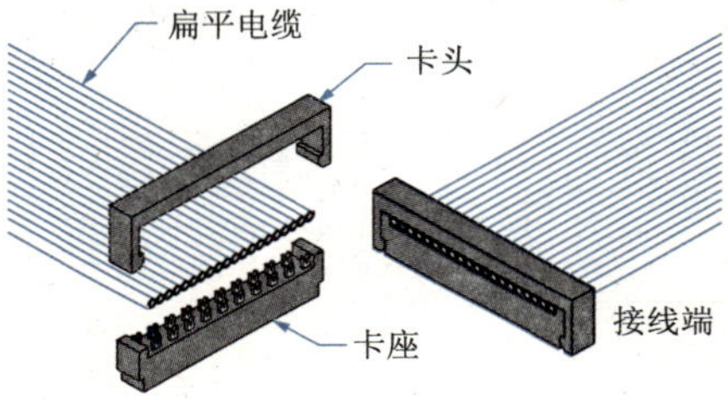
说　明	很多边缘接口设计成扁平电缆插头的形式。制作这种接口时，首先将扁平电缆插入接口，然后将卡头压入到位。随着卡头的压入，它会迫使扁平电缆卡进针头边缘，针头随后切入电缆绝缘层，与电缆导体接通

表8.8　通用接口

知识点1	圆套锁紧接口
图　示	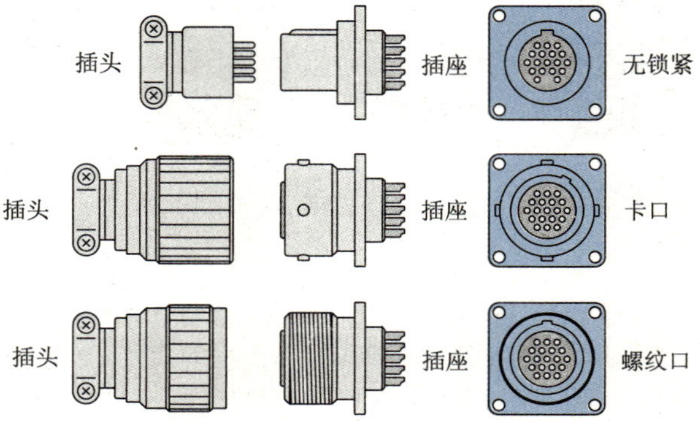

续表8.8

说　明	圆套锁紧接口是通用接口中质量最好的。这种接口的针脚配置多种多样，并带有一个螺纹圆套或者卡口圆套。它们有塑料型、金属型甚至是防水型
知识点2	模块系列接口
图　示	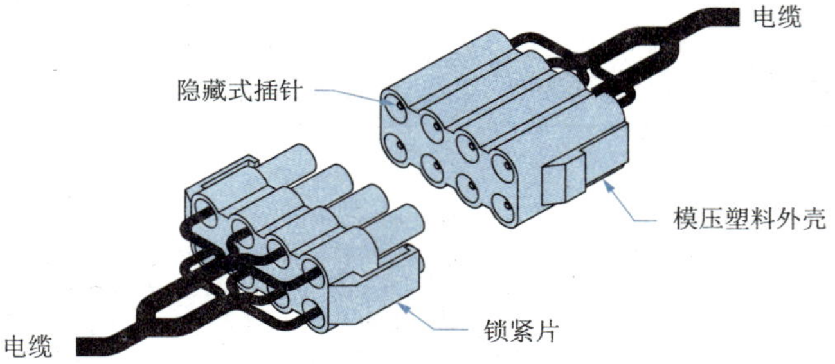
说　明	最常见的多针接口是模块系列接口。这些白色塑料接口通常用于计算机和家用电器中。它们的针头形状和额定电流有很多种。这些接口是为了在机器或设备内部使用而设计的。接口上带有针头分隔。导线压紧或焊接在插针上，插针再插入到接口中，拔出插针需要特殊的工具

表8.9　AC接口

知识点1	120V　AC接口
图　示	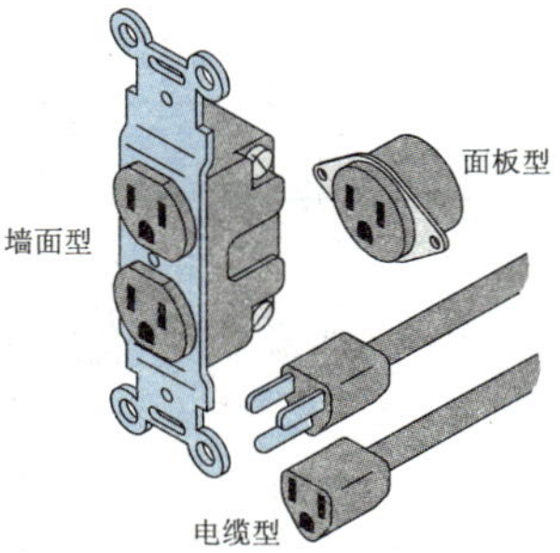
说　明	大多数人对标准的120V AC接口很熟悉，它有双孔和三孔型两种，三孔型带有接地线。大多数现代的120V AC设备都配备三孔型插头，除非电器是双绝缘的。图中所示为标准120V AC接口。其中，面板型主要在设备上使用
知识点2	240V　AC接口
图　示	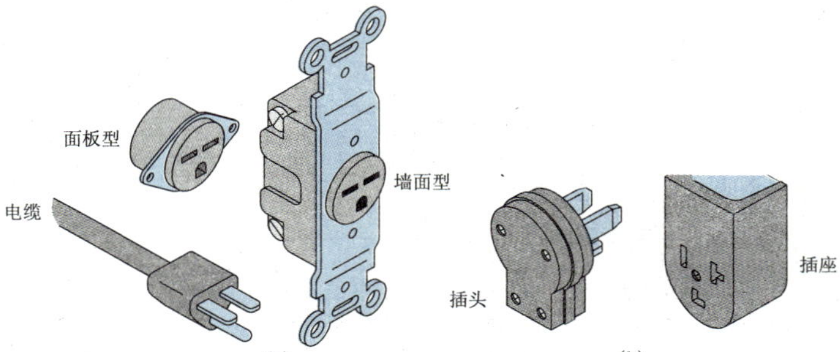 (a)　(b)

续表8.9

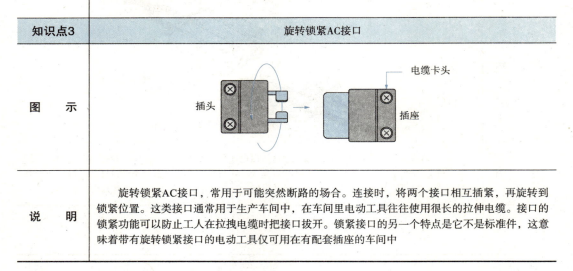

说　明	图中所示为标准240V AC接口。人们不熟悉这些接口，因为240V AC通常不用于小型设备。这些插座通常用于为窗式空调提供动力 大多数240V电源用于大功率电器，例如烤炉、干燥器、地热水汽、家用焊接机器，等等。这些设备需要使用具有更高的电流承载能力的插座，如图（b）所示
知识点3	**旋转锁紧AC接口**
图　示	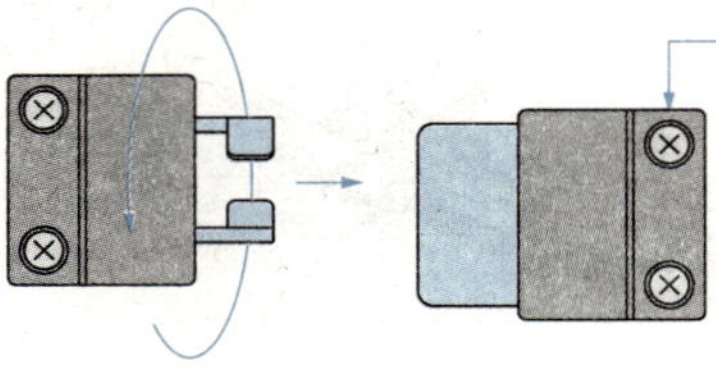
说　明	旋转锁紧AC接口，常用于可能突然断路的场合。连接时，将两个接口相互插紧，再旋转到锁紧位置。这类接口通常用于生产车间中，在车间里电动工具往往使用很长的拉伸电缆。接口的锁紧功能可以防止工人在拉拽电缆时把接口拔开。锁紧接口的另一个特点是它不是标准件，这意味着带有旋转锁紧接口的电动工具仅可用在有配套插座的车间中

表8.10　自动接口

知识点1	**桶形接口**
图　示	
说　明	在自动化领域内有三种常见的接口，桶形、片形或铲形、钩形或旋转锁紧接口，这三种接口都可以在复杂的自动化环境中良好运行 桶形接口就是一个简单的圆柱形插头和一个与之相配合的桶形插座。桶形插座是开口的并且开口内有弹性回复力。插头有一个锥形的鼻子和一个锁紧槽。当插头被推入桶形插座后，桶形插座的开口内壁弹开，内壁的制动环卡进锁紧槽
知识点2	**片形或铲形接口**
图　示	
说　明	片形或铲形接口包括一个扁平阳极插头和一个冲压成形的阴极插座。插座有卷曲的边，当插头插入时插座将夹住插头的外边。这种接口有非绝缘型的，也有完全绝缘型的

续表8.10

知识点3	钩形或旋转锁紧接口
图　示	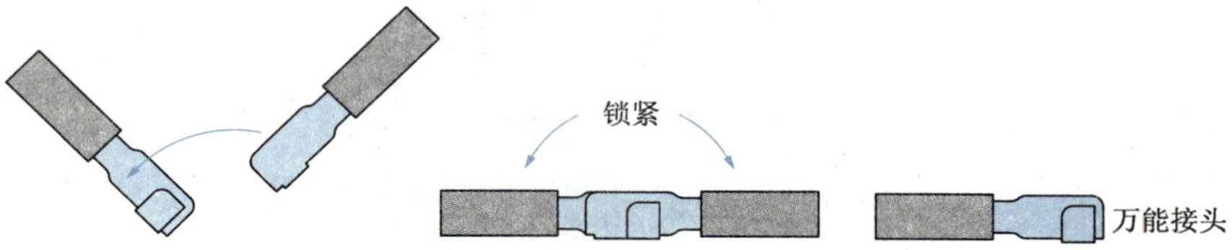
说　明	钩形或旋转锁紧接口能够形成非常牢固的连接。它们通常用于永久性或半永久性连接。这种接口是不绝缘的，因此需要包上电工胶带，或者在连接后用热缩管套上

表8.11　接线端子排

知识点	接线端子排
图　示	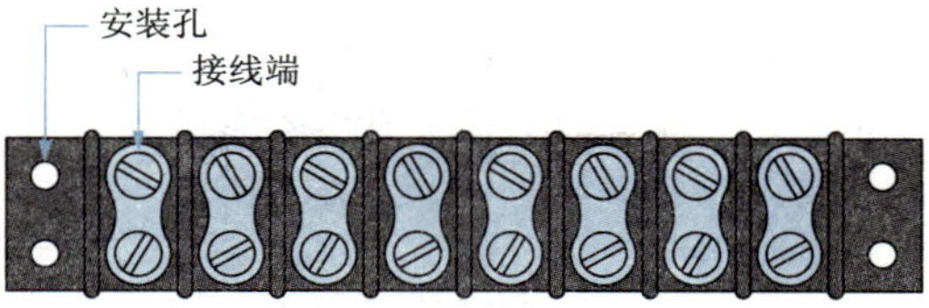
说　明	接线端子排是机电系统内分部件和控制用永久接线的首选接线配件。接线端子排具有多种设计类型、结构和接线端数目 图中所示为一个典型的接线端子排。它的基体是黑色酚醛塑料，接线端为8个平板铜螺钉。部件导线连接在一边，而接口导线连接在另一边
图　示	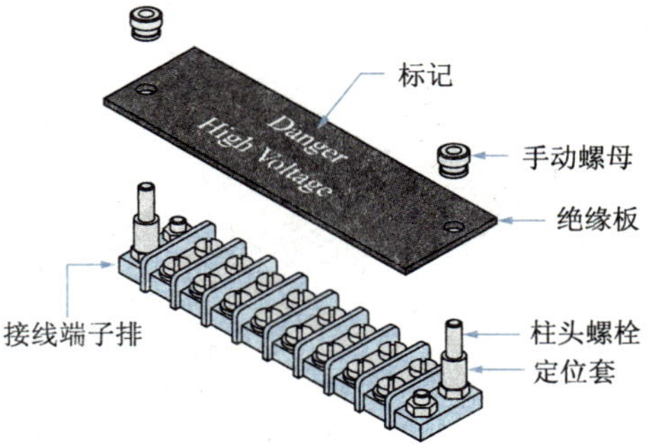
说　明	标准的接线端子排上的导体是裸露的，这在某些情况下可能出现电击的危险。为了防止出现这种危险，可以在端子排的上面安装一个塑料板。此时，用两个加长柱头螺栓来固定端子排，柱头螺栓上装有定位套，然后用两个手动螺母固定保护板

续表8.11

<table>
<tr><td>图 示</td><td>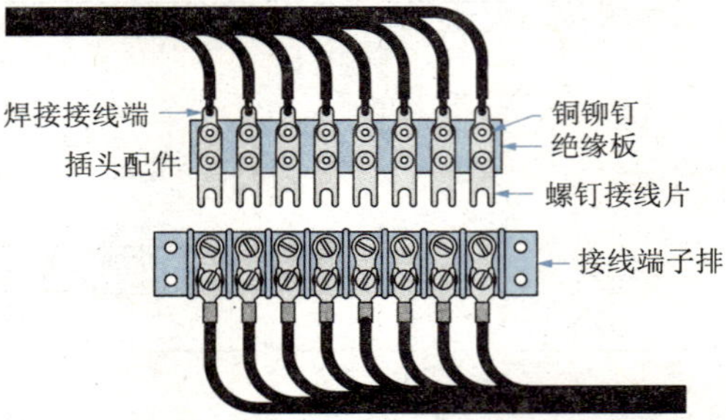
</td></tr>
<tr><td>说 明</td><td>将一排螺钉接线片固定在一个绝缘板上，就可以把接线端子排作为多针接口使用。将接线端子排上的螺钉松开，将插头配件插进端子排，拧紧接线端子排上的螺钉，一个高质量的连接就完成了</td></tr>
<tr><td>图 示</td><td>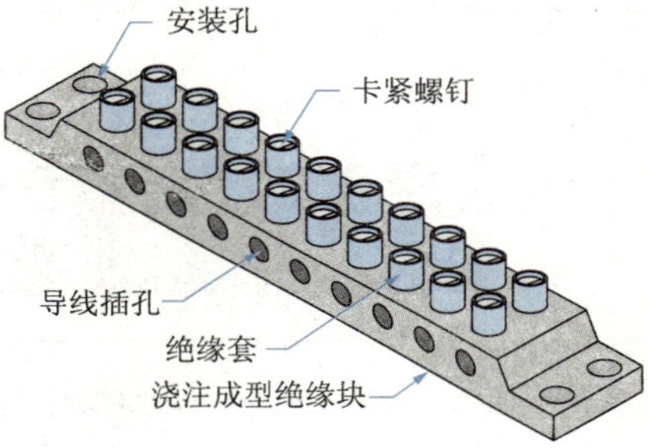
</td></tr>
<tr><td>说 明</td><td>从很多渠道都可以购买到完全绝缘的接线端子排。这些接线端子排通常被浇铸在一个绝缘块中，绝缘块上带有导线插座和卡紧螺钉。剥掉导线绝缘层，将其伸入插孔，拧紧螺钉后，一个高质量的连接就完成了</td></tr>
<tr><td>图 示</td><td>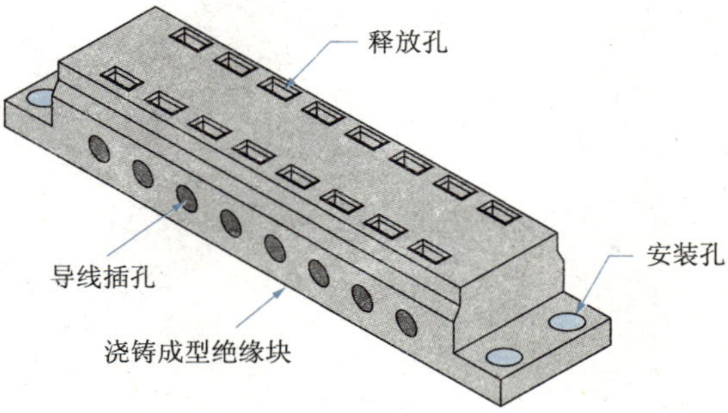
</td></tr>
<tr><td>说 明</td><td>为了实现快速接线，可以使用插入式接线端子排。使用这种端子排时，只需把导线绝缘层剥掉，然后插入插孔即可。松开导线时，用一个小螺丝刀插入插座释放孔，导线就可以成功拆下了</td></tr>
</table>

表8.12 塑料护套线配线

步 骤	相关要求	图 示
定位、画线	先确定线路的走向、家用电器的安装位置，然后用粉线袋画线，每隔150~300 mm画出固定铝线卡的位置	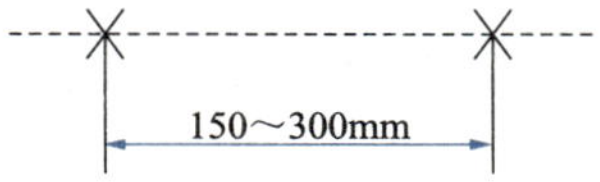
固定铝线卡	铝线卡的规格有0、1、2、3和4号等，号码越大，长度越长。按固定方式不同，铝线卡的形状有用小铁钉固定和用黏合剂固定两种	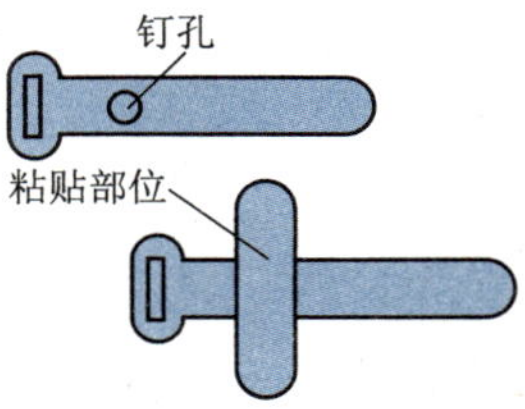
	在木结构上可用小铁钉固定铝线卡；在抹灰的墙上，每隔4~5个铝线卡处，以及进入木台和转角处需用木榫固定铝线卡，其余的可用小铁钉直接将铝线卡钉在灰浆墙上	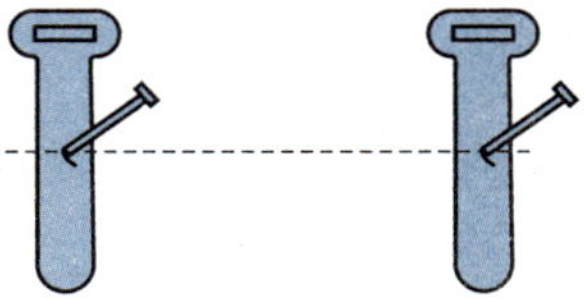
	在砖墙上或混凝土墙上可用木榫或环氧树脂黏合剂固定铝线卡	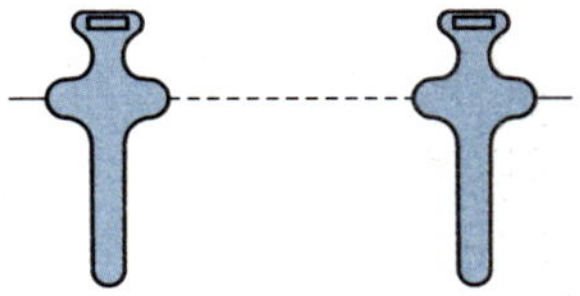
敷设护套线	为了使护套线敷设得平直，可在直线部分的两端临时安装两副瓷夹，敷线时先把护套线一端固定在一副瓷夹内并旋紧瓷夹，接着在另一端收紧护套线并勒直，然后固定在另一副瓷夹中，使整段护套线挺直，最后将护套线依次夹入铝线卡中	

续表8.12

步　骤	相关要求	图　示
敷设护套线	护套线转弯时，转弯圆度要大，其弯曲半径不应小于导线宽度的6倍，以免损伤导线，转弯前后应各用一个铝线卡夹住	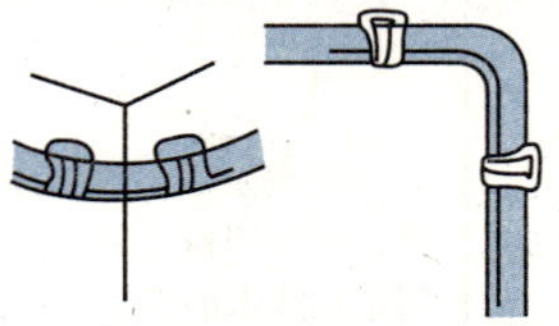
	护套线进入木台前应安装一个铝线卡	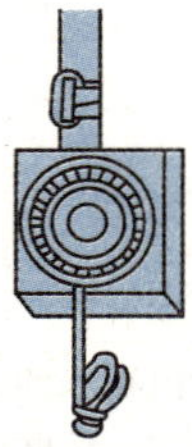
	两根护套线相互交叉时，交叉处要用4个铝线卡夹住	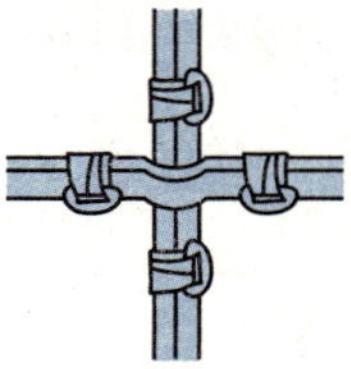
	如果是铅包线，必须把整个线路的铅包层连成一体，并进行可靠的接地	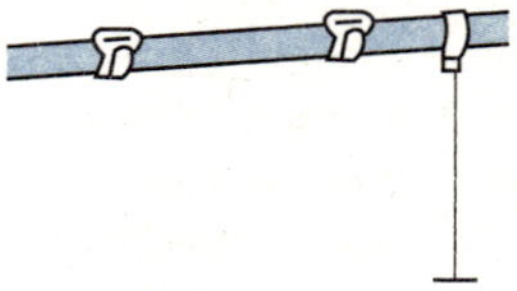
夹持铝片线卡	护套线均置于铝线卡的钉孔位置后，即可按右图所示方法将铝线卡收紧夹持护套线	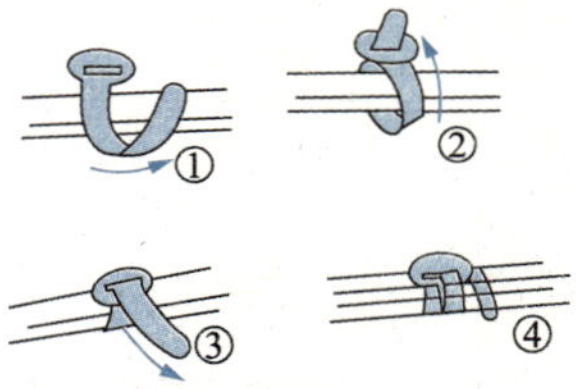

护套线敷设时的注意事项：

① 室内使用的塑料护套线，其截面规定：铜芯不得小于0.5mm^2，铝芯不得小于1.5 mm^2；室外使用的塑料护套线，其截面规定：铜芯不得小于1.0 mm^2，铝芯不得小于2.5 mm^2

② 护套线不可在线路上直接连接，其接头可通过瓷接头、接线盒或木台来连接。塑料护套线进入灯座盒、插座盒、开关盒及接线盒连接时，应将护套层引入盒内。明装的电器则应引入电器内

③ 不准将塑料护套线或其他导线直接埋设在水泥或石灰粉刷层内，也不准将塑料护套线在室外露天场所敷设

④ 护套线安装在空心楼板的圆柱孔内时，导线的护套层不得损伤，并做到便于更换导线

⑤ 护套线与自来水管、下水道管等不发热的管道及接地导线紧贴交叉时，应加强绝缘保护，在容易受机械损伤的部位应用钢管保护

⑥ 塑料护套线跨越建筑物的伸缩缝、沉降缝时，在跨越的一段导线两端应可靠地固定，并应做成弯曲状，以留有一定余量

⑦ 严禁将塑料护套线直接敷设在建筑物的顶棚内，以免发生火灾事故

⑧ 塑料护套线的弯曲半径不应小于其外径的3倍；弯曲处护套和线芯绝缘层应完整无损伤

⑨ 沿建筑物、构筑物表面明配的塑料护套线应符合以下要求：应平直，不应松弛、扭绞和曲折；应采用铝片卡或塑料线钉固定，固定点间距应均匀，其距离宜为150～200 mm，若为塑料线钉，此距离可增至250～300 mm

表8.13 钢管配线

步骤		相关要求	图示
选用钢管		选择钢管时要注意不能有折扁、裂纹、砂眼，管内应无毛刺、铁屑，管内外不应有严重锈蚀。根据导线截面和根数选择不同规格的钢管使管内导线的总截面（含绝缘层）不超过内径截面的40%	
加工钢管	除锈与涂漆	用圆形钢丝刷，两头各系一根铁丝穿过线管，来回拉动钢丝刷进行管内除锈；管外壁可用钢丝刷除锈；管子除锈后，可在内外表面涂以油漆或沥青漆，但埋设在混凝土中的电线管外表面不要涂漆，以免影响混凝土的结构强度	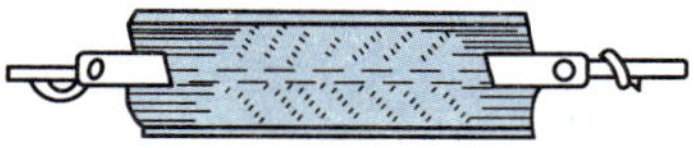 钢管内除锈 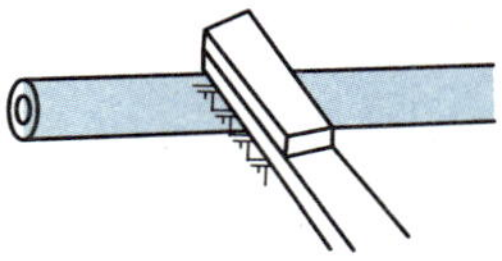 管外壁除锈
	锯割	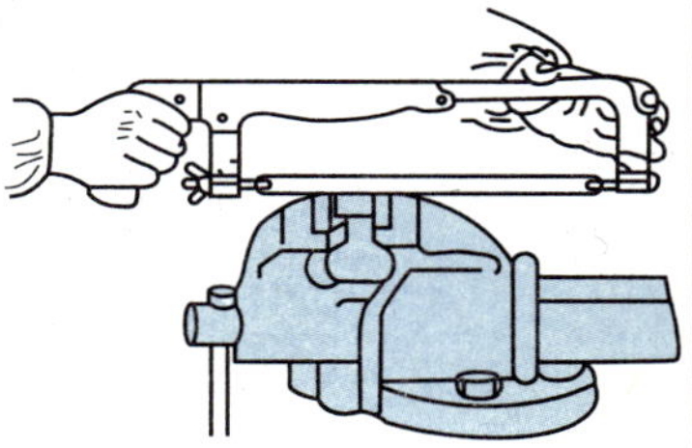	锯管前应先检查线管有否裂缝、瘪陷，管口有否锋口。然后以两个接线盒之间为一个线段，根据线路弯曲转角情况决定几根线管接成一个线段并确定弯曲部位，最后按需要长度锯管
	套丝	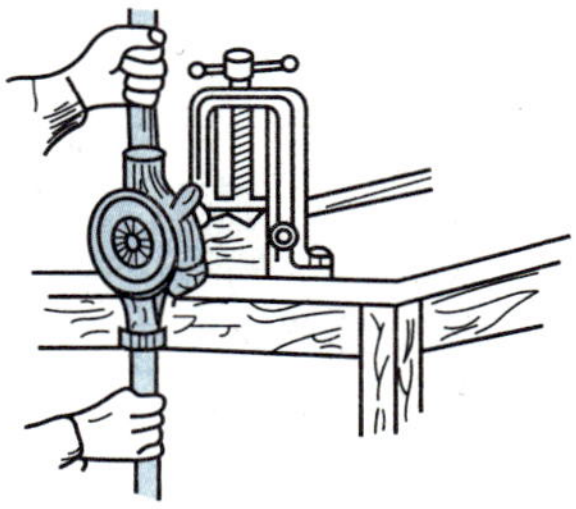	选好与管子配套的圆扳手，固定在铰手套扳架内，将管子固定后，平正地套上管端，边扳动手柄边平稳向前推进，即可套出所需丝扣
	弯管	弯管时应将钢管的焊缝置于弯曲方面的两侧，以避免焊缝出现皱叠、断裂和瘪陷等现象。如果钢管需要加热弯曲，则管中应灌入干燥无水分的沙子	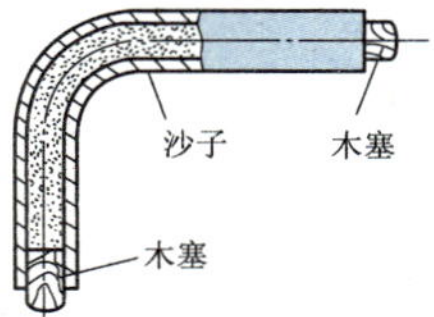 (a) 弯形前应灌沙子和加木塞  (b) 弯形工具和弯形方法

续表8.13

<table>
<tr><th colspan="2">步　骤</th><th>相关要求</th><th>图　示</th></tr>
<tr><td rowspan="2">管间连接与管盒连接</td><td>管间连接</td><td>为了保证管子接口严密，管子的丝扣部分应缠上麻丝，并在麻丝上涂一层白漆</td><td>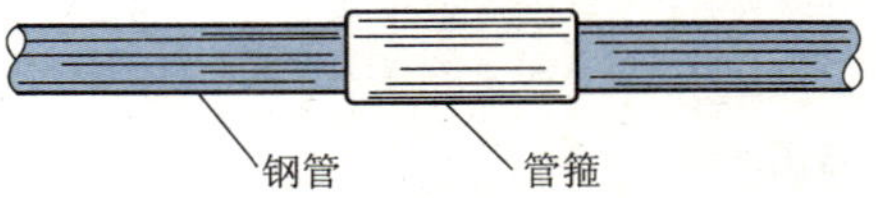
</td></tr>
<tr><td>管盒连接</td><td>先在管线上旋一个螺母（俗称根母），然后将管头穿入接线盒内，再旋上螺母，最后用两把扳手同时锁紧螺母</td><td>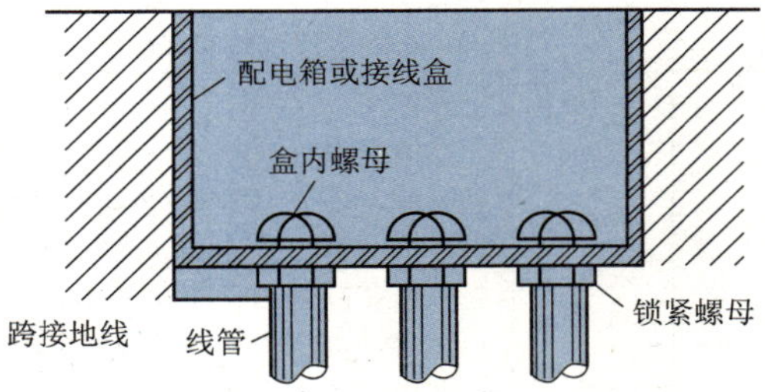
</td></tr>
<tr><td rowspan="2">明敷设钢管</td><td>敷设钢管</td><td>敷管应分段进行，选取已预制好的敷设段线管后立即装盒。每段线管只能在敷设向终端装上接线盒，不应两端同时装上接线盒。敷设的线管不能逐段整理和纠直，应进行整体调整，否则局部虽能达到横平竖直，但整体往往折线状曲折。纠正定型后，若采用钢管，应在线管每一连接点进行过渡跨接。在每段线管内穿入引线，并在每个管口塞木塞或纸塞；若有盒盖，还应装上盒盖</td><td>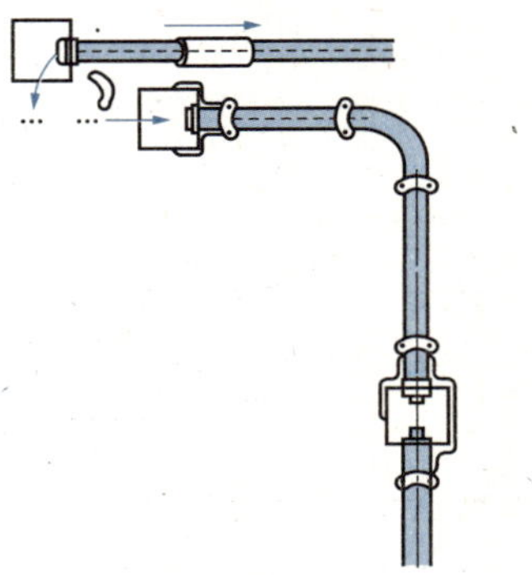</td></tr>
<tr><td>固定钢管</td><td>可用管卡将钢管直接固定在墙上［图（a）］；或用管卡将其固定在预埋的角钢支架上［图（b）］；还可用管卡槽和板管卡敷设钢管［图（c）］</td><td>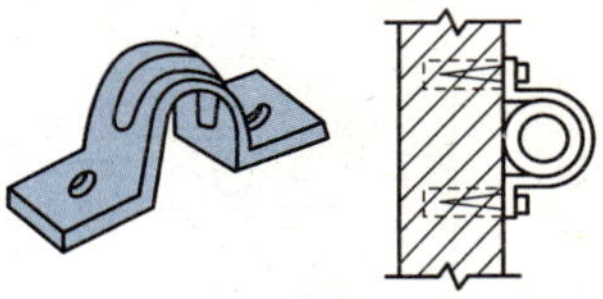
(a)
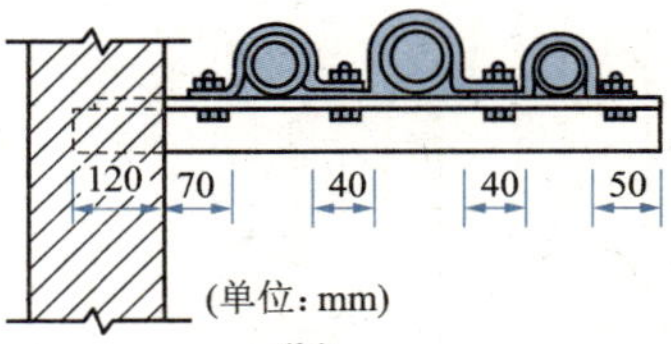

(b)

(c)</td></tr>
</table>

续表8.13

步骤		相关要求	图示
明敷设钢管	装设补偿盒	在建筑物伸缩缝处，安装一段略有弧度的软管，以便基础下沉时，借助软管弧度和弹性而伸缩	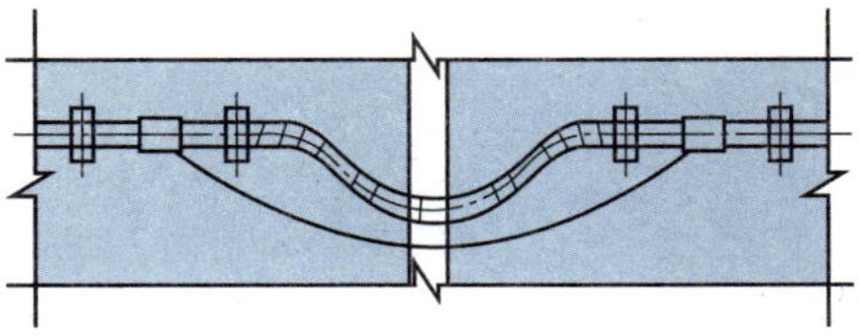
暗敷设钢管	在现浇混凝土楼板内敷设钢管	敷设钢管应在浇灌混凝土以前进行。通常，先用石（砖）块在楼板上将钢管垫高15mm以上，使钢管与混凝土模板保持一定距离，然后用铁丝将钢管固定在钢筋上，或用钉子将其固定在模板上	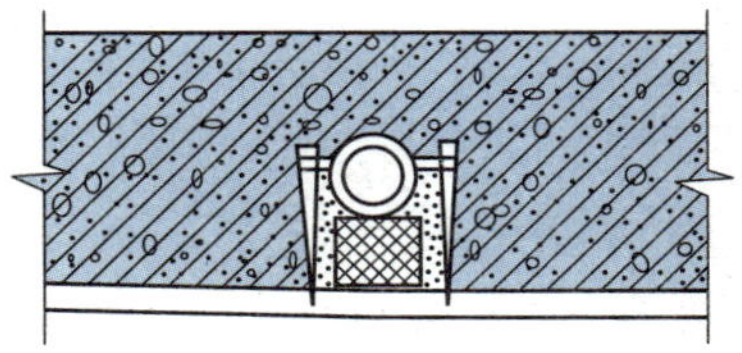
	钢管接地	敷设的钢管必须可靠接地，一般在钢管与钢管、钢管与配电箱及接线盒等连接处用直径ϕ6mm~ϕ10mm的圆钢或多股导线制成的跨接线连接。并在干线始末两端和分支线管上分别与接地体可靠连接	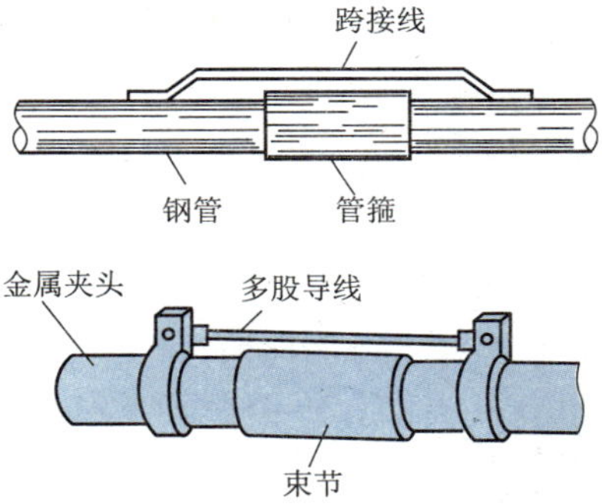
	装设补偿盒	在建筑物伸缩缝处装设补偿盒，在补偿盒的一侧开一长孔将线管穿入，无需固定，而另一侧应用六角管子螺母将伸入的线管与补偿盒固定	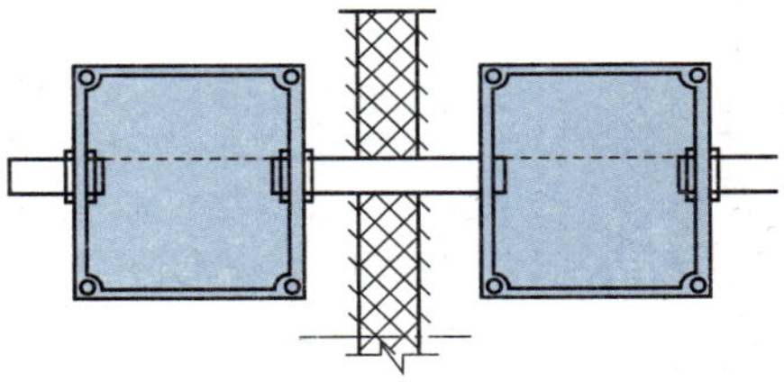

表8.14 硬塑料管配线

步骤	相关要求	图示
选择硬塑料管	敷设电气线路的硬塑料管应选用热塑料管。对管壁厚度的要求是：明敷时不小于2mm，暗敷时不小于3mm	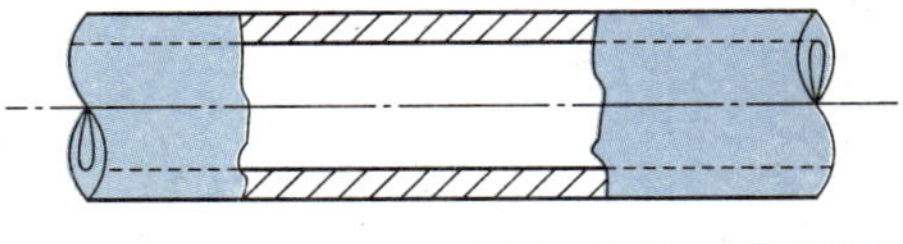

续表8.14

步骤		相关要求	图示
连接硬塑料管	烘热直接插接	此连接方法适用于直径 ϕ 50mm以下的硬塑料管。连接前先将两根管子的管口分别内、外倒角［图（a）］，并用汽油或酒精把管子插接段擦净，然后将外接管插接段放在电炉或喷灯上加热至145℃左右，呈柔软状态后，将内接管插入部分涂一层黏合剂（过氯乙烯胶）后迅速插入外接管，立即用湿布冷却，使管子恢复原来的硬度［图（b）］	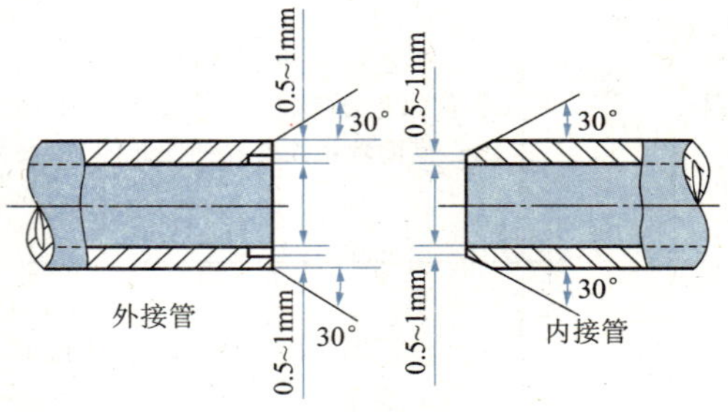 (a)塑料管口倒角 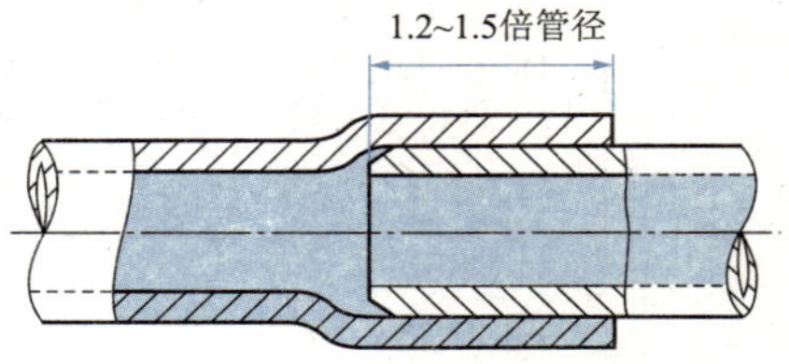 (b)烘热直接插接
	用模具胀管插接硬塑料管	此连接方法适用于直径 ϕ 65mm及以上的硬塑料管。按烘热直接插接法要求将外接管加热至145℃呈柔软状态时，插入已加热的金属成型模具进行扩口，然后用水冷却至50℃左右，取下模具，再用水冷却外接管使其恢复原来的硬度。在外接管和内接管两端涂过氯乙烯胶后，把内接管插入外接管并加热插接段，最后用水冷却即可。如果条件具备，再用聚氯乙烯焊条在接合处焊2～3圈，以确保密封良好	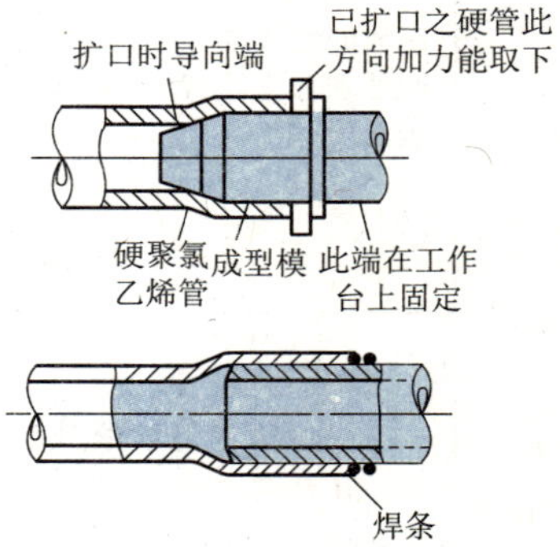
	用套管套接	连接前将同径硬塑料管加热扩大成套管，然后把需连接的两管插接段内、外倒角，用汽油或酒精擦净涂上黏合胶，迅速插入热套管中	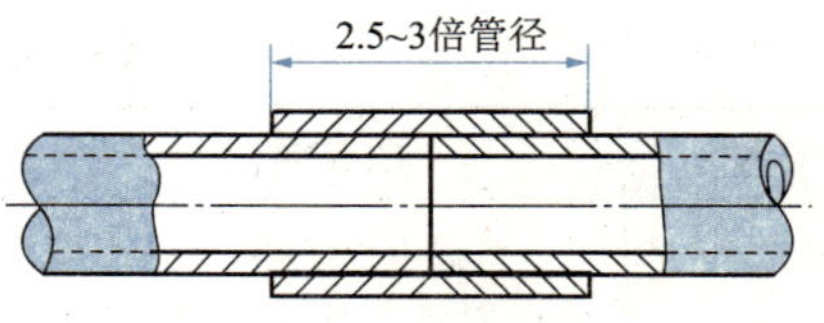

续表8.14

步骤		相关要求	图示
弯曲硬塑料管	直接加热弯曲硬塑料管	此法适用于直径 ϕ 20mm及以下的塑料管。加热时，将待弯曲部分在热源上匀速转动，使其受热均匀，待管子软化，趁热在木模上弯曲	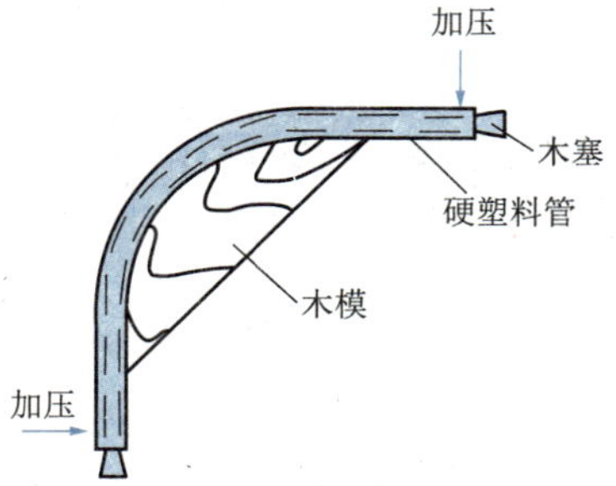
	灌沙弯曲硬塑料管	此法适用于直径 ϕ 25mm及以上的塑料管。沙子应灌实，否则，管子易弯瘪，且沙子应是干燥无水分的沙子。灌沙后，管子的两端应使用木塞封堵	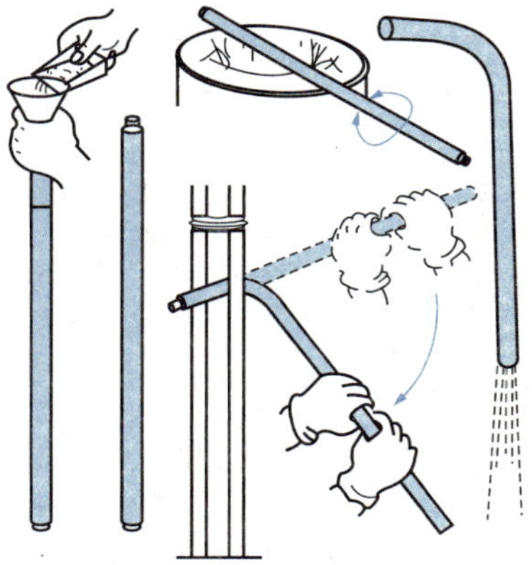
敷设硬塑料管		① 管径为20mm及以下时，管卡间距为1.0m；管径为25~40mm时，管卡间距为1.2~1.5m；管径为50mm及以上时，管卡间距为2.0m。硬塑料管也可在角铁支架上架空敷设，支架间距不得超过上述标准 ② 塑料管穿过楼板时，距楼面0.5m的一段应穿钢管保护 ③ 塑料管与热力管平行敷设时，两管之间的距离不得小于0.5m ④ 塑料管的热膨胀系数比钢管大5~7倍，敷设时应考虑热胀冷缩问题。一般在管路直线部分每隔30m应加装一个补偿装置［图（a）］ ⑤ 与塑料管配套的接线盒、灯头盒不得使用金属制品，只可使用塑料制品。同时，塑料管与接线盒、灯头盒之间的固定一般也不得使用锁紧螺母和管螺母，而应使用胀扎管头绑扎［图（b）］	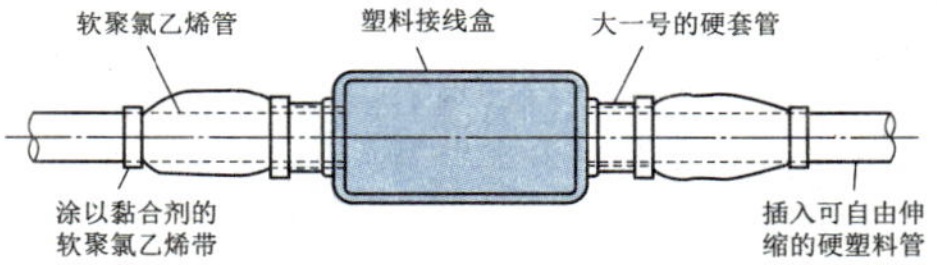 (a) 硬塑料管伸缩补偿装置 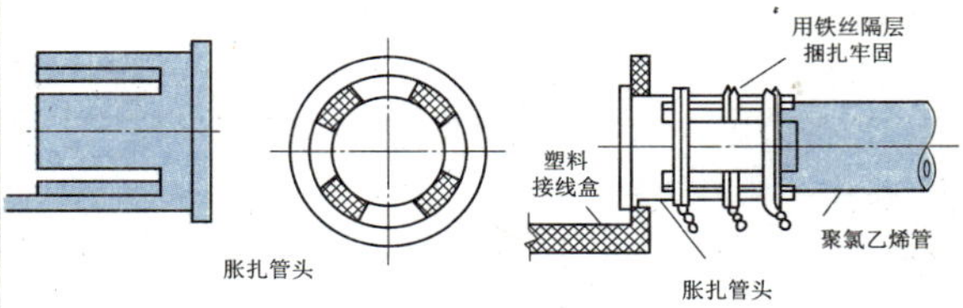 (b) 硬塑料管与接线盒用胀扎管头固定

续表8.14

步骤		相关要求	图示
管内穿线	除灰	将压力为0.25MPa的压缩空气吹入电线管，或在钢丝上绑以擦布在电线管内来回拉数次，以便除去线管内的灰土和水分，最后向管内吹入滑石粉	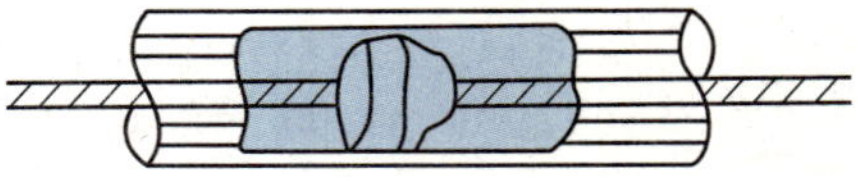
	穿入铁丝引线	将管口毛刺锉去，选用直径ϕ1.2mm的钢丝做引线，当线管较短且弯头较少时，可把钢丝由管子一端送向另一端；如线管较长可在线管两端同时穿入钢丝引线，引线应弯成小钩，当钢丝引线在管中相遇时，用手转动引线，使其钩在一起，用一根引线钩出另一根引线	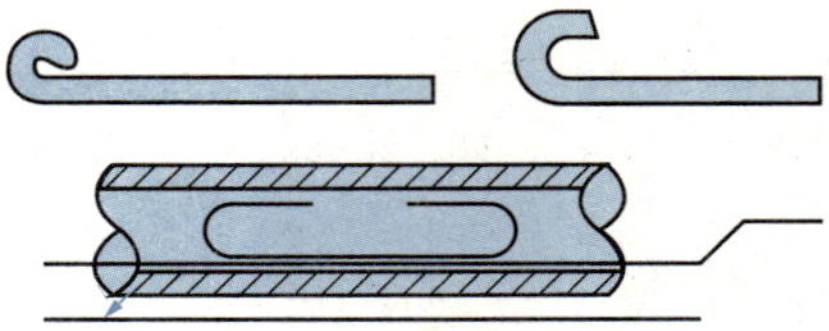 线管穿铁丝引线
	扎接线头	勒直导线并剖去两端导线绝缘层，在线头两端标上同一根的记号，然后将各导线绑在引线弯钩上并用胶布缠好	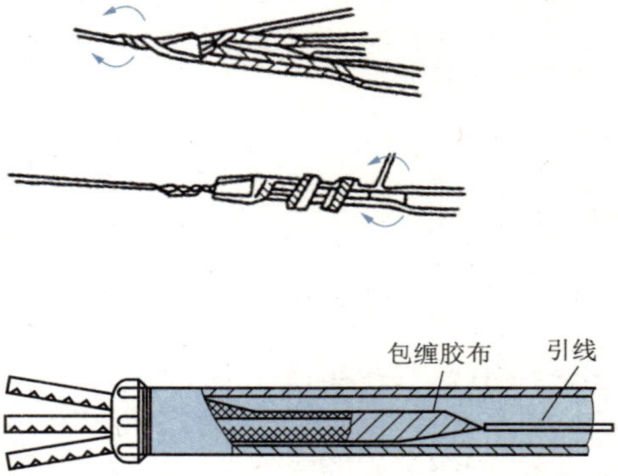
	拉线	导线穿入线管前先套上护圈，并撒些滑石粉，然后一个人将导线理成平行束并往线管内送，另一人在另一端慢慢拉出引线	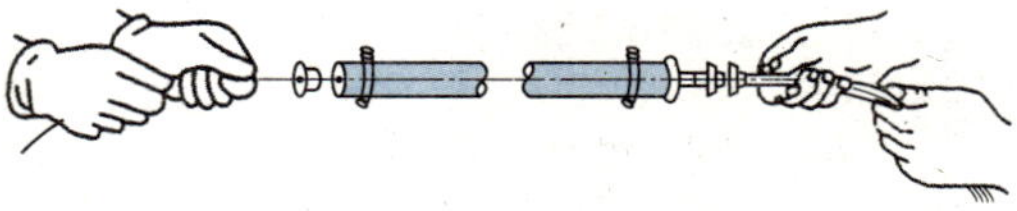

表8.15 线槽配线

步骤	相关要求	图示
定位画线	根据电路施工图的要求，先在建筑物上确定并标明照明器具、插座、控制电器、配电板等电气设备的位置，并按图纸上电路的走向划出槽板敷设线路。按规定划出钉铁钉的位置，特别要注意标明导线穿墙、穿楼板、起点、分支、终点等位置及槽板底板的固定点。槽板底板固定点间的直线距离不大于500mm，起始、终端、转角、分支等处固定点间的距离不大于50mm	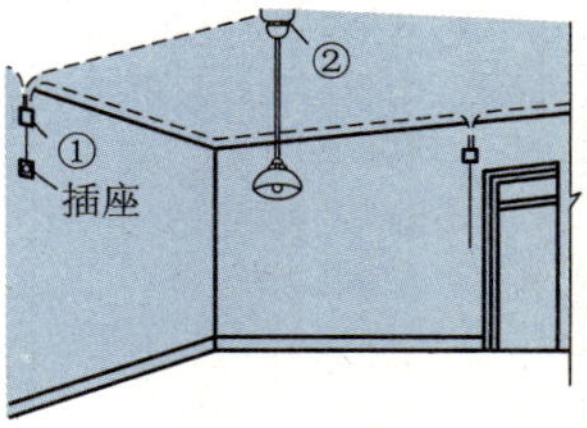

续表8.15

<table>
<tr><th colspan="2">步　骤</th><th>相关要求</th><th>图　示</th></tr>
<tr><td colspan="2">凿孔与预埋</td><td>用电锤或手电钻在墙上已划出的钉铁钉处钻出直径为10mm的小孔，深度应大于木塞的长度。把已削好的木塞头部塞入墙孔中，轻敲尾部，使木塞与墙孔垂直、松紧合适后，再用力将木塞敲入孔中，注意不要将木塞敲烂</td><td></td></tr>
<tr><td rowspan="4">安装槽板</td><td>对接</td><td>将要对接的两块槽板的底板或盖板锯成45°断口，交错紧密对接，底板的线槽必须对正，但注意盖板和底板的接口不能重合，应互相错开20mm以上</td><td>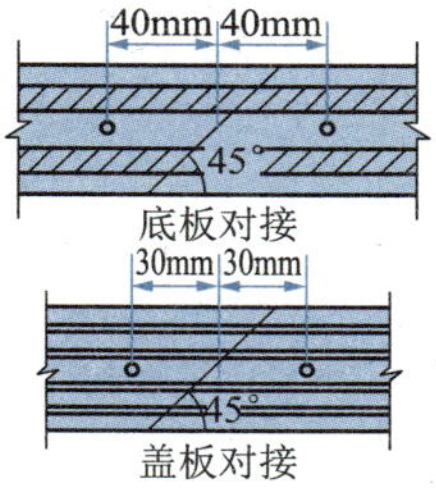
</td></tr>
<tr><td>转角拼接</td><td>把两块槽板的底板和盖板端头锯成45°断口，并把转角处线槽之间的棱削成弧形，以免割伤导线绝缘层</td><td>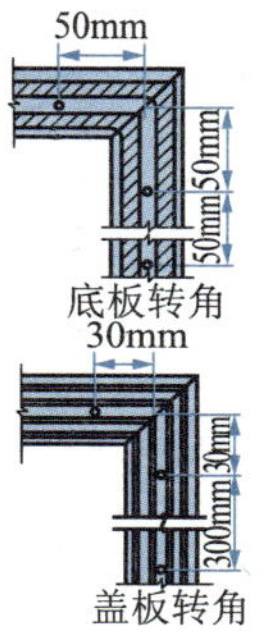
</td></tr>
<tr><td>T形拼接</td><td>在支路槽板的端头，两侧各锯掉腰长等于槽板宽度二分之一的等腰直角三角形，留下夹角为90°的接头。干线槽板则在宽度的二分之一处，锯一个与支路槽板尖头配合的90°凹角，拼接时，在拼接点上把干线底板正对支路线槽的棱锯掉、铲平，以便分支导线在槽内顺利通过</td><td>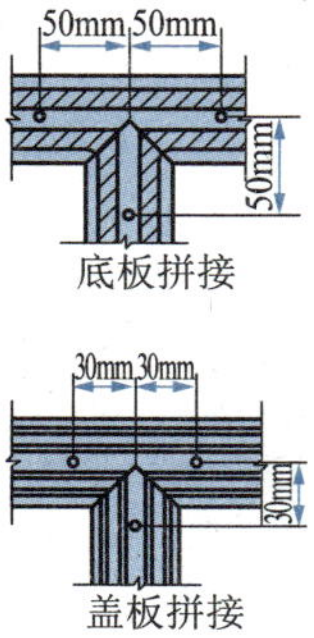
</td></tr>
<tr><td>十字拼接</td><td>用于水平（或竖直）干线上有上下（或左右）分支线的情况，它相当于上下（或左右）两个T形拼接，工艺要求与T形拼接相同</td><td>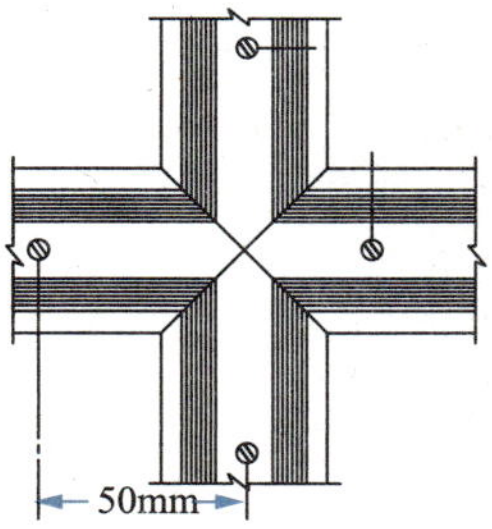
</td></tr>
</table>

续表8.15

步 骤	相关要求	图 示
敷设导线	敷设导线时，应注意三个问题：①一条槽板内只能敷设同一回路的导线；②槽板内的导线，不能受到挤压，不应有接头，如果必须有接头和分支，应在接头或分支处装设接线盒［图（a）］；③导线伸出槽板与灯具、插座、开关等电器连接时，应留出100mm左右的裕量，并在这些电器的安装位置加垫木台，木台应按槽板的宽度和厚度锯成豁口，卡在槽板上［图（b）］。如果线头位于开关板、配电箱内，则应根据实际需要的长度留出裕量，并在线端做好记号，以便接线时识别	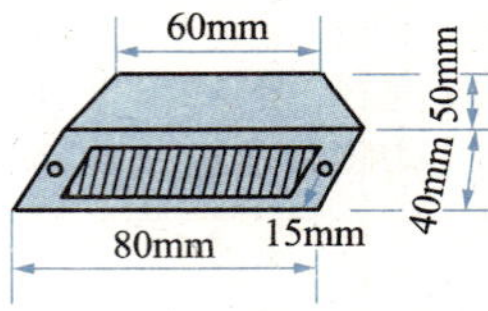 (a) 接线盒 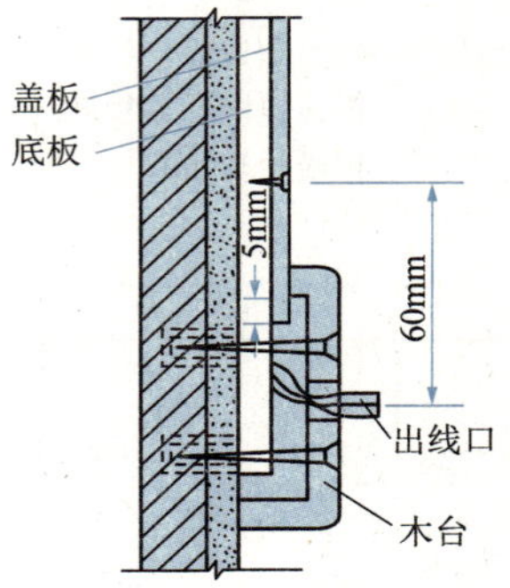 (b) 槽板伸入木台做法
固定盖板	固定盖板与敷线应同时进行，边敷线边将盖板固定在底板上。固定时多用钉子将盖板钉在底板的中棱上。钉子要垂直进入，否则会伤及导线。钉子与钉子之间的距离，直线部分不应大于300mm；离起点、分支、接头和终端等的距离不应大于30mm。盖板做到终端，若没有电器和木台，应进行封端处理，先将底板端头锯成一斜面，再将盖板封端处锯成斜口，然后将盖板按底板斜面坡度折覆固定	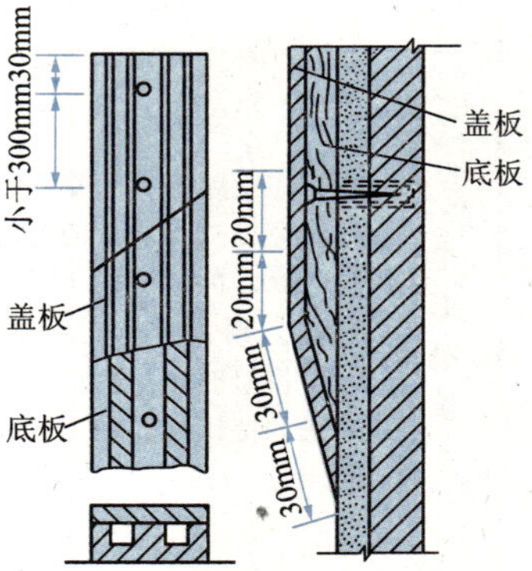 盖板的固定 槽板封端做法

第9章

照　明

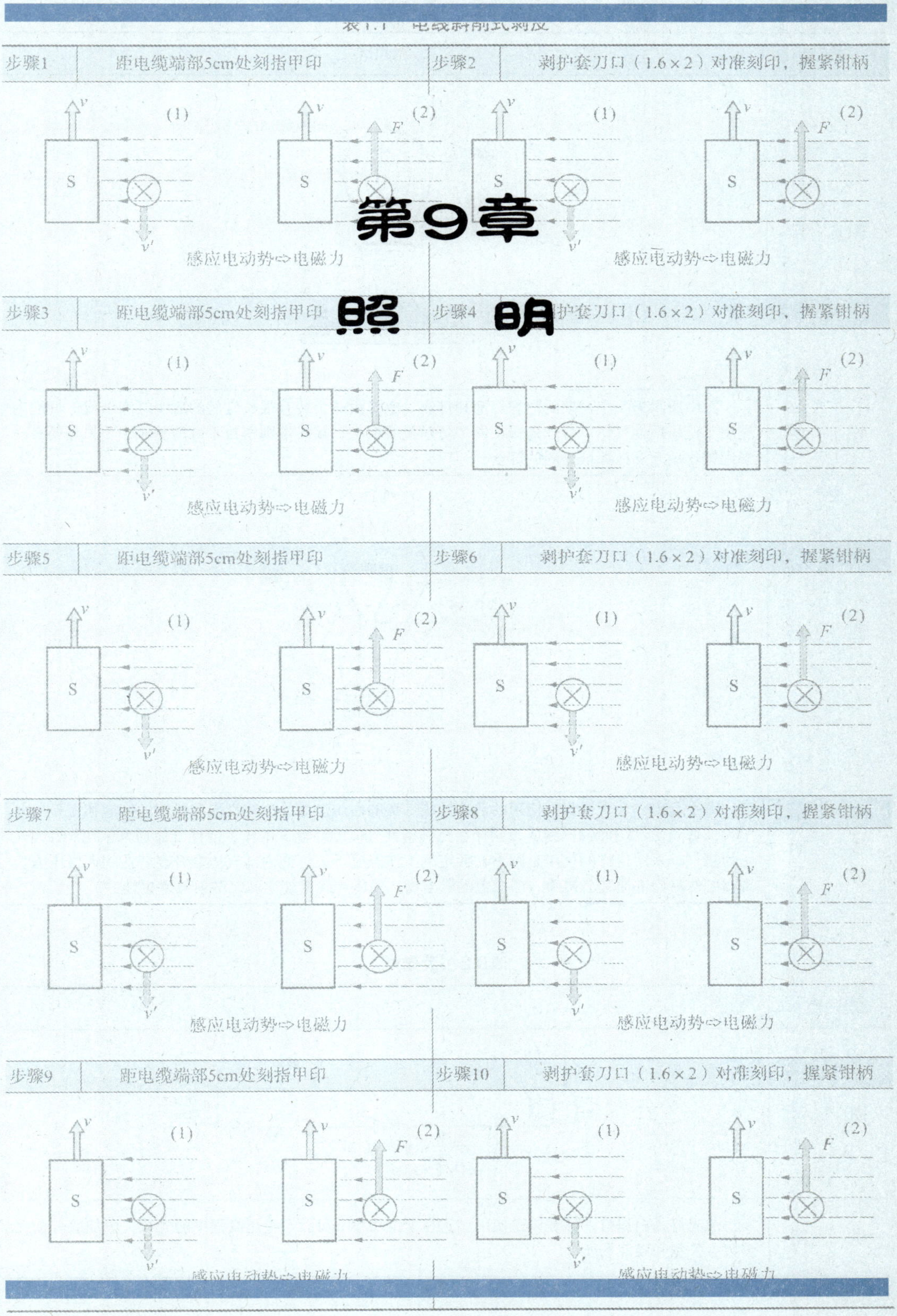
步骤1
距电缆端部5cm处刻指甲印
步骤2
剥护套刀口（1.6×2）对准刻印，握紧钳柄
感应电动势⇨电磁力
步骤3
距电缆端部5cm处刻指甲印
步骤4
剥护套刀口（1.6×2）对准刻印，握紧钳柄
感应电动势⇨电磁力
步骤5
距电缆端部5cm处刻指甲印
步骤6
剥护套刀口（1.6×2）对准刻印，握紧钳柄
感应电动势⇨电磁力
步骤7
距电缆端部5cm处刻指甲印
步骤8
剥护套刀口（1.6×2）对准刻印，握紧钳柄
感应电动势⇨电磁力
步骤9
距电缆端部5cm处刻指甲印
步骤10
剥护套刀口（1.6×2）对准刻印，握紧钳柄

表9.1 白炽灯

知识点	白炽灯
图　　示	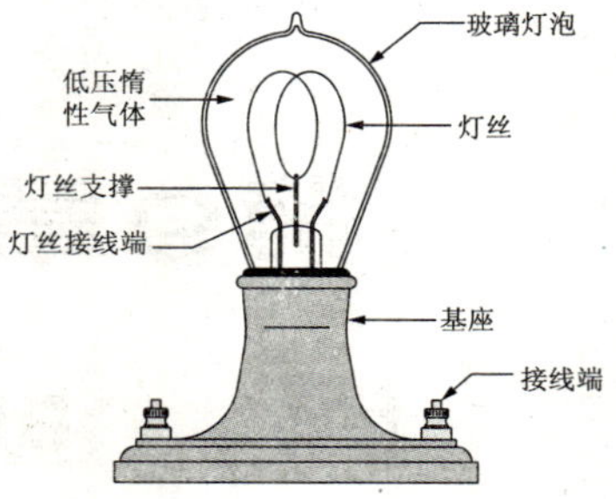
说　　明	图中所示为一个早期的白炽灯泡和灯座。电灯由一个装有很长灯丝的透明灯泡组成。灯泡内充满了低压惰性气体。灯丝连接在两个灯丝接线端上，接线端则密封于灯泡基座中。另外还有一根细铁丝用来支撑那根脆弱的灯丝
图　　示	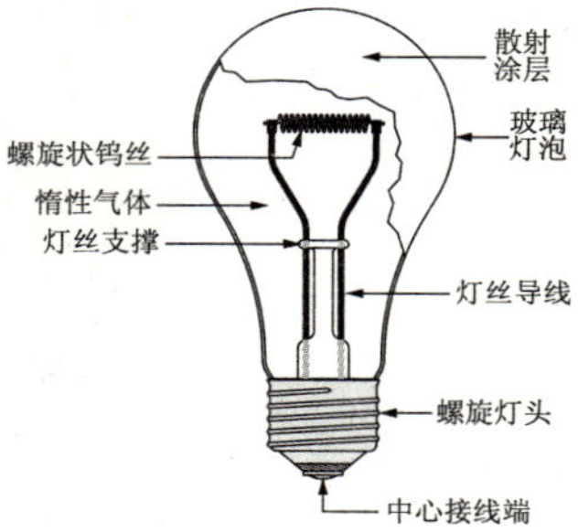
说　　明	图中示出一个现今我们使用的装有螺旋灯头的白炽灯泡。这些灯泡和早期的灯泡相比差异并不大。灯丝由盘绕的钨丝制成，同样在充满惰性气体的环境下工作。惰性气体通常采用80%大气压的氩气。采用这样的气压是因为在额定的工作温度下，灯泡内部气压会升高并达到大气压力。现在的灯泡内部通常会覆盖一层白色的散射物，使得光线更加柔和，散射效果更佳

表9.2 荧光灯

知识点1	荧光灯
图　　示	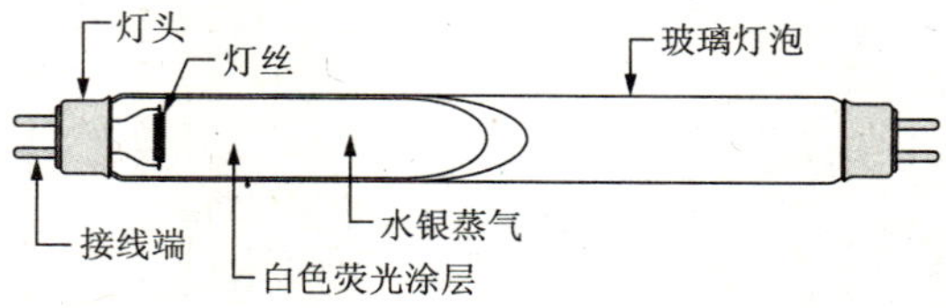
说　　明	荧光灯与白炽灯一样被广泛使用。它在单位功率下可以产生更高强度的光线，更加适合于大多数办公室和商业场所

续表9.2

<table>
<tr><td>图　示</td><td>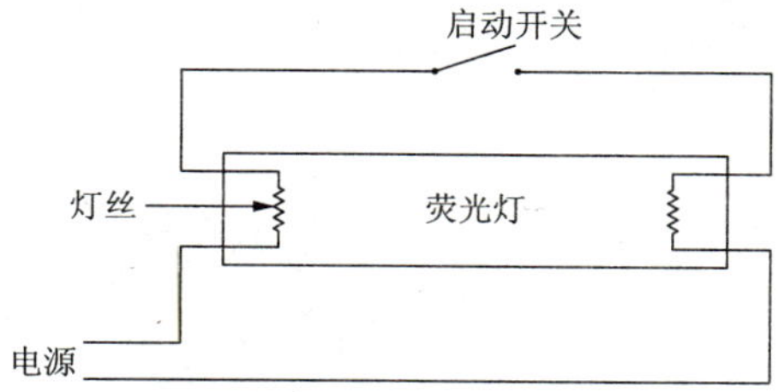
</td></tr>
<tr><td>说　明</td><td>这种灯泡的灯管很长，在每端都有一组灯丝，灯管中充满氩气或汞蒸气。灯管内部的表面上附有一层白色的荧光材料。灯管开始工作时，电流经过灯丝产生很强的电子束和热量。在灯管温度升高以后，电压击穿灯管的两极，灯管内部的气体分子受到激发产生紫外线。紫外线再次激发管壁上的荧光物质就产生了可见光
图中所示为一个简单的荧光灯管启动电路。按下启动开关使得灯丝发热，待灯管加热后，开关松开改变电源导通方向，灯丝上的电压将击穿灯管内的气体，并最终使得气体发光。要关闭荧光灯只需断开电源</td></tr>
<tr><td>知识点2</td><td>启辉器</td></tr>
<tr><td>图　示</td><td>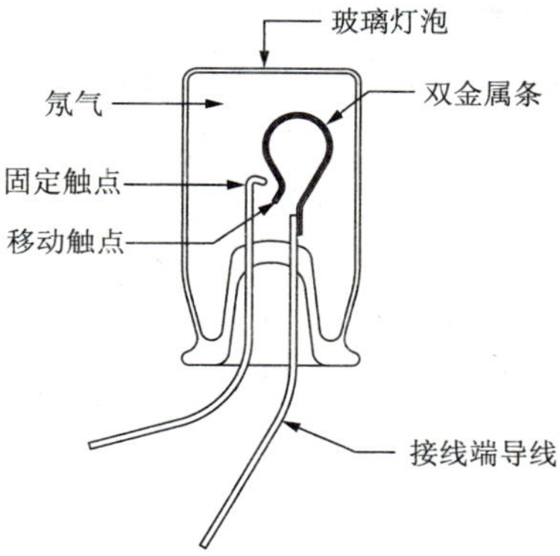
</td></tr>
<tr><td>说　明</td><td>如果需要自动启动一个荧光灯管，通常可以使用一个启辉器，如图所示。启辉器是一个内部充满氖气的管子，管子内部有两个触头，其中一个是固定的，另外一个触头是由一种双金属材料合成的金属丝</td></tr>
<tr><td>图　示</td><td>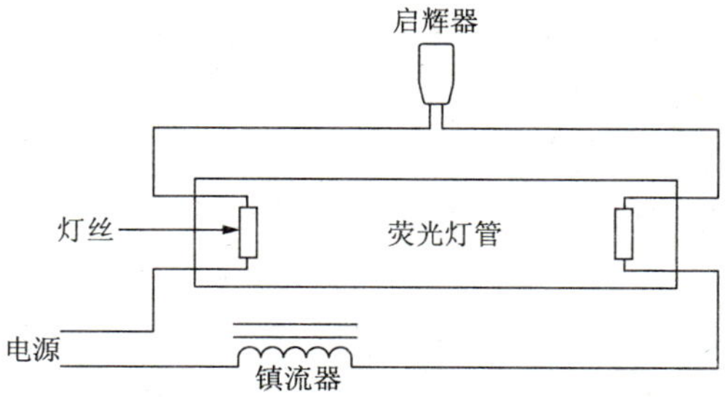
</td></tr>
<tr><td>说　明</td><td>图中所示为有启辉器的荧光灯启动电路。当电源接通时，启辉器产生电弧使得双金属材料受热。随复合金属丝温度升高，金属丝产生变形，并最终与固定金属丝接触，为灯丝提供了导电回路。金属丝接触后，电弧消失，复合金属丝冷却后与固定金属丝断开连接，灯丝之间的电源道路断开，灯管发光。灯管电路将吸收大多数的电源电流，足以阻止启辉器再次发光。这种启辉器电路最重要的优点之一，就是如果出现瞬时的电源断电灯管还可以自动启动</td></tr>
</table>

续表9.2

知识点3	镇流器
图 示	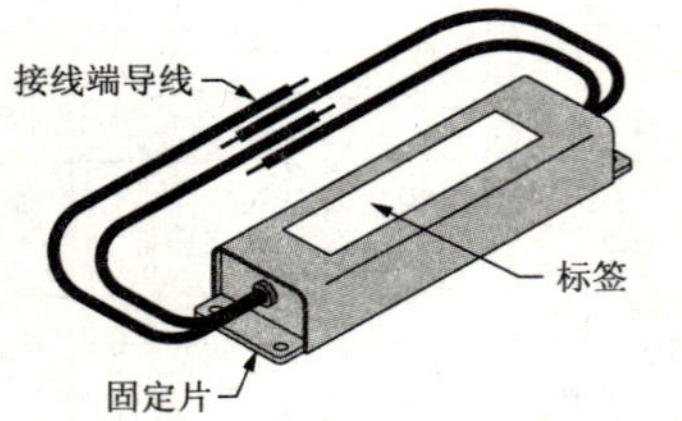
说 明	因为荧光灯管工作时的电阻很小，所以有必要在电路中加入一个镇流器，如图所示。镇流器的一个主要作用是在启动器触点打开时提供一个瞬时高压，同时又可以限制电灯工作电流

表9.3 霓虹灯

知识点	霓虹灯
图 示	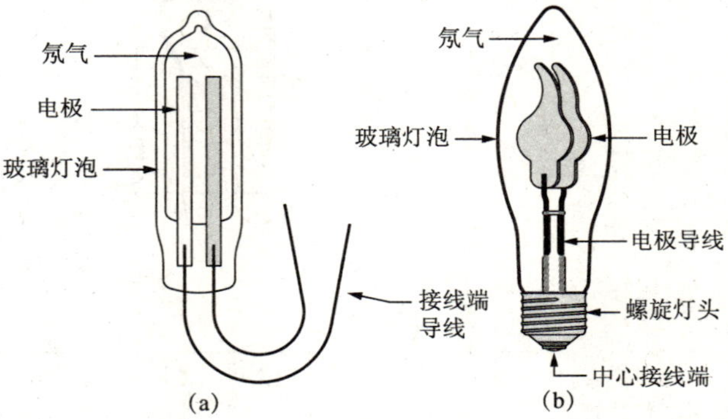 (a) (b)
说 明	图（a）所示为最常见的霓虹灯。这种灯常被用作夜间照明灯和指示灯。霓虹灯的组成结构包括一个内部充有氖气的小玻璃管和管内的两个电极。当电源施加在电极上时，霓虹灯会发出柔和的橙色光 图（b）所示是一个带螺纹灯头的霓虹灯，内部有成形电极。电极可以做成适合灯泡的各种形状。当电灯开启时，灯泡内看起来就像有一团火焰一样
图 示	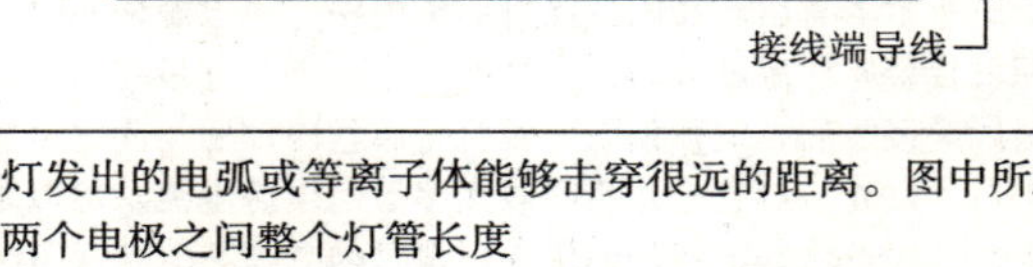
说 明	适当结构的霓虹灯发出的电弧或等离子体能够击穿很远的距离。图中所示为一个直线状的霓虹灯，电弧可以穿过两个电极之间整个灯管长度

续表9.3

图　　示	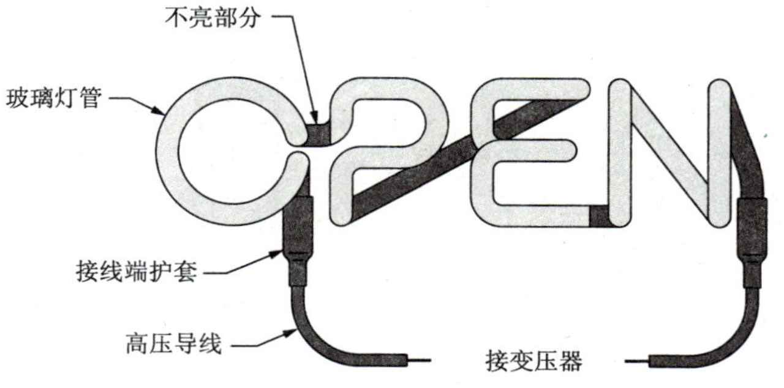
说　　明	等离子体的另一个特性是它可以穿过弧形和弯曲的灯管。图中所示的“OPEN”标志，实际上是用一个霓虹灯管弯曲成的单词形状。字母之间的连接部分涂黑，当灯管接通电源时，字母部分就会发出明亮的光
图　　示	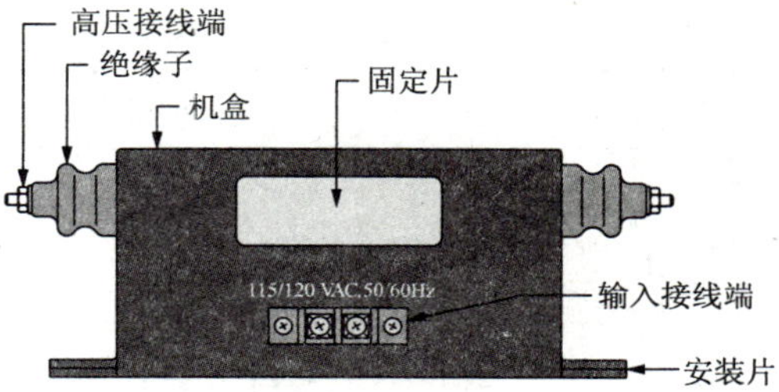
说　　明	由于霓虹灯中电极的间距较远，所以在启动时需要高电压。图中所示是一个有限流功能的变压器，这种变压器通常用于霓虹灯的启动。它的输出电压通常为20 000~45 000V。当高压加在灯管两端的电极上时，电弧会从一个电极流到另外一个电极上，这样灯管中的气体就会被电离并开始发光。当气体处于电离状态时其电阻变得很小，变压器的输出电压会降低到正常工作电压，一般为400V左右
图　　示	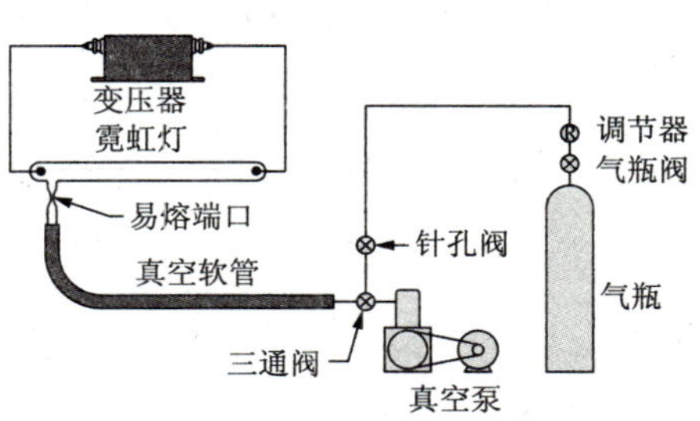
说　　明	广告中使用的霓虹灯要制成特定的字母、单词或图案，并在两端安装电极，其中一个电极有一个易熔的端口。在制作时，将易熔端连接到真空泵上，将气体抽出灯管，并接通施加在两极上的电压。灯管内的真空度由一个阀门控制，然后将氖气慢慢注入灯管。当氖气足够多时，灯管就会发光。继续注入氖气就可以调节灯的亮度。当气体量调节好后，易熔端口便被熔化密封住，一个霓虹灯管就做好了

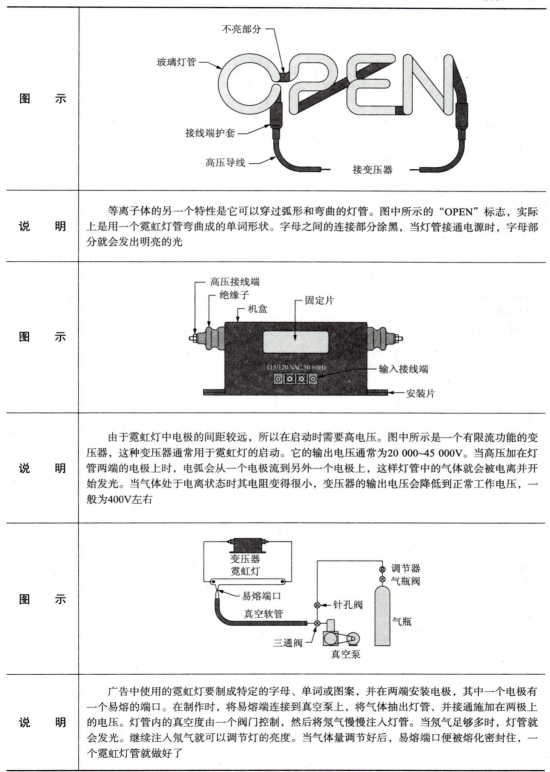

表9.4 卤素灯

知识点	卤素灯
图 示	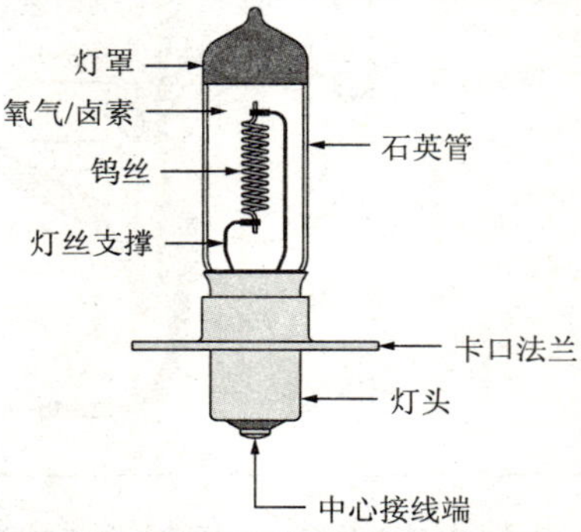
说 明	卤素灯是一种改进的白炽灯泡。卤元素在工作过程中连续不断地从灯丝上蒸发，再沉积，在灯丝的设计寿命里可以产生明亮的灯光。灯丝最高的工作温度大约为3400℃（5500℉）

表9.5 水银灯

知识点1	商用水银灯
图 示	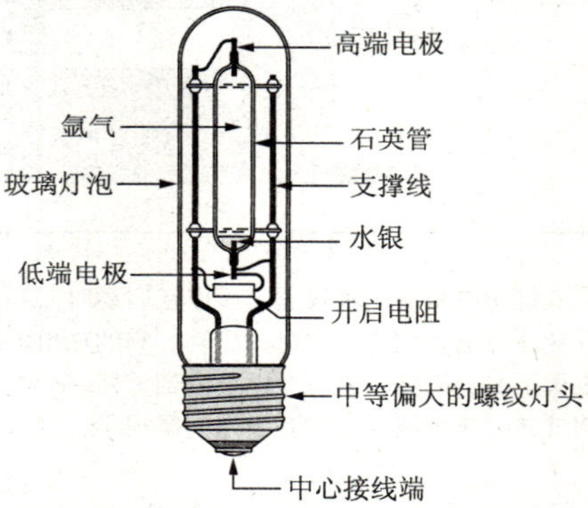
说 明	水银灯是户外照明和工业照明的理想设备，而且也是工厂、路面、露天体育场、停车场等的标准照明设施
知识点2	**限流升压变压器**
图 示	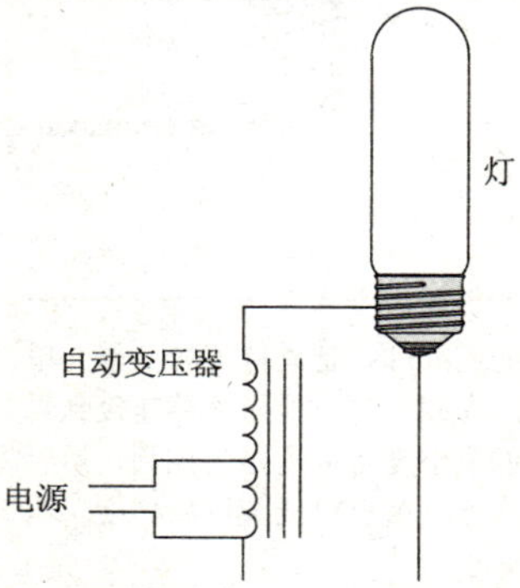

续表9.5

说　明	许多现代的水银灯都需要利用一个限流升压变压器来工作，如图所示。在开启过程中变压器为灯管提供产生等离子体所需的高电压。在等离子体产生后，灯管内的低电阻使得变压器的电压被拉低到工作电压

表9.6　高压钠蒸气灯

知识点	高压钠蒸气灯
图　示	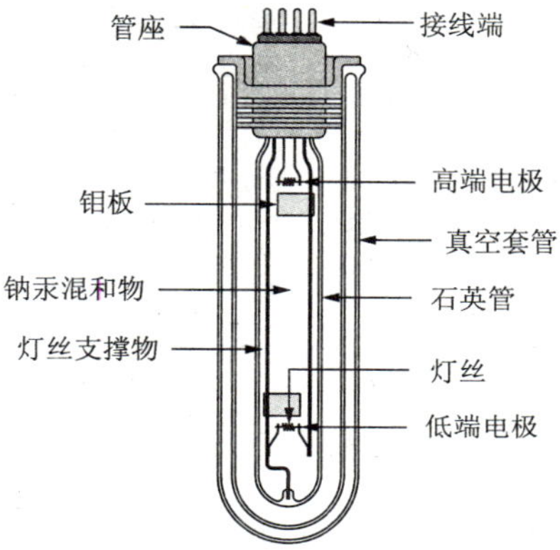
说　明	钠蒸气灯已成为高速公路照明设施的一种最佳选择。在高速公路上，我们看见的那些发出金黄色灯光的就是钠蒸气灯。这种灯的光谱更加适合人的眼睛，光线柔和而且不那么刺眼 图中所示是一种典型的高压钠蒸气灯。灯泡真空外罩的中间固定着一个石英管，真空灯罩是为了隔离灯管工作时产生的高温。石英管包含着少量的钠和氖气。石英管内有两根灯丝连接在灯管两端。其开启方式与荧光灯相似。加热两根灯丝，产生电弧和高温。高温使得钠变成蒸气，在一个预定的启动周期后，灯丝中的电流断开，并在两个灯丝上加载高压，这样等离子体产生。钼金属片衬在灯丝后，带走灯丝在工作时产生的大量热量，以起到保护灯丝的作用。钠蒸气灯从启动到达到额定工作温度需要大约30min，所以使用钠蒸气灯的场所必须能够提供这样一段预热时间。另外一个需要注意的问题是，钠蒸气灯的内部压力非常高，石英管内的气压可以达到大气压的许多倍

表9.7　标准灯头

知识点1	标准螺口灯头
图　示	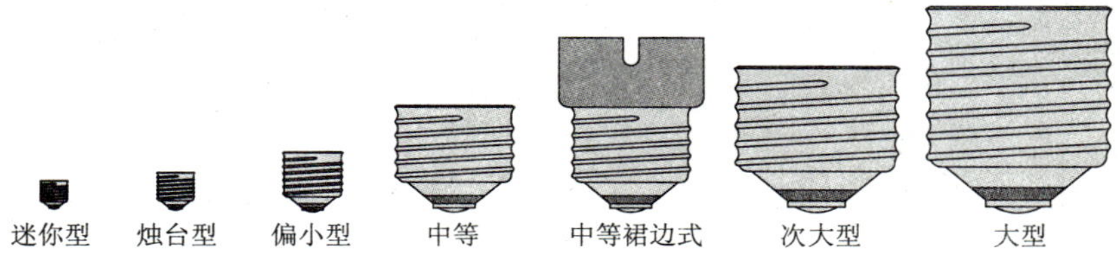

续表9.7

<table>
<tr><td>说　　明</td><td>图中所示为常用白炽灯的标准螺口灯头。中号灯头是最常用的一种灯头，灯泡功率为25~150W；小型和烛台型灯头多用在装饰灯饰上；迷你型灯头可以用在闪光灯、指示灯及搭建积木中。中等裙边式灯头一般用在户外照明设施中，如泛光照明；次大型灯头多用在功率较高的灯和水银灯上；大号灯头用于工业和大功率设备上</td></tr>
<tr><td>知识点2</td><td>卡口灯头</td></tr>
<tr><td>图　　示</td><td>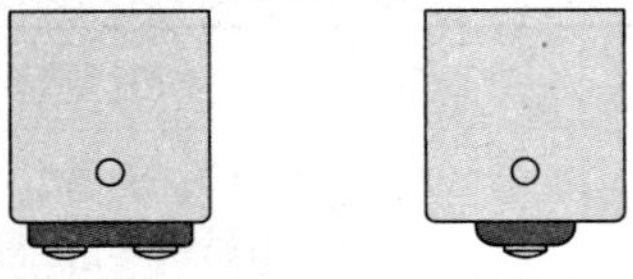
</td></tr>
<tr><td>说　　明</td><td>卡口灯头经常用在汽车和仪器设备中。图中所示为双触点和单触点灯头。双触点灯头通常用于双灯丝灯泡中，如汽车尾灯，其中一个灯丝在行驶中点亮，而另外一个更亮的则在制动时点亮</td></tr>
<tr><td>知识点3</td><td>带法兰灯头</td></tr>
<tr><td>图　　示</td><td>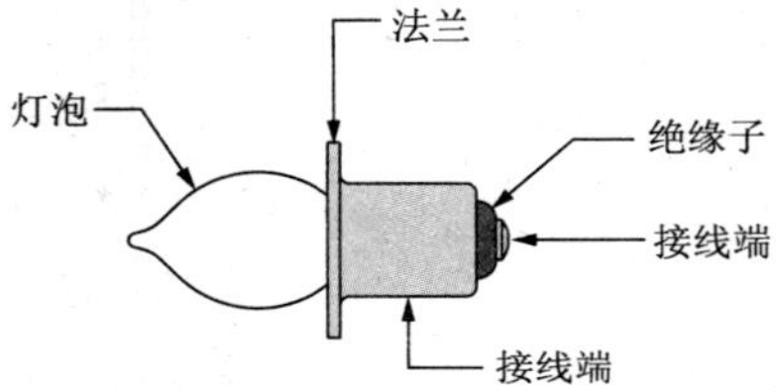
</td></tr>
<tr><td>说　　明</td><td>带法兰灯头的灯泡如图所示，是闪光灯和指示灯中经常用到的类型。灯泡采用螺纹接头固定在灯头中</td></tr>
<tr><td>知识点4</td><td>双插头灯头</td></tr>
<tr><td>图　　示</td><td>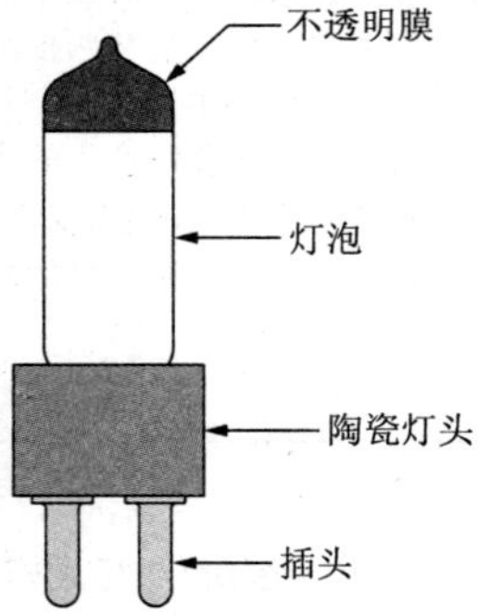
</td></tr>
<tr><td>说　　明</td><td>双插头灯头如图所示，经常使用在高强度灯泡，比如卤素灯上。这种灯头多用于放映机和音像设备中</td></tr>
<tr><td>知识点5</td><td>带凹槽灯头</td></tr>
<tr><td>图　　示</td><td>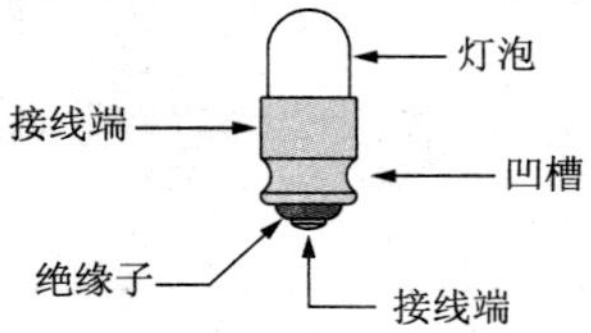
</td></tr>
</table>

续表9.8

说　明	带有凹槽灯头的灯泡，一般用在需要很小的白炽灯泡的工作场合。这些灯泡可以塞入采用弹簧卡紧的插口中
知识点6	密封梁式灯头
图　示	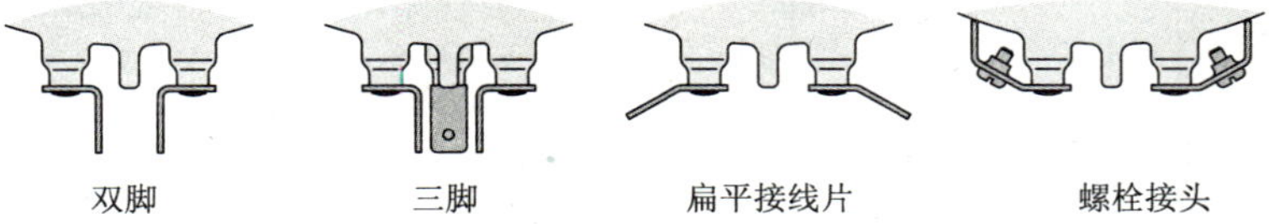
说　明	密封梁式灯头多用于汽车、建筑设备和船舶中，通常采用图中所示四种基本结构。其中，两脚的和三脚的通常用于标准接头；扁平接线片用在标准弯曲接头上；螺栓接头则应用于连接剥皮电线或螺纹连接片
知识点7	中型双脚或单脚灯头
图　示	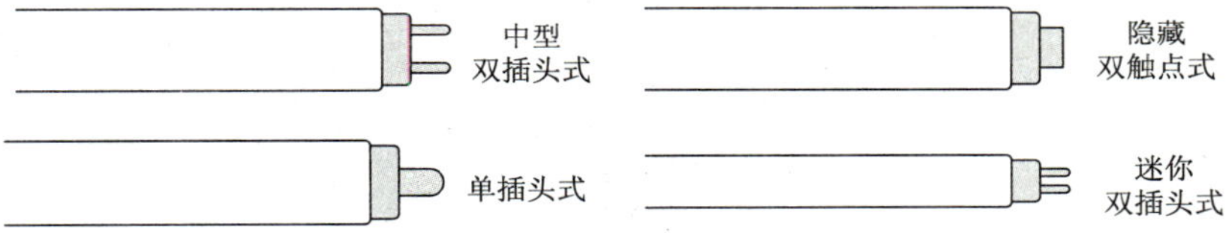
说　明	荧光灯管通常使用中型双脚或单脚灯头，如图所示。隐藏双触点式是比较典型的工业应用类型，而迷你双插头灯头则用在小型设备和仪器中

表9.8　灯泡座

知识点1	商用灯泡座
图　示	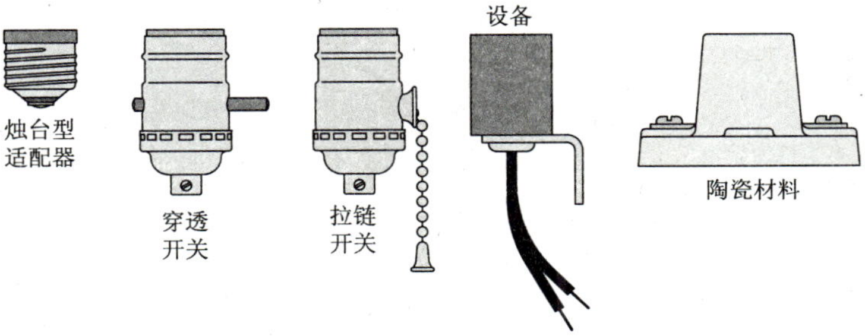
说　明	图中所示为一些商用的灯泡座。图中还有可将烛台型灯泡安装于中型灯座的转接螺旋插座

续表9.8

知识点2	卡口灯座
图　示	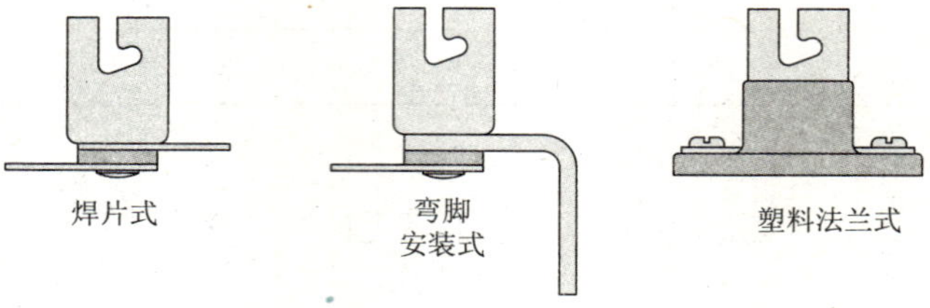
说　明	卡口灯座通常有焊片式、弯脚安装式和塑料法兰式
知识点3	**面板安装型灯座**
图　示	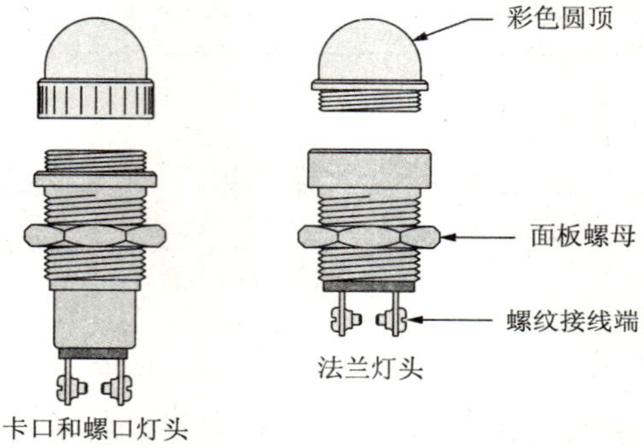
说　明	面板安装型灯座通常用在工业设备中。图中所示为面板安装型灯座的两个例子，左边的适用卡口和螺口灯头，右边的则适用于法兰灯头

表9.9　灯泡形状

知识点1	标准白炽灯泡
图　示	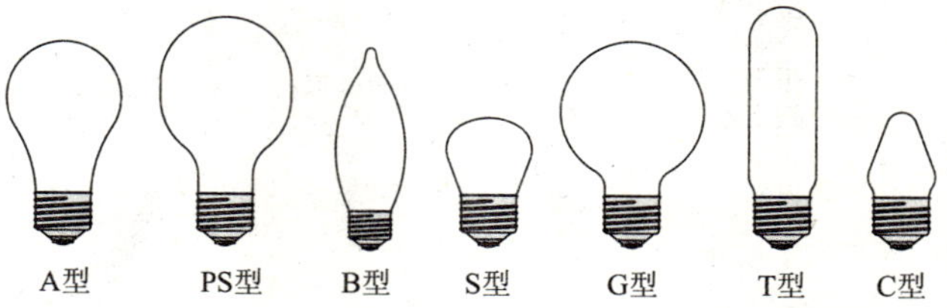
说　明	图中所示为常见的标准白炽灯泡。类型字母指明了典型形状，通常类型字母后会有一个数字，数字表示灯泡的直径，灯泡直径以1/8in为一个增量等级。举例，G25号就是一个球形灯泡，直径为25乘以0.125in；A10号就是一个圆柱形灯泡，直径为1.25in

续表9.9

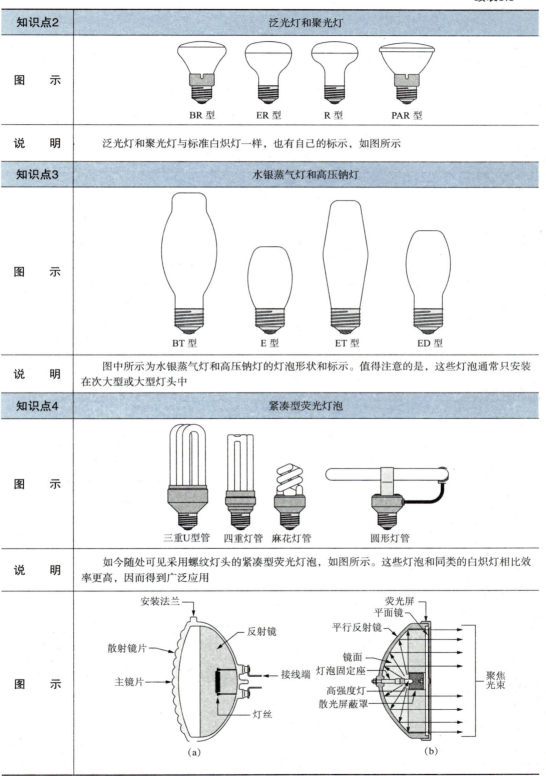

<table>
<tr><th>知识点2</th><th>泛光灯和聚光灯</th></tr>
<tr><td>图　示</td><td>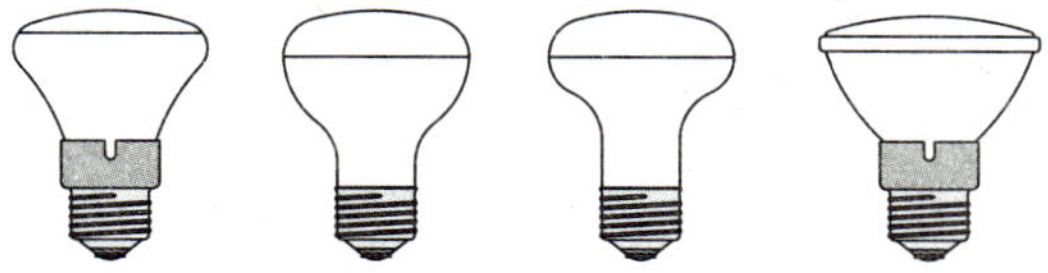
</td></tr>
<tr><td>说　明</td><td>泛光灯和聚光灯与标准白炽灯一样，也有自己的标示，如图所示</td></tr>
<tr><th>知识点3</th><th>水银蒸气灯和高压钠灯</th></tr>
<tr><td>图　示</td><td>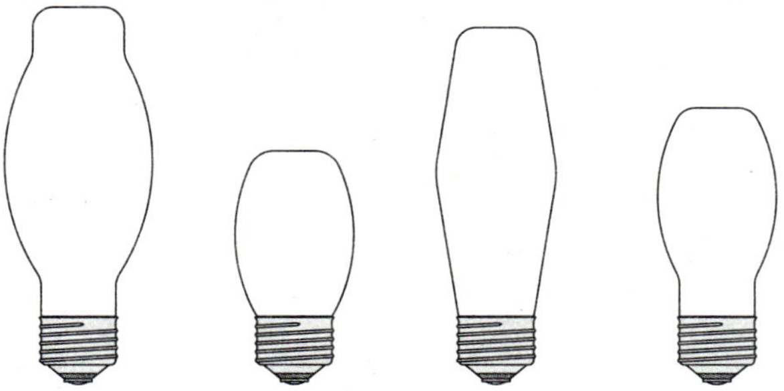
</td></tr>
<tr><td>说　明</td><td>图中所示为水银蒸气灯和高压钠灯的灯泡形状和标示。值得注意的是，这些灯泡通常只安装在次大型或大型灯头中</td></tr>
<tr><th>知识点4</th><th>紧凑型荧光灯泡</th></tr>
<tr><td>图　示</td><td>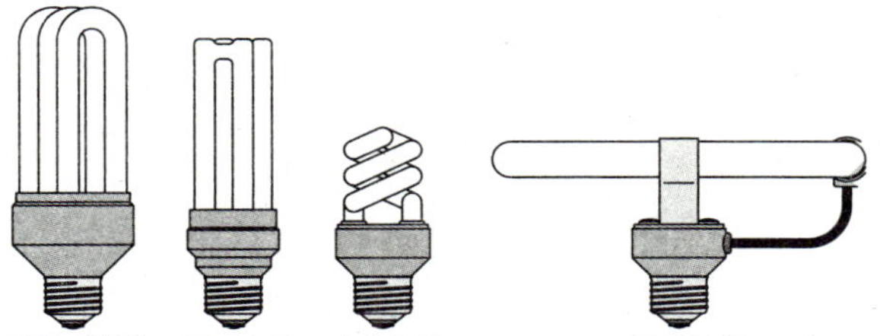
</td></tr>
<tr><td>说　明</td><td>如今随处可见采用螺纹灯头的紧凑型荧光灯泡，如图所示。这些灯泡和同类的白炽灯相比效率更高，因而得到广泛应用</td></tr>
<tr><td>图　示</td><td>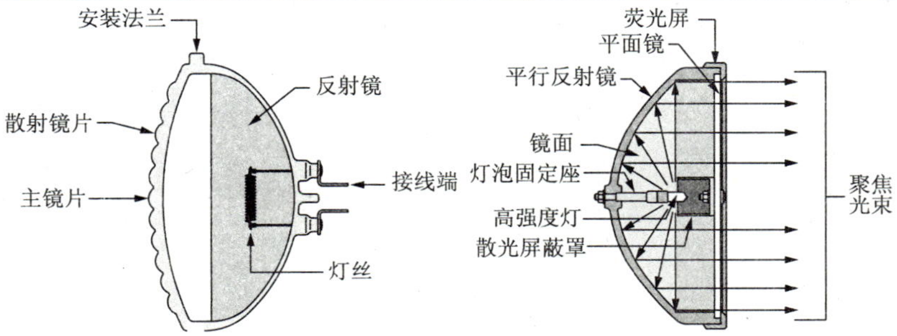

(a)　(b)</td></tr>
</table>

续表9.9

说　　明	灯泡通常都有内置的反射装置，可分为不同的两类：散射和聚光。泛光灯通常在灯丝后面有一个反射面，将灯丝产生的光向前反射。而灯的镜片充当一个散射体，镜片一般为磨砂型或由一系列散射镜片组成，如图（a）所示 聚光灯有一个抛物面形反射镜，其作用是将焦点上的点光源反射成为强光束。这种聚光灯可以是一个完整的灯泡；但是，经常会看见采用图（b）所示的组装式结构。在这种场合，反射镜设计成在其焦点处可以安装一个高强度卤素灯泡的形式。装配时将一个散光屏蔽罩固定在平面镜片的中央。平面镜片的作用是防止尘土进入反光镜

表9.10　氙　灯

<table>
<tr><th>知识点1</th><th>氙灯基本结构</th></tr>
<tr><td>图　　示</td><td>
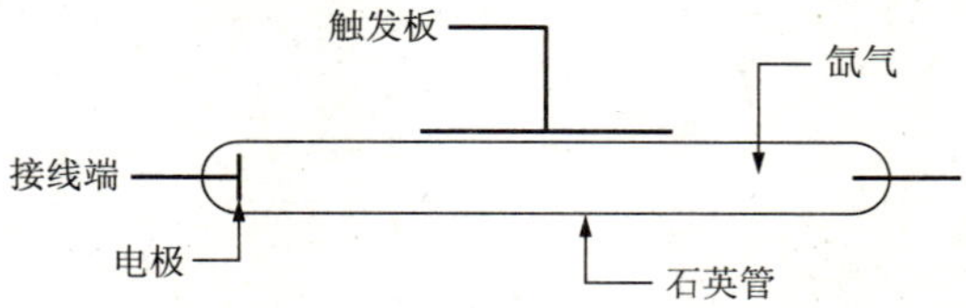

</td></tr>
<tr><td>说　　明</td><td>氙气闪光灯的玻璃灯泡中充满氙气，灯泡每一端固定一个电极。灯泡外固定一个触发板。当接线端施加高电压时，由于内部电阻非常高，不足以产生电弧。此时触发板采用短暂的连续脉冲信号激发灯泡，使得管内的氙气电离从而降低电阻。一旦电阻降低，施加在两端接线上的高压就可以接通，并形成持续的耀眼的等离子体</td></tr>
<tr><th>知识点2</th><th>氙灯常见形式</th></tr>
<tr><td>图　　示</td><td>
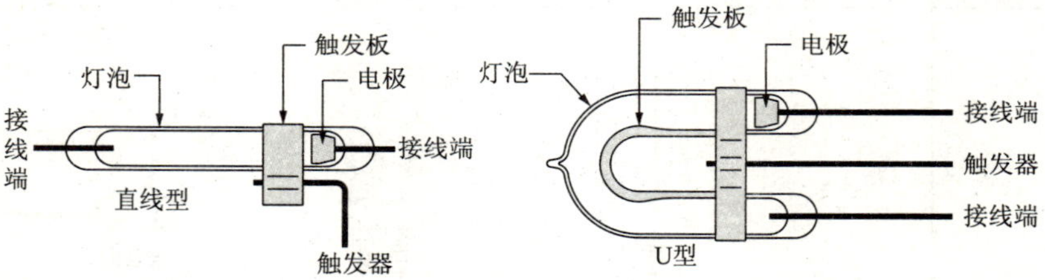

</td></tr>
<tr><td>说　　明</td><td>氙气闪光灯最常见的两种形式为直线型和U型灯管，如图所示。这两种灯管外部都有触发板</td></tr>
<tr><th>知识点3</th><th>氙灯应用示例</th></tr>
<tr><td>图　　示</td><td>
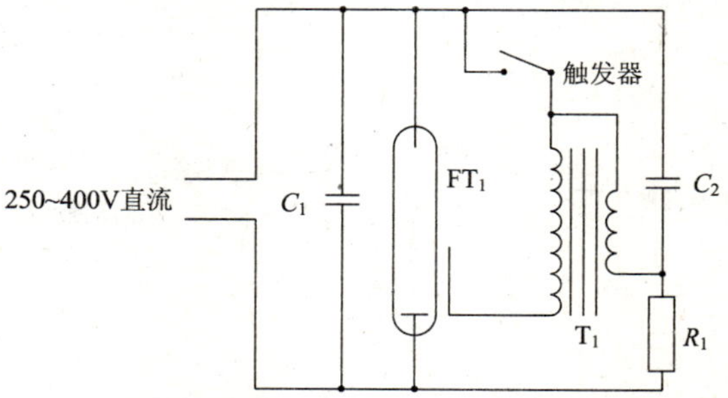

</td></tr>
</table>

续表9.10

说　明	当电压施加在电路中，C_1和C_2充满电荷。当触发板闭合时，C_2放电，在T_1原级产生一个脉冲，接下来在次级生成一个高压脉冲。氙气被电离，从而使得C_1放电，产生耀眼闪光。R_1是用来防止触发板闭合时C_1放电电流经过C_2
知识点4	短弧氙灯
图　示	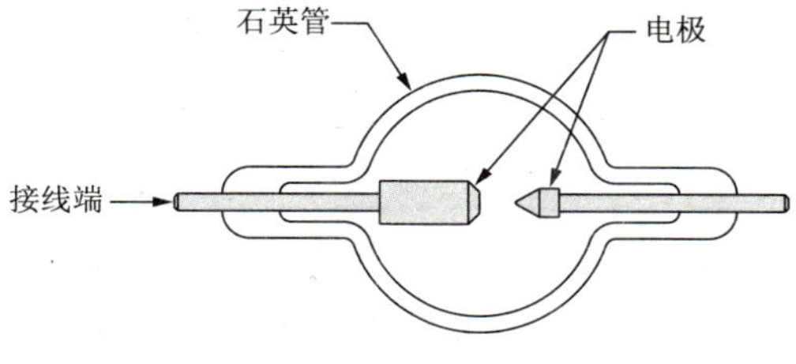
说　明	短弧氙灯是为了在稳定状态下工作而设计的，主要配置在需要极高强度的日光，且光色平和的应用设备中。短弧氙灯最显著的应用就是电影放映机，如今这种灯泡广泛应用于各电影院 图中所示为一个典型的短弧氙灯。通过施加高压启动灯泡，在灯泡正常工作时灯泡两端维持在一个稍低的电压下。由于这种灯泡工作时会产生极高的温度，所以绝大多数设备都采用水冷方式降温

表9.11　发光二极管

知识点1	发光二极管
图　示	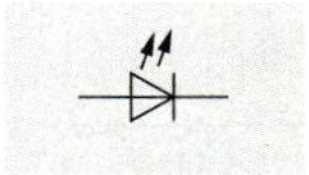 原理符号 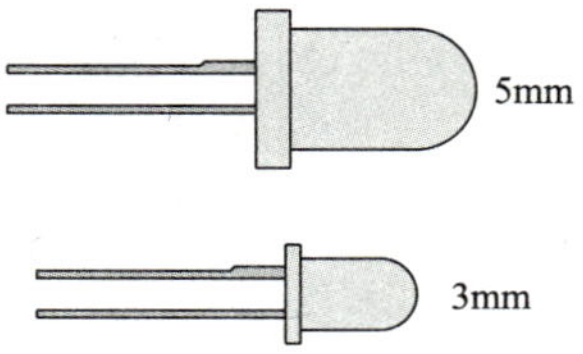
说　明	发光二极管是一种接通电源后能发光的二极管。通常发光二极管有两种基本型号，5mm和3mm，如图所示
知识点2	超亮LED阵列
图　示	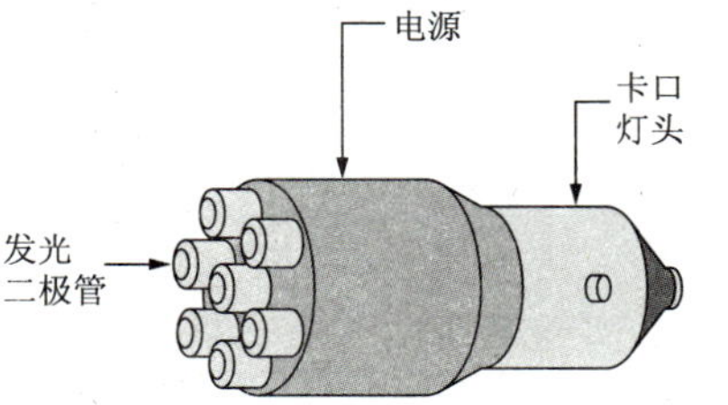
说　明	图中所示为安装在一个标准卡口灯头上的超亮LED阵列。这种设备是标准白炽灯的新型替代品。相比于白炽灯，这种灯泡的使用寿命更长，功效更高

续表9.11

知识点3	七段数码显示
图　示	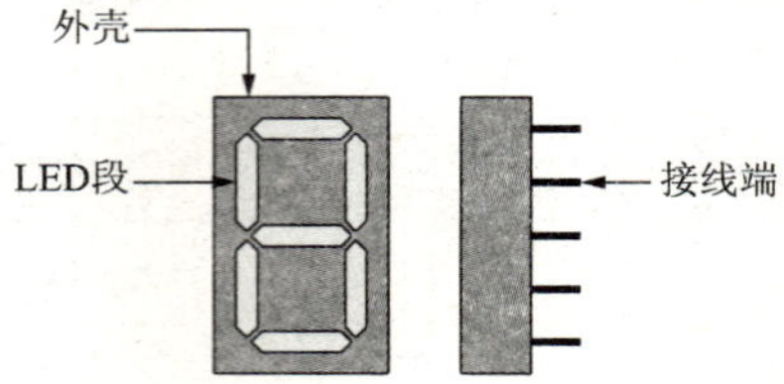
说　明	LED另一个普通的应用是七段数码显示，如图所示。这种设备最典型的应用是在普通的数字闹钟里

表9.12　白炽灯的常见故障及检修方法

故障现象	产生原因	检修方法
灯泡不亮	1. 灯丝烧断 2. 电源熔丝烧断 3. 开关接线松动或接触不良 4. 线路中有断路故障 5. 灯座内接触点与灯泡接触不良	1. 更换新灯泡 2. 检查熔丝烧断的原因并更换熔丝 3. 检查开关的接线处并修复 4. 检查电路的断路处并修复 5. 去掉灯泡，修理弹簧触点，使其有弹性
开关合上后熔丝立即熔断	1. 灯座内两线头短路 2. 螺口灯座内中心铜片与螺旋铜圈相碰短路 3. 线路或其他电器短路 4. 用电量超过熔丝容量	1. 检查灯座内两接线头并修复 2. 检查灯座并扳准中心铜片 3. 检查导线绝缘是否老化或损坏，检查同一电路中其他电器是否短路，并修复 4. 减小负载或更换大一级的熔丝
灯泡发强烈白光，瞬时烧坏	1. 灯泡灯丝搭丝造成电流过大 2. 灯泡的额定电压低于电源电压 3. 电源电压过高	1. 更换新灯泡 2. 更换与线路电压一致的灯泡 3. 查找电压过高的原因并修复
灯光暗淡	1. 灯泡内钨丝蒸发后积聚在玻壳内表面使玻壳发乌，透光度减低；同时灯丝蒸发后变细，电阻增大，电流减小，光通量减小 2. 电源电压过低 3. 线路绝缘不良有漏电现象，致使灯泡所得电压过低 4. 灯泡外部积垢或积灰	1. 正常现象，不必修理，必要时可更换新灯泡 2. 调整电源电压 3. 检修线路，更换导线 4. 擦去灰垢
灯泡忽明忽暗或忽亮忽灭	1. 电源电压忽高忽低 2. 附近有大电动机启动 3. 灯泡灯丝已断，断口处相距很近，灯丝晃动后忽接忽离 4. 灯座、开关接线松动 5. 熔丝接头处接触不良	1. 检查电源电压 2. 待电动机启动过后会好转 3. 及时更换新灯泡 4. 检查灯座和开关并修复 5. 紧固熔丝

表9.13 日光灯的常见故障及检修方法

故障现象	产生原因	检修方法
日光灯管不能发光或发光困难	1. 电源电压过低或电源线路较长造成电压降过大 2. 镇流器与灯管规格不配套或镇流器内部断路 3. 灯管灯丝断丝或灯管漏气 4. 启辉器陈旧损坏或内部电容器短路 5. 新装日光灯接线错误 6. 灯管与灯脚或启辉器与启辉器座接触不良 7. 气温太低难以启辉	1. 有条件时调整电源电压；线路较长应加粗导线 2. 更换与灯管配套的镇流器 3. 更换新日光灯管 4. 用万用表检查启辉器里的电容器是否短路，如有应更换新启辉器 5. 断开电源及时更正错误线路 6. 一般日光灯灯脚与灯管接触处最容易接触不良，应检查修复。另外，用手重新装调启辉器与启辉器座，使之良好配接 7. 给灯管加热、加罩或换用低温灯管
日光灯灯光抖动及灯管两头发光	1. 日光灯接线有误或灯脚与灯管接触不良 2. 电源电压太低或线路太长，导线太细，导致电压降太大 3. 启辉器本身短路或启辉器座两接触点短路 4. 镇流器与灯管不配套或内部接触不良 5. 灯丝上电子发射物质耗尽，放电作用降低 6. 气温较低，难以启辉	1. 更正错误线路或修理加固灯脚接触点 2. 检查线路及电源电压，有条件时调整电压或加粗导线截面积 3. 更换启辉器，修复启辉器座的触片位置或更换启辉器座 4. 更换适当的镇流器，加固接线 5. 换新日光灯灯管 6. 进行灯管加热或加罩处理
灯光闪烁或光有滚动现象	1. 更换新灯管后出现的暂时现象 2. 单根灯管常见现象 3. 日光灯启辉器质量不佳或损坏 4. 镇流器与日光灯不配套或有接触不良处	1. 一般使用一段时间后即可好转，有时将灯管两端对调一下即可正常 2. 有条件可改用双灯管 3. 换新启辉器 4. 调换与日光灯管配套的镇流器或检查接线有无松动，进行加固处理
日光灯在关闭开关后，夜晚有时会有微弱亮光	1. 线路潮湿，开关有漏电现象 2. 开关没有接在火线上而错接在零线上	1. 进行烘干或绝缘处理，开关漏电严重时应更换新开关 2. 把开关接在火线上
日光灯管两头发黑或产生黑斑	1. 电源电压过高 2. 启辉器质量不好，接线不牢，引起长时间的闪烁 3. 镇流器与日光灯管不配套 4. 灯管内水银凝结（是细灯管常见的现象） 5. 启辉器短路，使新灯管阴极发射物质加速蒸发而老化，更换新启辉器后，亦有此现象 6. 灯管使用时间过长，老化陈旧	1. 处理电压升高的故障 2. 换新启辉器 3. 更换与日光灯管配套的镇流器 4. 启动后即能蒸发，也可将灯管旋转180° 后再使用 5. 更换新的启辉器和新的灯管 6. 更换新灯管

续表9.13

故障现象	产生原因	检修方法
日光灯亮度降低	1. 温度太低或冷风直吹灯管 2. 灯管老化陈旧 3. 线路电压太低或压降太大 4. 灯管上积垢太多	1. 加防护罩并回避冷风直吹 2. 严重时更换新灯管 3. 检查线路电压太低的原因，有条件时调整线路或加粗导线截面使电压升高 4. 断电后清洗灯管并做烘干处理
噪声太大或对无线电干扰	1. 镇流器质量较差或铁心硅钢片未夹紧 2. 电路上的电压过高，引起镇流器发出声音 3. 启辉器质量较差引起启辉时出现杂声 4. 镇流器过载或内部有短路处 5. 启辉器电容器失效开路，或电路中某处接触不良 6. 电视机或收音机与日光灯距离太近引起干扰	1. 更换新的配套镇流器或紧固硅钢片铁心 2. 如电压过高，要找出原因，设法降低线路电压 3. 更换新启辉器 4. 检查镇流器过载原因（如是否与灯管配套，电压是否过高，气温是否过高，有无短路现象等），并处理；镇流器短路时应换新镇流器 5. 更换启辉器或在电路上加装电容器或在进线上加滤波器 6. 电视机、收音机与日光灯的距离要尽可能离远些
日光灯管寿命太短或瞬间烧坏	1. 镇流器与日光灯管不配套 2. 镇流器质量差或镇流器自身有短路致使加到灯管上的电压过高 3. 电源电压太高 4. 开关次数太多或启辉器质量差引起长时间灯管闪烁 5. 日光灯管受到震动致使灯丝震断或漏气 6. 新装日光灯接线有误	1. 换接与日光灯管配套的新镇流器 2. 镇流器质量差或有短路处时，要及时更换新镇流器 3. 电压过高时找出原因，加以处理 4. 尽可能减少开关日光灯的次数，或更换新的启辉器 5. 改善安装位置，避免强烈震动，然后再换新灯管 6. 更正线路接错之处
日光灯的镇流器过热	1. 气温太高，灯架内温度过高 2. 电源电压过高 3. 镇流器质量差，线圈内部匝间短路或接线不牢 4. 灯管闪烁时间过长 5. 新装日光灯接线有误 6. 镇流器与日光灯管不配套	1. 保持通风，改善日光灯环境温度 2. 检查电源 3. 旋紧接线端子，必要时更换新镇流器 4. 检查闪烁原因，灯管与灯脚接触不良时要加固处理，启辉器质量差要更换，日光灯管质量差引起闪烁，严重时也需更换 5. 对照日光灯线路图，进行更改 6. 更换与日光灯管配套的镇流器

表9.14　应急灯的常见故障及检修方法

故障现象	产生原因	检修方法
交流供电、直流供电灯均不亮	1．灯光或灯泡损坏 2．相关线路接触不良	1．更换灯管或灯泡 2．检查相关电路
交流供电时，灯不亮	1．灯回路开路 2．转换继电器有问题	1．检查灯相关电路 2．更换或修复继电器
直流供电时，灯不亮	1．蓄电池损坏 2．逆变电路有问题	1．更接蓄电池 2．修复逆变电路
充电后，断掉交流电，不一会儿灯就灭	蓄电池损坏	更换蓄电池

表9.15　电子镇流器的常见故障及检修方法

故障现象	产生原因	检修方法
灯管不亮	整流桥开路	更换整流桥
熔断器熔断	1．大功率晶体管开焊接触不良 2．整流桥接触不良	1．重新焊接 2．重新焊接
灯管两头发红亮不起来	谐振电容器容量不足或开路	更换谐振电容器
灯管不亮，灯丝发红	高频振荡电路不正常	检查高频振荡电路，重点检查谐振电容器

表9.16　浴霸的常见故障及检修方法

故障现象	产生原因	检修方法
取暖灯不亮	1．取暖灯灯泡损坏 2．取暖灯开关损坏 3．端子上黄色线或黑色线脱落	1．更换灯泡 2．更换开关 3．将脱落线接好
取暖灯、照明灯、风机均不工作	1．电源无电 2．插座、插头接触不良 3．端子上L、N线松开接触不良或脱落 4．电源断路	1．恢复供电 2．检修插头插座 3．将端子线接好 4．更换或重新接好导线
风机不转	1．电容器损坏 2．电动机绕组损坏 3．电动机轴承缺油 4．电动机被灰尘堵住了或风叶卡住 5．风机开关损坏	1．更换电容器 2．修理电动机绕组 3．给轴承加油 4．清除异物、灰尘 5．更换开关
电动机外壳带电	1．电动机绕组损坏漏电 2．电线裸露部分碰外壳 3．电动机受潮，绝缘性降低	1．更换绕组 2．排除碰壳导线 3．烘干电动机再装上使用

续表9.16

故障现象	产生原因	检修方法
照明灯不亮	1. 开关损坏 2. 灯泡损坏 3. 端子上（白色）接线松动或脱落	1. 更换开关 2. 更换灯泡 3. 重新接好脱落导线
取暖灯时亮时暗并伴有火花声	1. 取暖灯口接触不良 2. 取暖灯端子（黄色线、黑色线）或电源线L、N松动	1. 更换灯口 2. 连好松动导线
电线发热，伴有焦糊味道	1. 外接电源线太细 2. 取暖灯端子接触不良松动	1. 更换粗导线 2. 检查接触不良处加以解决
接通取暖灯，风机也转（风机开关处在关闭状态）	1. 碰线 2. 接线错误	1. 检查正确连接 2. 检查恢复正常控制
取暖灯、风机照明灯全都不工作	1. 电源线脱落或接触不良 2. 接线错误	1. 接好电源线 2. 纠正接线
开灯时，不是灯亮，而是换气扇转	接线错误或混线了	纠正接线

表9.17 声光开关的常见故障及检修方法

故障现象	产生原因	检修方法
灯不亮	1. 声音太小 2. 开关处有光照 3. 声控开关损坏 4. 线路断路 5. 灯口接触不上或接触不良 6. 灯泡损坏 7. 所控灯具不是白炽灯，而是日光灯等 8. 光控电阻损坏 9. 熔断器熔断 10. 晶闸管损坏 11. 整流二极管损坏	1. 加大拍手声或修理调整灵敏度 2. 属于正常，否则为控制器内部故障，修理控制器 3. 修理 4. 恢复线路 5. 修理或更换灯口 6. 更换灯泡 7. 换掉原灯具用白炽灯 8. 更换光控电阻 9. 更换熔断器 10. 更换晶闸管 11. 更换二极管
灯延时时间很短	控制器延时电路损坏	修理延时电路
灯常亮	1. 控制器内部大功率器件击穿损坏 2. 接线错误 3. 碰线 4. 延时电路太长或损坏	1. 更换器件 2. 恢复接线 3. 断开碰线处 4. 检修延时电路
灯闪烁	控制器损坏产生振荡	修理控制器
通电灯立即亮，延时一段时间后，灯灭了一下又亮了	MIC话筒线圈开路	更换MIC话筒
声控时，灵敏度低	内部电容器损坏	更换电容器

第10章

电动机

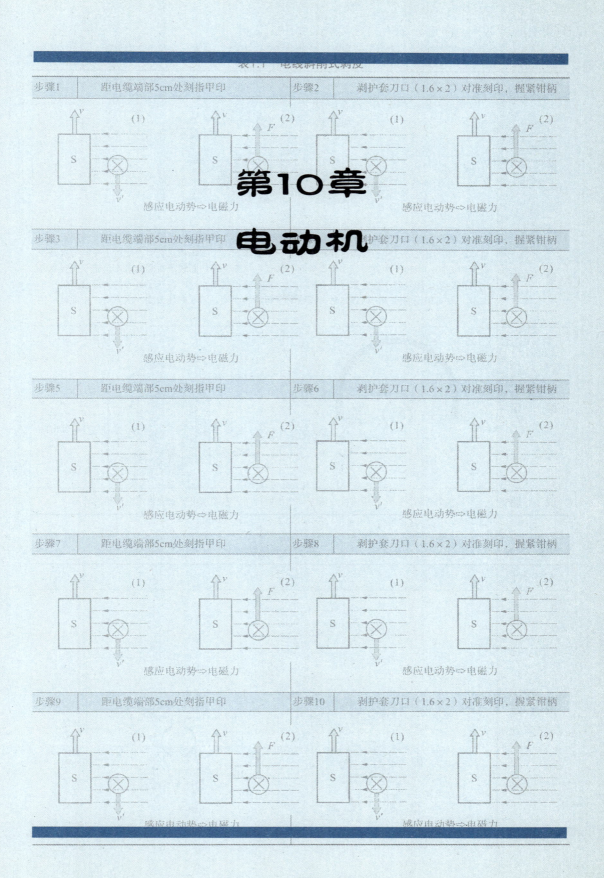

表10.1 永磁直流电动机

<table>
<tr><th>知识点</th><th>永磁直流电动机</th></tr>
<tr><td>图　示</td><td>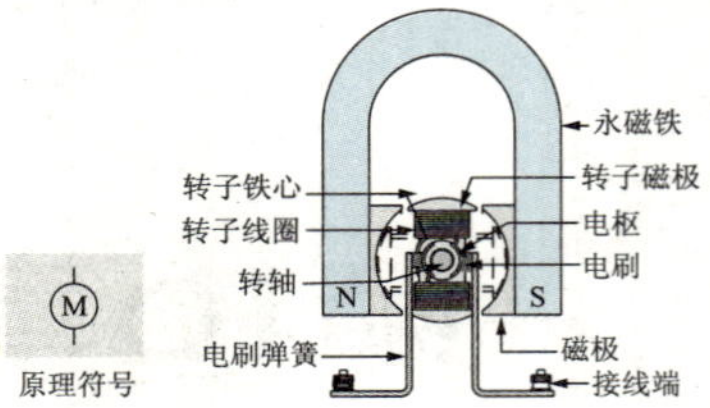</td></tr>
<tr><td>说　明</td><td>永磁直流电动机是依靠永磁铁和电磁铁两个磁场相互作用来实现旋转的。当转子的两极呈竖直状态时，电流通过转子线圈，在转子中心产生磁场。两个磁场相互吸引，使转子转向与永磁铁对齐的方向。当转子刚旋转到水平位置时，转子电枢断开，切断转子线圈的电流，转子向竖直方向自由旋转。随着转子旋转到竖直方向，电枢重新连接供电，这时在转子铁心的内部会产生一个与刚才方向相反的磁场。通过这种方式，转子每旋转半周，转子磁场改变一次方向，由此就产生了旋转运动</td></tr>
<tr><td>图　示</td><td>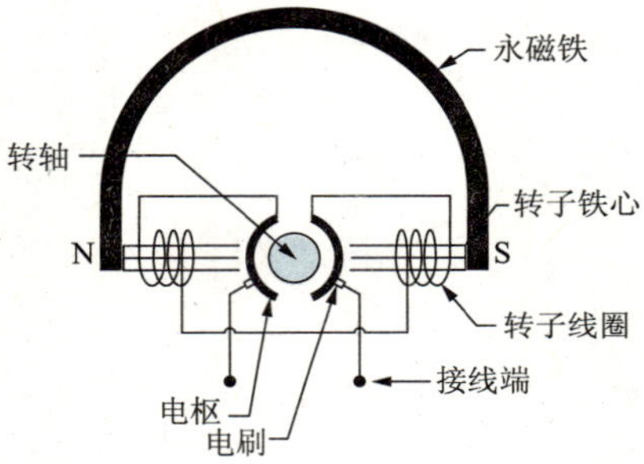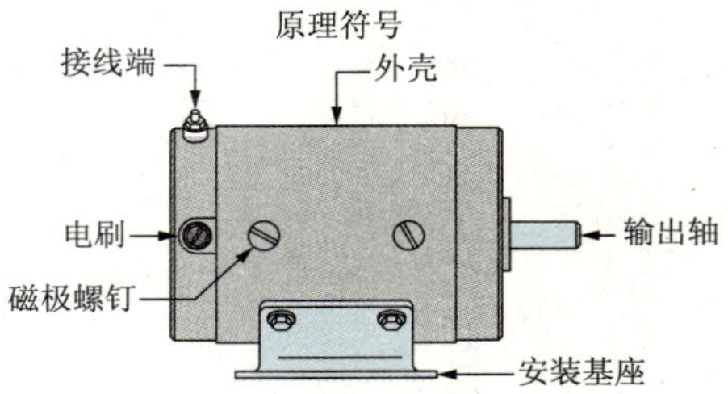</td></tr>
<tr><td>说　明</td><td>左图所示为一个两极永磁直流电动机的原理图，右图示出了永磁直流电动机的外形</td></tr>
</table>

表10.2 并励直流电动机

<table>
<tr><th>知识点1</th><th>工作原理</th></tr>
<tr><td>图　示</td><td>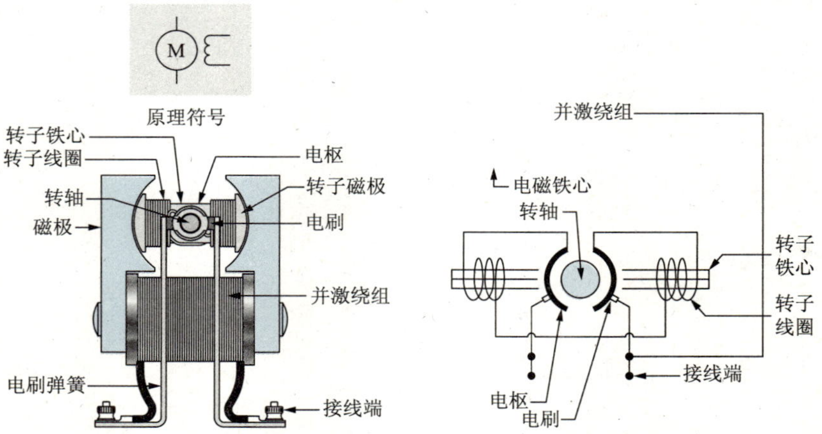</td></tr>
</table>

续表10.2

说　明	并励直流电动机是永磁直流电动机的一种常见变体。它与永磁电动机基本相同，唯一不同的是，在并励直流电动机中用电磁铁代替了永磁铁。并励直流电动机通常应用于需要更高马力的工作场合，因为电磁铁与永磁铁相比，可以产生强度更大的磁场
图　示	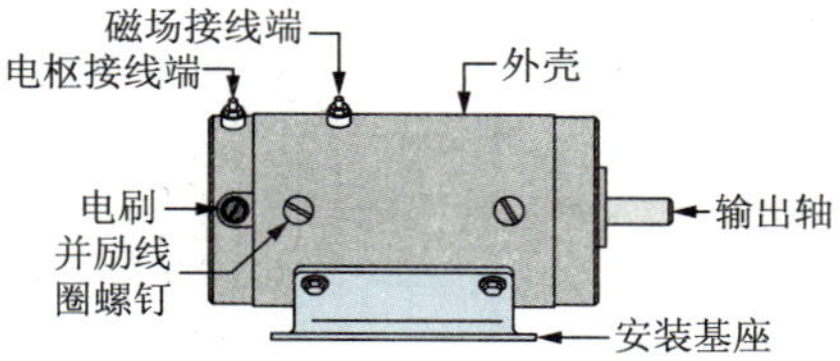
说　明	图中所示为一种典型的商用并励直流电动机。值得注意的是，绝大多数这类电动机也能够很方便地更换电刷。与永磁直流电动机一样，电刷也是并励直流电动机中最容易磨损的部件
知识点2	**转速控制**
图　示	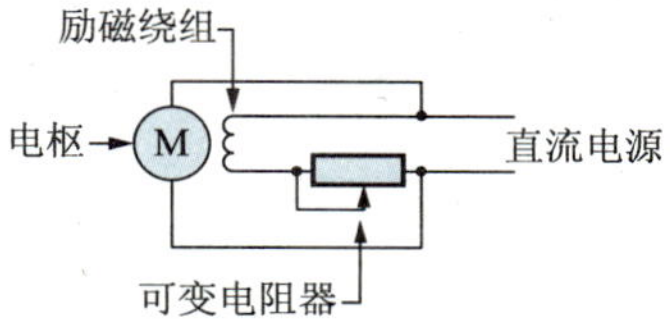
说　明	通过限制磁场电流的大小可以改变磁场强度，进而可以控制并励直流电动机的旋转速度。如果减小电流，那么磁场强度降低，同时电动机的转速也降低

表10.3　通用电动机

知识点	通用电动机
图　示	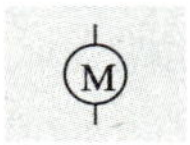 原理符号 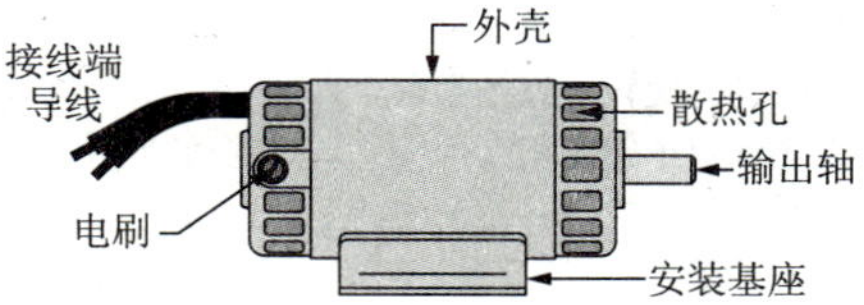
说　明	通用电动机实质上就是一种并励直流电动机，它无论在交流电还是直流电的场合都可以正常工作。这类电动机经常用作缝纫机上的一个部件，因为它能够以低廉的成本实现非常棒的速度控制功能
图　示	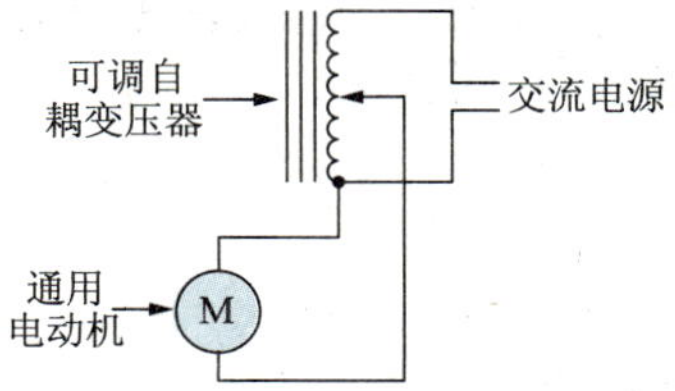
说　明	通过改变输入电压即可以控制通用电动机的转速，可调自耦变压器是实现这种功能的最佳选择

表10.4　感应电动机

知识点	感应电动机
图　示	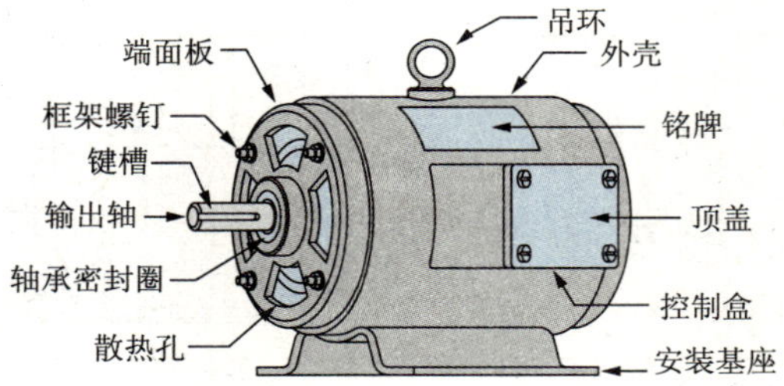
说　明	到目前为止，种类最多的电动机非感应电动机莫属。这种电动机的交流电利用率是最高的，与其他种类的电动机相比其制造成本却是最低的。它的功率输出范围可以从零点几马力直至上万马力。实际上，感应电动机无处不在，遍及几乎全世界的所有家庭、办公室以及工业设施中
图　示	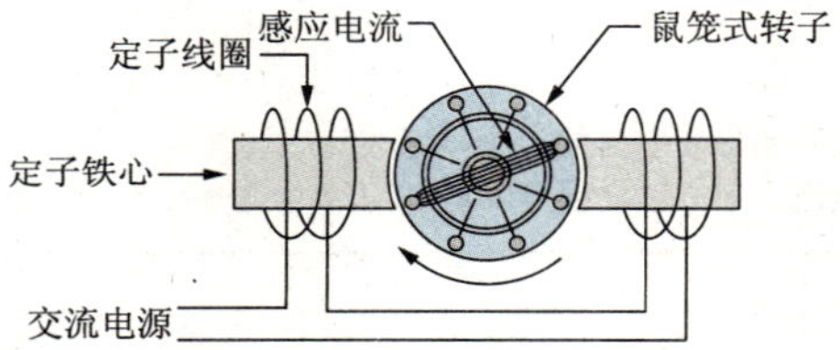
说　明	感应电动机是利用转子内的感应电流来运转的。转子内的感应电流会产生一个磁场，这个磁场会被定子产生的磁场吸引。因为交流电的电流方向是不断变化的，所以定子磁场的旋转排斥或吸引转子磁场，使转子旋转起来。当定子内的电压升高或降低时，转子内即可产生感应电流。转子的感应磁场和定子磁场相互排斥，从而推动转子使转子旋转起来
图　示	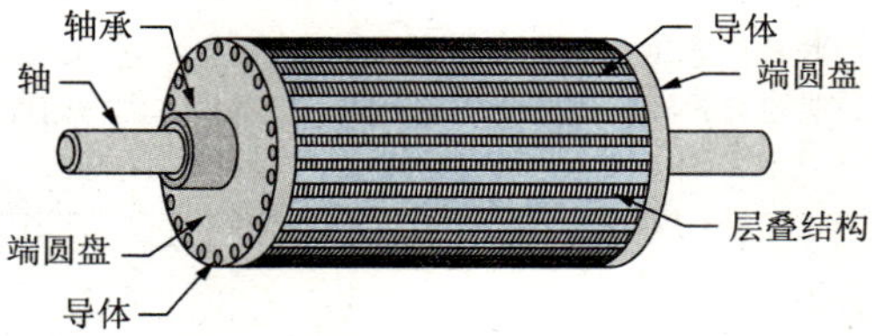
说　明	大多数感应电动机都使用一个叫做“鼠笼式转子”的术语。鼠笼式转子由置于两个端面板之间的圆铁片层叠结构构成，两个端面由一系列非磁性导体连接。端面板及导体形成了导通电路，这样就有了产生感应电流的可能。铁片的层叠结构构成了磁芯，起到与定子磁场相互排斥的作用

表10.5　电容启动电动机

知识点	电容启动电动机
图　　示	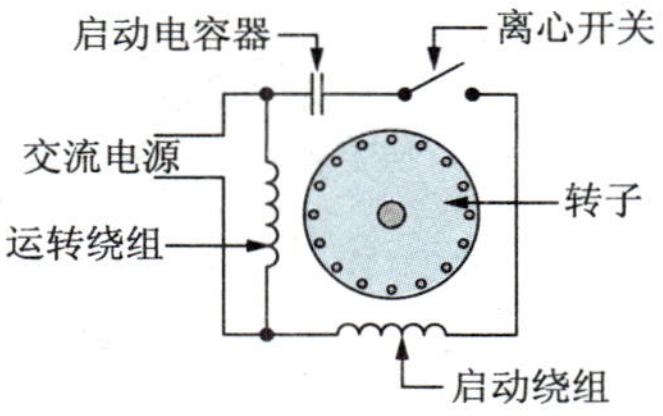
说　　明	电容启动电动机在小型设备中比较常见。这种电动机不但启动转矩大，而且效率也非常高。有些小型设备只需要0.5 ~ 1.5hp的功率，电容启动电动机是这类小型设备的最佳选择
图　　示	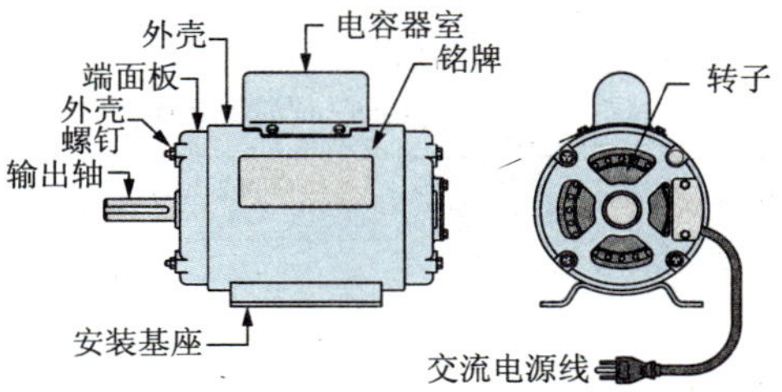
说　　明	除了运转绕组以外，这类电动机还有一个启动绕组。启动绕组通过一个电容器和离心开关连接到电源上。当有电源输入而转子处于静止状态时，电容器会引入一个相位的偏差，使启动绕组在磁场中产生一个非对称磁场，这样即可以使转子旋转起来。随着转子旋转速度的增加，离心开关断开，切断启动绕组，此时电动机在运转过程中只有运转绕组处于工作状态

表10.6　分相电动机

知识点	分相电动机
图　　示	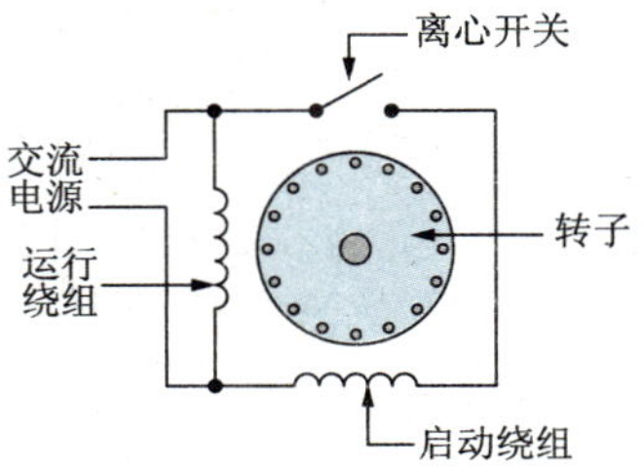
说　　明	分相电动机与电容启动电动机结构基本相同，唯一不同的地方在于：其内部电路中没有电容器。通过改变启动绕组和运转绕组的相对位置即可调整内部磁场的对称性

续表10.6

<table>
<tr><td>图　　示</td><td>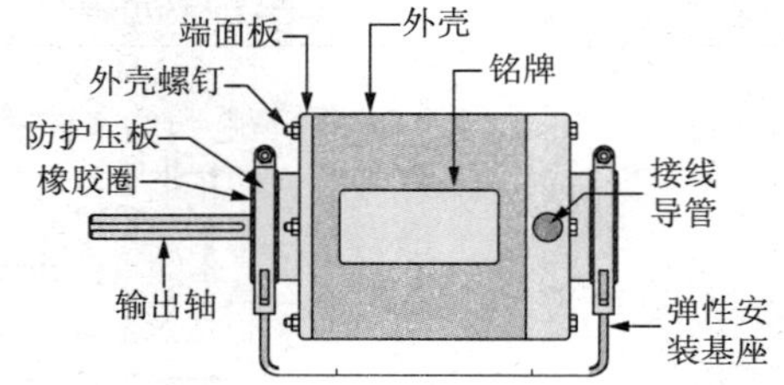
</td></tr>
<tr><td>说　　明</td><td>分相电动机的输出功率一般为0.25 ~ 0.75hp。这类电动机不像电容启动电动机那样可以有一个很大的启动转矩，它们通常应用于不需要大启动转矩的设备中，例如，家用以及一些小型的商业中心用的空气处理设备等。值得注意的是，这类电动机绝大多数都有一个弹性安装基座，可以减小噪声和振动</td></tr>
</table>

表10.7　分容电动机

<table>
<tr><th>知识点</th><th>分容电动机</th></tr>
<tr><td>图　　示</td><td>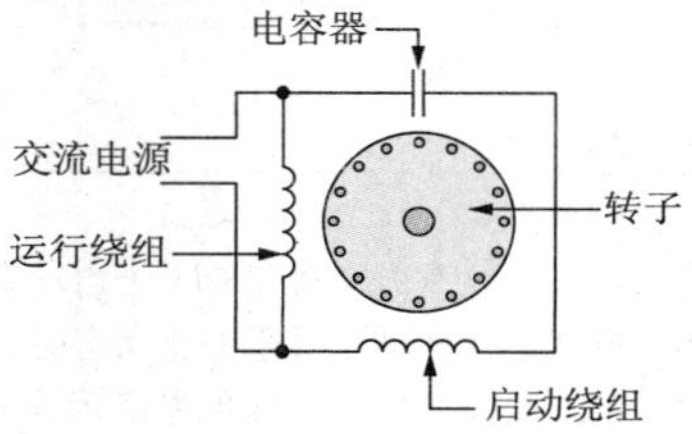
</td></tr>
<tr><td>说　　明</td><td>分容电动机与电容启动电动机的结构基本相同，唯一不同的地方是去掉了离心开关。启动绕组通过一个电容器直接连到交流电源上，目的是为了给启动绕组持续供电，从而产生一个不对称的磁场，因此通过启动绕组的电流必须很小</td></tr>
<tr><td>图　　示</td><td>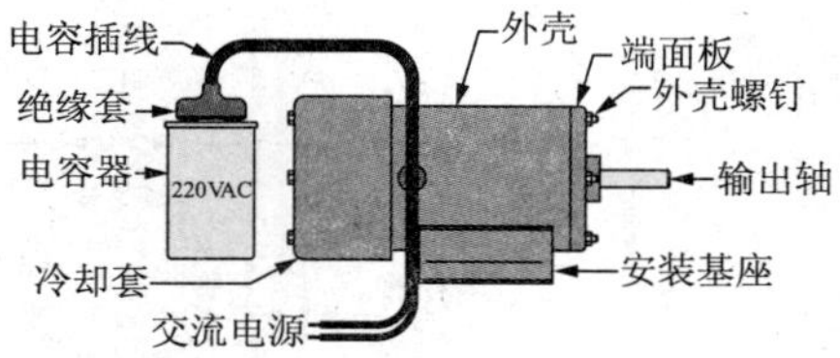
</td></tr>
<tr><td>说　　明</td><td>通常这类电动机的启动转矩比较小，且效率也很低，因此一般用于小功率要求的设备中。这类电动机最大的优点就是运动部件少，可靠性高。有些小型设备的常规维护保养工作进行起来很困难或者根本不可能完成，当遇到这种情况时，分容电动机就是一种很好的选择</td></tr>
</table>

表10.8　屏蔽磁极式电动机

知识点	屏蔽磁极式电动机
图　　示	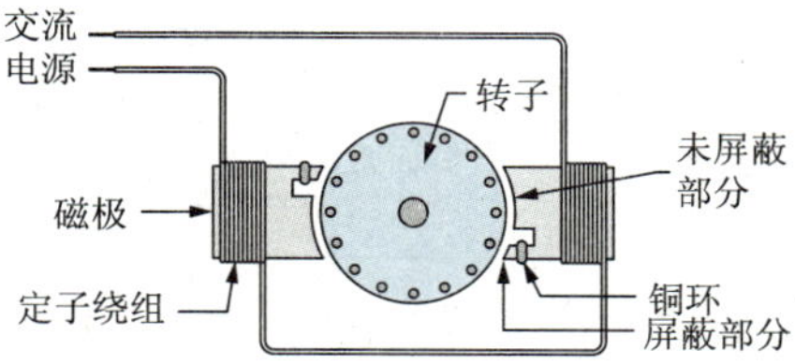
说　　明	屏蔽磁极式电动机在各种小型电器中非常常见。因为它们的输出功率非常低，一般为1/120 ~ 1/16hp。这种电动机的启动机理是把一个铜环（导磁环）安装在极面的一个狭窄截面上。这个导磁环使磁场变得不对称，因此产生了必要的启动转矩
图　　示	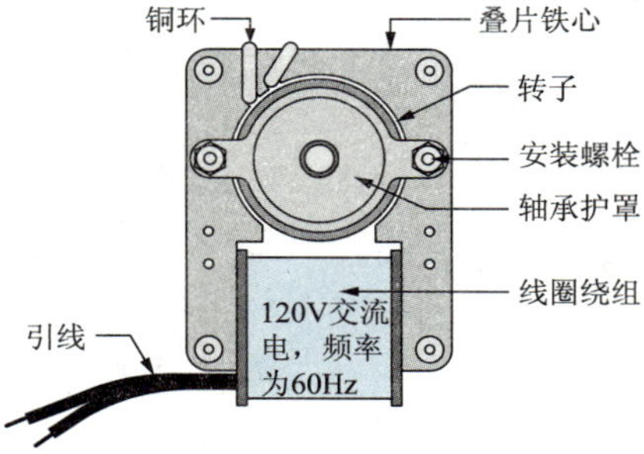
说　　明	这种电动机的价格相当便宜，因此电动机一旦失灵，通常可以当成废品随意处理。它们的效率很低，通常不到20%，启动转矩也比较低。请注意，铜环安装在铁心的左上角

表10.9　三相感应电动机

知识点	三相感应电动机
图　　示	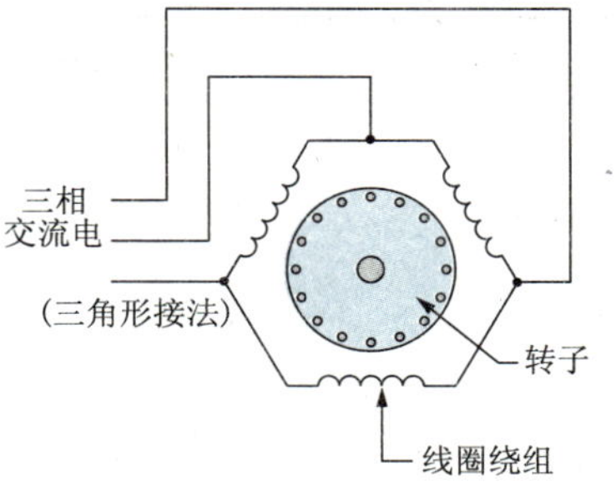
说　　明	由于绕组采用特定的分布规则，三相电动机拥有自启动的特点，因此不需要借助其他专门的启动装置。图为三相感应电动机的原理图

续表10.9

图　示	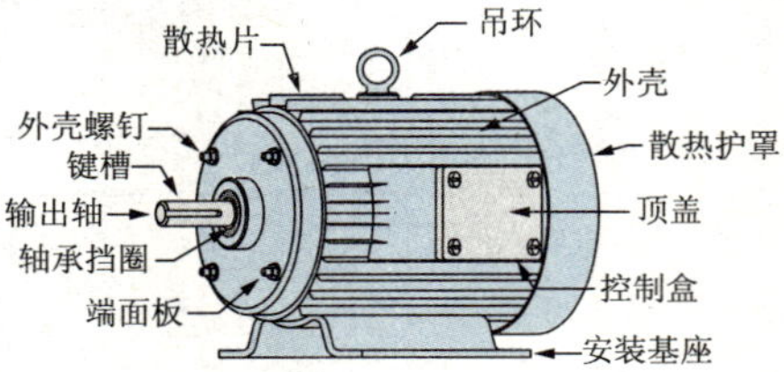
说　明	图示出了一个典型的全封闭风冷式（TEFC）三相感应电动机。通常TEFC电动机的外壳表面凸出很多散热片，用来提高冷却效率。电动机的后部安装了一个散热护罩，内装一个风扇可以将空气吹向散热片

表10.10　绕线转子三相感应电动机

知识点	绕线转子三相感应电动机
图　示	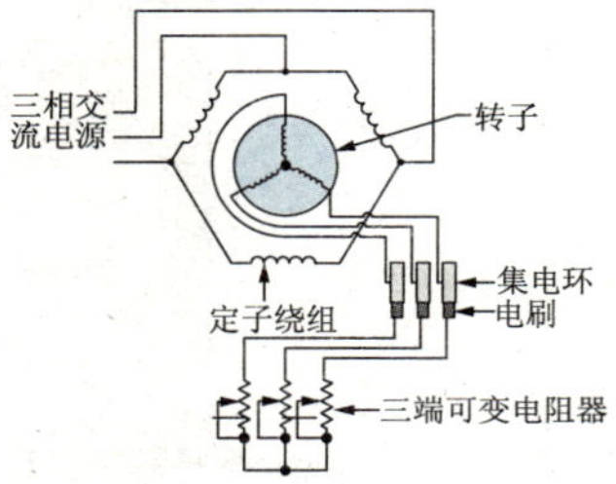
说　明	绕线转子三相感应电动机采用的是更传统的速度控制方法。这类电动机并没有采用鼠笼式转子，而是使用了绕线转子和电刷，这与直流电动机很相似。转子线圈连接到一个三端可变电阻器上，这个变阻器是用来调整转子线圈阻抗的 当转子阻抗增大时，电动机转速降低；当转子阻抗降低时，电动机转速增加。这类电动机通常价格比较昂贵，而且其集电环需要大量的日常维护保养工作。但考虑到它带来的低成本以及电控调速功能，这种电动机仍然大有用武之地

表10.11　同步电动机

知识点	同步电动机
图　示	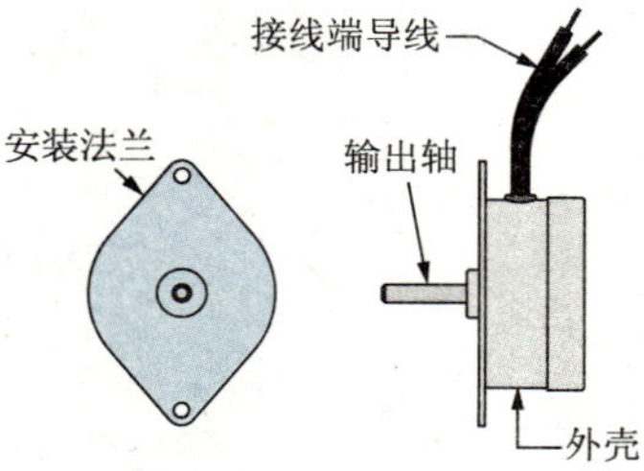

续表10.11

说　明	同步电动机的输出是随着线电压频率的变化而变化的。尽管所有的交流感应电动机都可以看作同步电动机，但是，它们的输出精度是不能保证的，因为总会存在一定的偏差。而一般的同步电动机能够实现精度非常高的输出。这类电动机通常应用在实时性要求很高的设备中，例如，挂钟或磁带录音机

表10.12　步进电动机

知识点1	工作原理
图　示	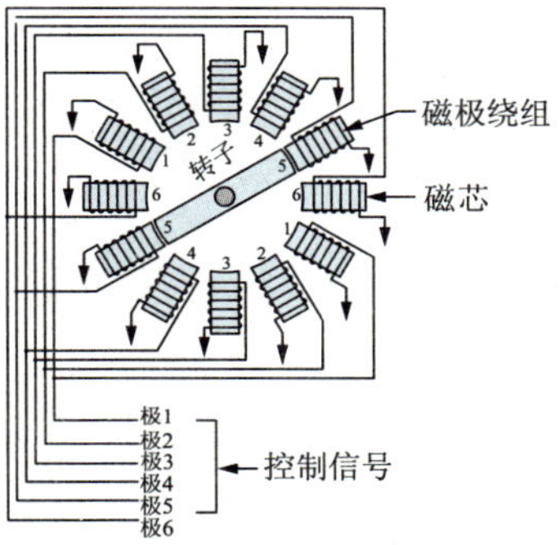
说　明	图中所示为步进电动机的原理图。电动机具有6对作用力相反的定子线圈，各对线圈相互能够独立地进行控制。当一对异性磁极（磁极5）被激活时，则产生一个磁场，转子会根据磁场的作用力发生旋转；若磁极5关闭，磁极4被激活，则转子会转到一个新的位置。因此，只要精确控制这些磁极对，就可以精确控制转子的位置及其输出
知识点2	半步模式
图　示	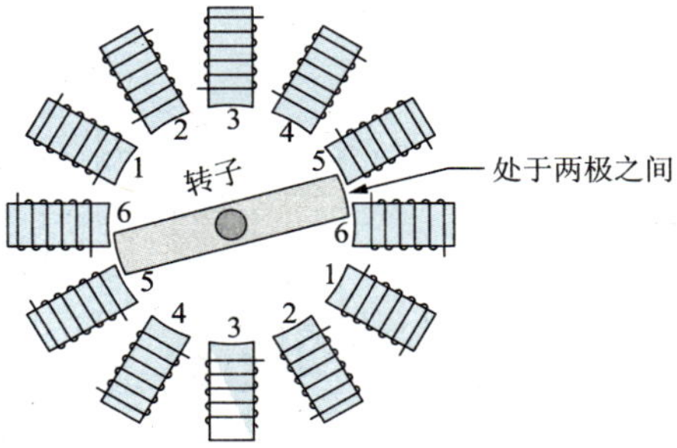
说　明	为了提供更加精确的分辨率，步进电动机可以工作在半步模式下。在这个模式中，有4个磁极被激活，因此，转子可以处于两对磁极之间的位置上，这样就使得步进电动机的运行分辨率提高了1倍

续表10.12

<table>
<tr><th>知识点3</th><th>微步控制模式</th></tr>
<tr><td>图　示</td><td>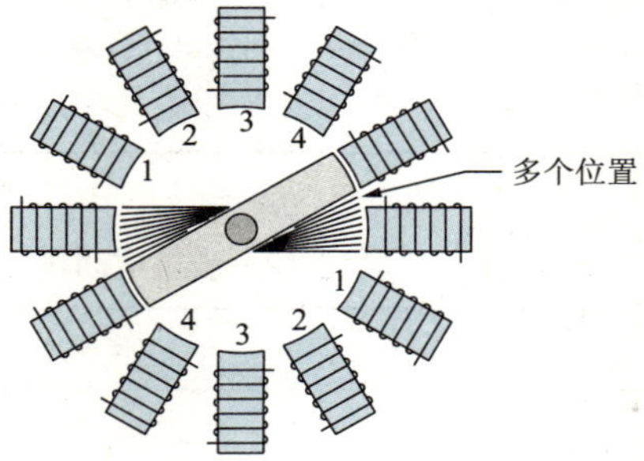
</td></tr>
<tr><td>说　明</td><td>把半步模式的思路进一步延伸，就产生了微步控制模式。只要精确控制两对磁极的磁场强度，就可以让转子处于两对磁极之间的任何位置</td></tr>
<tr><th>知识点4</th><th>商用步进电动机</th></tr>
<tr><td>图　示</td><td>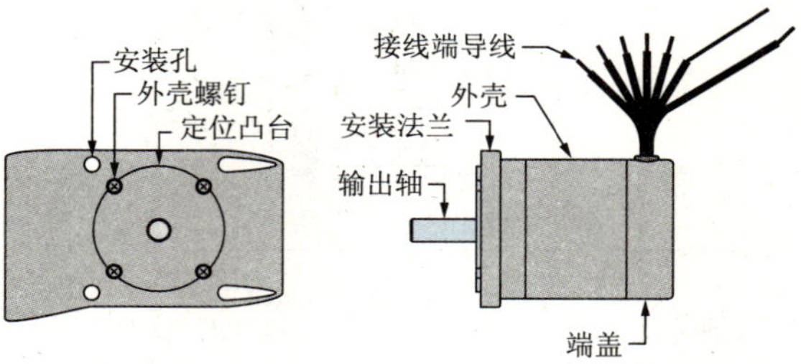
</td></tr>
<tr><td>说　明</td><td>图中示出一种典型的商用步进电动机，这类电动机通常都自带一个安装法兰，法兰上有定位凸台。输出轴相对于定位凸台的位置非常精确，安装时可以直接把电动机安装到齿轮箱中</td></tr>
<tr><th>知识点5</th><th>控制器</th></tr>
<tr><td>图　示</td><td>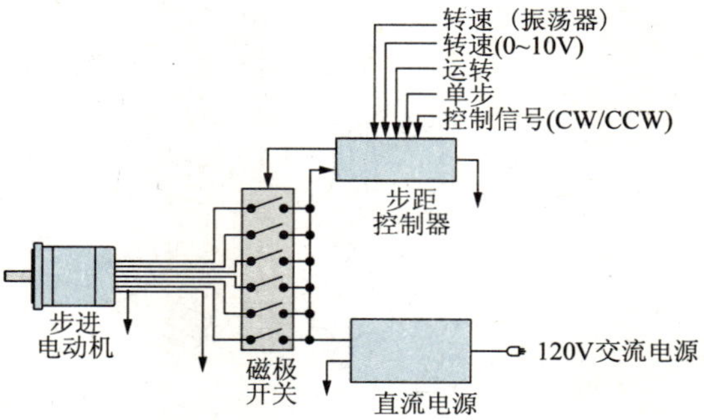
</td></tr>
<tr><td>说　明</td><td>步进电动机需要一种专用控制器。控制器通常由一些可以接通或者断开磁极的开关构成。这些开关通常是一些可控晶体管，它们用直流电源来控制磁极对。这些开关与步距控制器相连，控制器通过这些开关来控制电动机的转速、步距和转向</td></tr>
</table>

表10.13　伺服电动机

<table>
<tr><th>知识点</th><th>伺服电动机</th></tr>
<tr><td>图　示</td><td>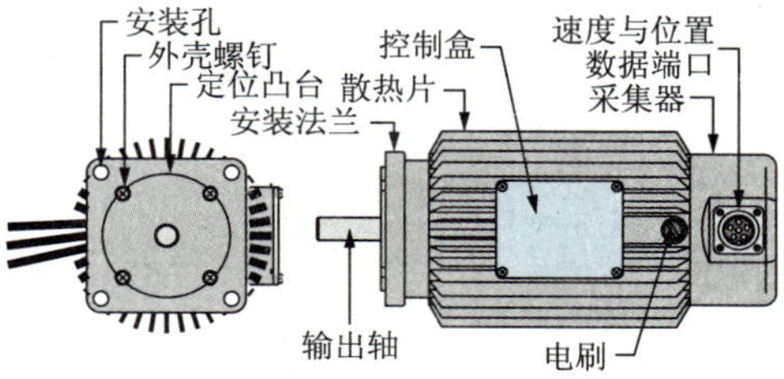
</td></tr>
<tr><td>说　明</td><td>伺服电动机实际上就是一种传动轴上带有位置反馈装置的直流电动机。它可以实时采集电动机轴的旋转参数。如果负载很高或负载经常发生变化，例如机床及传送系统等，利用这种电动机进行运动控制是一个不错的选择。图中示出一种商用直流伺服电动机。其中请注意，信号采集器安装在电动机的后面。采集器里安装有传感器，传感器可以把转速以及位置等信息反馈给控制器</td></tr>
<tr><td>图　示</td><td>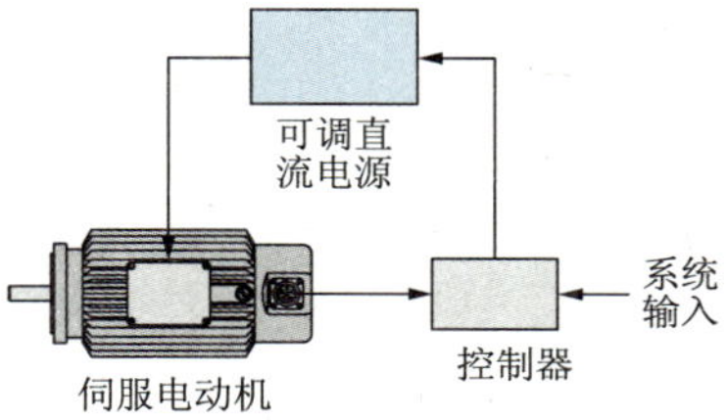
</td></tr>
<tr><td>说　明</td><td>图中示出一种典型伺服电动机的控制系统结构图。电动机的信号采集器把位置以及转速信息反馈给控制器。控制器根据反馈回来的信息调整电源的输出，以确保电动机按照系统的要求工作，通常称这种系统为闭环系统</td></tr>
</table>

表10.14　螺线管/活塞式电动机

<table>
<tr><th>知识点</th><th>螺线管/活塞式电动机</th></tr>
<tr><td>图　示</td><td>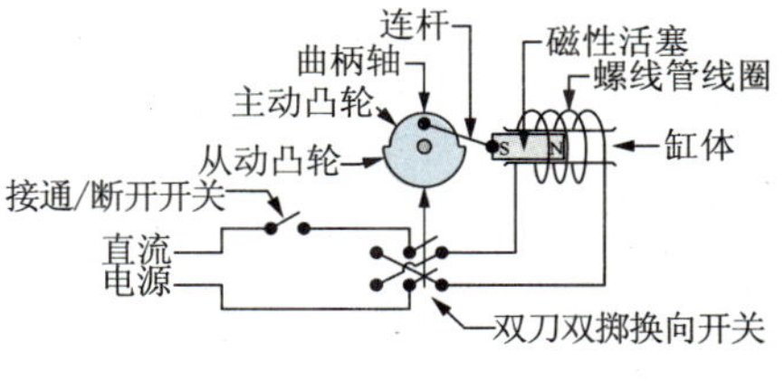
</td></tr>
<tr><td>说　明</td><td>螺线管/活塞式电动机通常作示范用。这种电动机与活塞发动机的工作方式基本相同，但它们使用的不是燃料，而是利用磁场</td></tr>
</table>

续表10.14

图 示	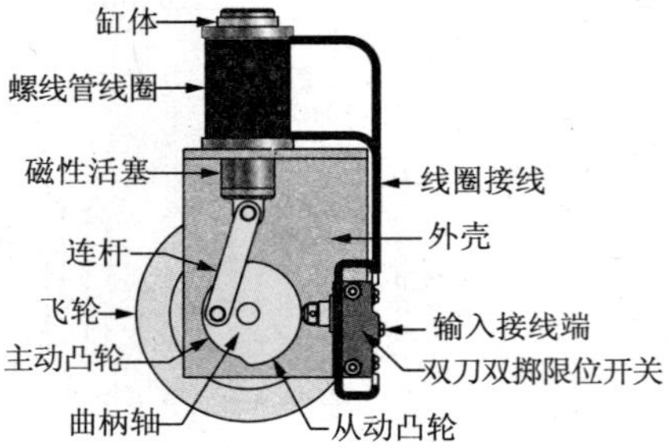
说 明	曲柄带动一个凸轮旋转，凸轮控制一个双刀双掷换向开关，活塞为一块磁铁。当线圈的磁场吸引磁铁时，拉动活塞进入缸体内部。当磁极反向时，磁铁被推出缸体。磁铁的运动作用到曲柄轴上，于是产生了转动

第11章

电工仪表

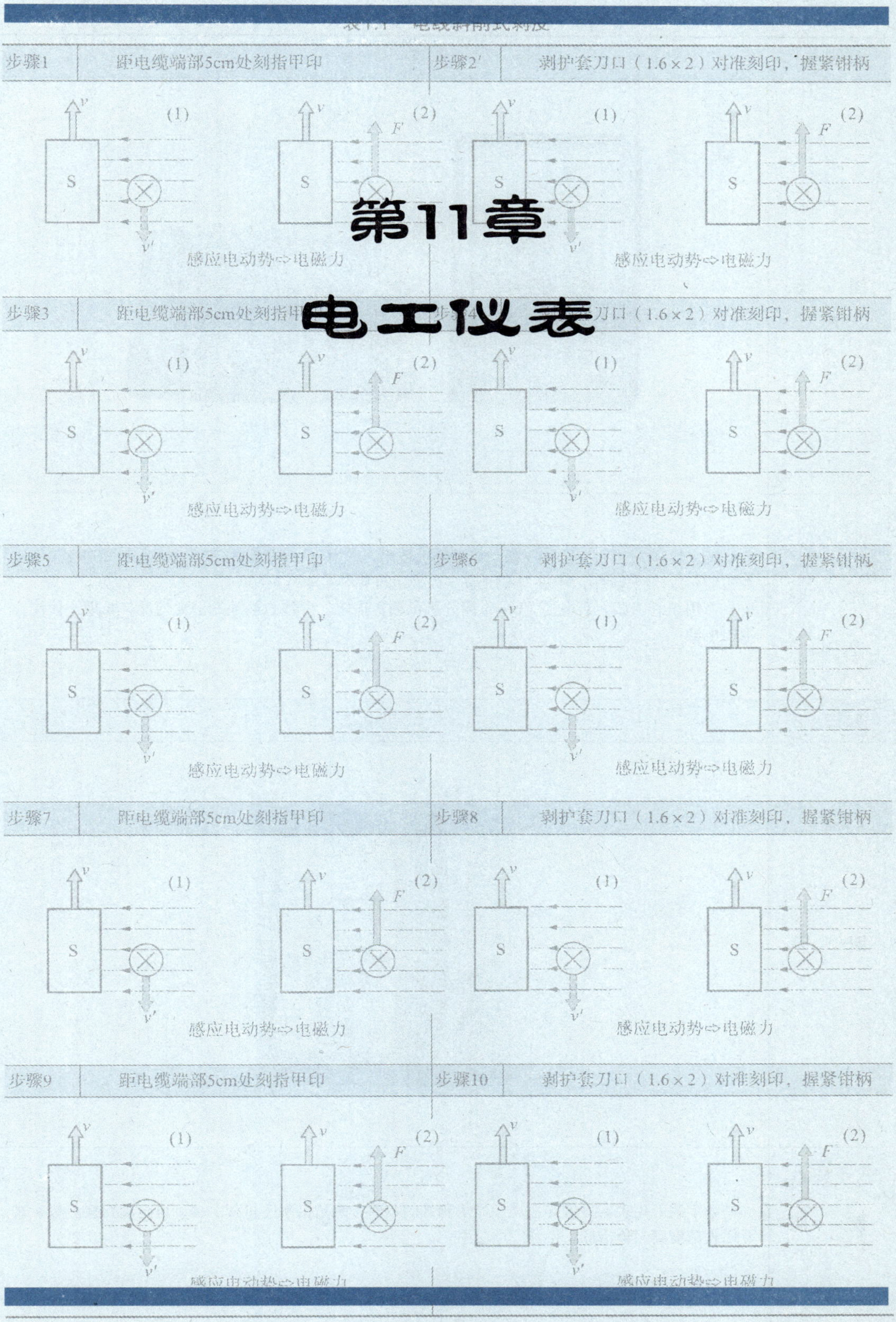

表11.1 万用表

知识点1	模拟万用表
图　　示	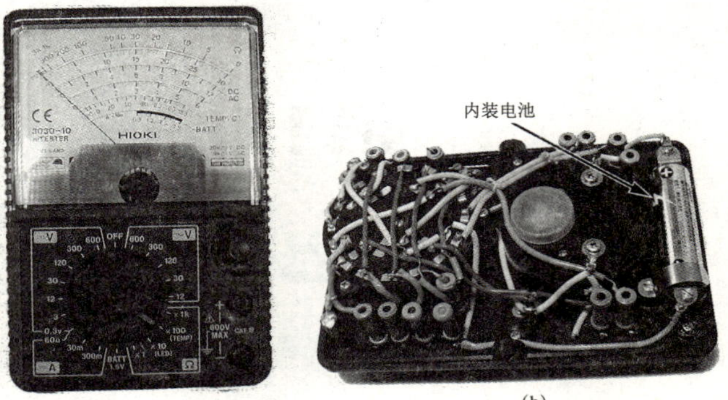(a)　(b)
说　　明	近来模拟式万用表图（a）虽然已经不大使用，但由于一看指针位置就可以大致知道测值，以及构造简单，经久耐用等优点，仍是许多人爱用的基本工具 万用表的内部装有电池（b），因此可以测量电阻。要注意电池的消耗情况，长期不使用应取出电池
知识点2	数字万用表
图　　示	
说　　明	数字式万用表在显示屏上直接显示测量的数值，测量倍率（量程）多，可自动切换。数字式万用表精度高、价格低，得到广泛应用

表11.2　万用表的使用方法

知识点1	测量电阻和压降
图　示	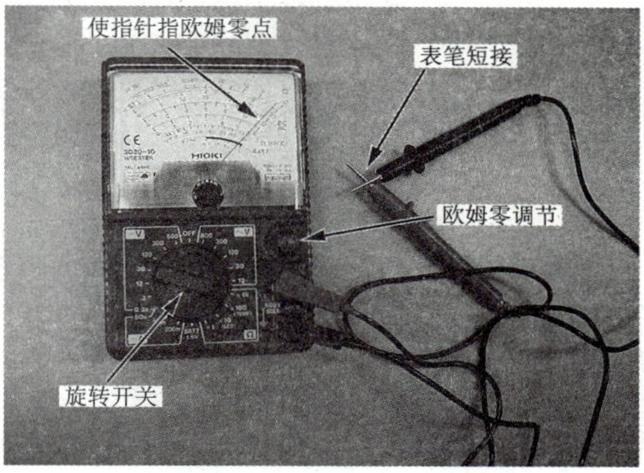
说　明	用万用表测电阻时要将旋转开关转到电阻的量程，用欧姆调整器调整好欧姆零点再测量
图　示	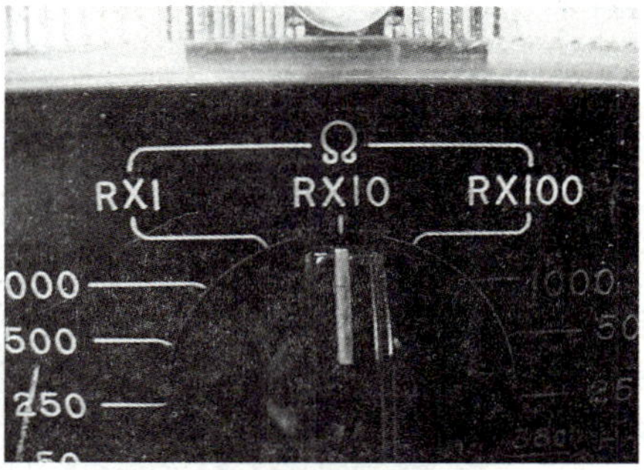
说　明	用万用表测量时应选择指针接近最大值附近的量程 能大致知道待测电阻值时转到比该电阻高一挡的电阻量程，不知道电阻值时旋转开关应转到最大量程
图　示	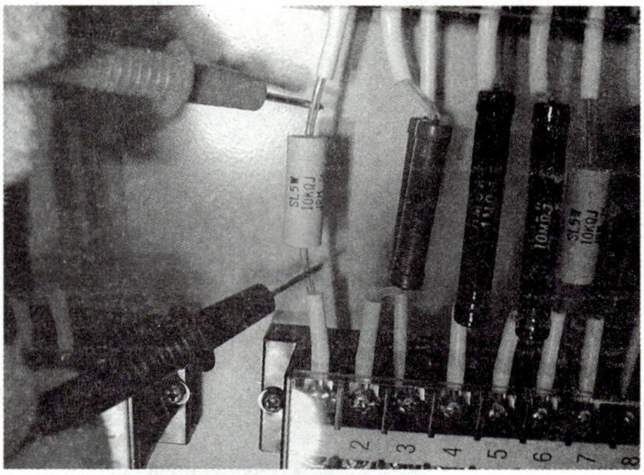
说　明	① 在选定的欧姆量程调整欧姆零点，然后测电阻值 ② 电阻值低，读数困难时，要将旋转开关转到低欧姆挡，调整欧姆零点，然后测电阻值 ③ 测试装在控制电路中电阻上的压降时，红色表笔为+，黑色表笔为−

续表11.2

知识点2	测试电阻的注意事项
图　示	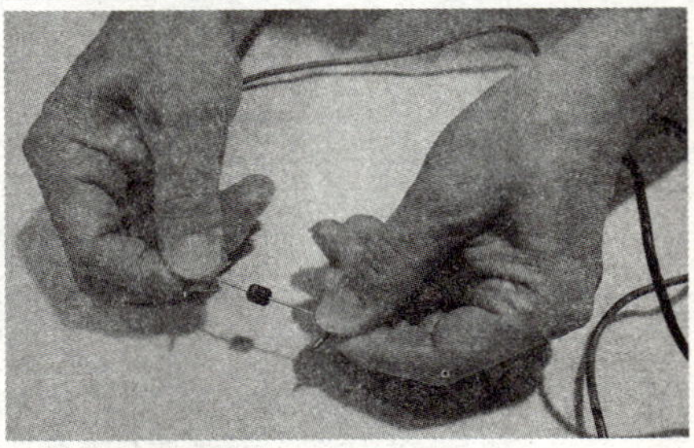
说　明	① 测试时手不可触及表笔的金属部分，双手接触时就是测人体电阻与待测电阻的并联值 ② 测试时，电阻要与电路断离 ③ 万用表测电阻时，内部的电池是电源，要注意电池的消耗（不能调节欧姆零时应更换电池）
知识点3	用指针读数
图　示	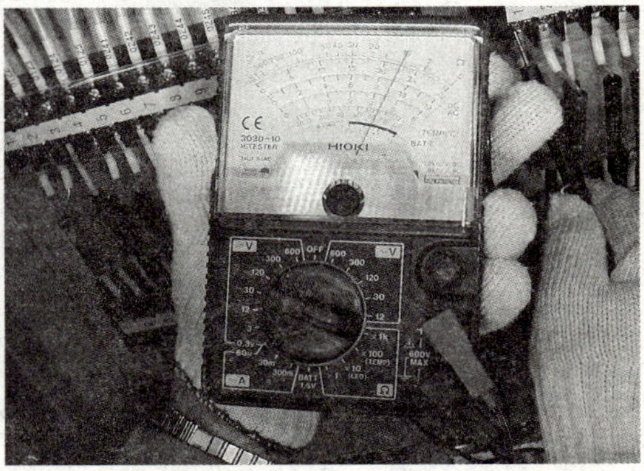
说　明	从模拟式万用表的指针读数时一定要在指针的正上方读数 万用表的测电阻挡可以做以下检查： ① 检查电路是否导通 ② 简单检查二极管 ③ 简单检查电容
知识点4	视觉误差
图　示	

续表11.2

说　明	如果万用表的指针倾斜或从侧面读数，会因视觉误差而得不到正确的测值
知识点5	测试直流电压
图　示	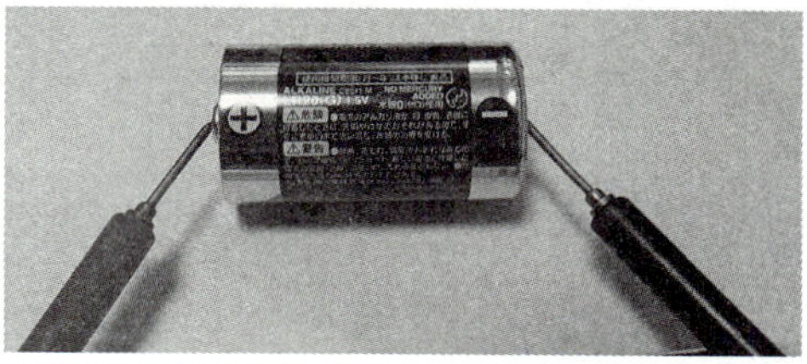
说　明	测试电池或整流电路等直流电压的场合要将旋转开关转到直流电压挡（DC-V），并与被测电压大小适应的刻度。直流电压有极性，测试前要正确区分 + 端与 - 端
知识点6	测试交流电压
图　示	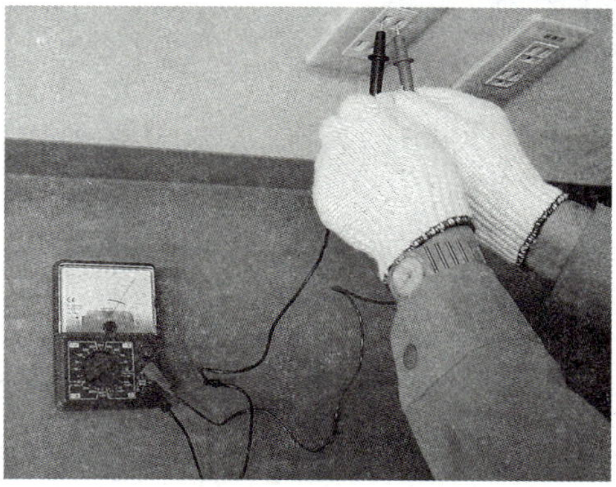
说　明	不能预测电压的大小时用最大倍率的量程开始测试，再逐渐试用低倍率量程，尽量使指针最后停止在最大刻度附近为宜
知识点7	测试前的零位调整
图　示	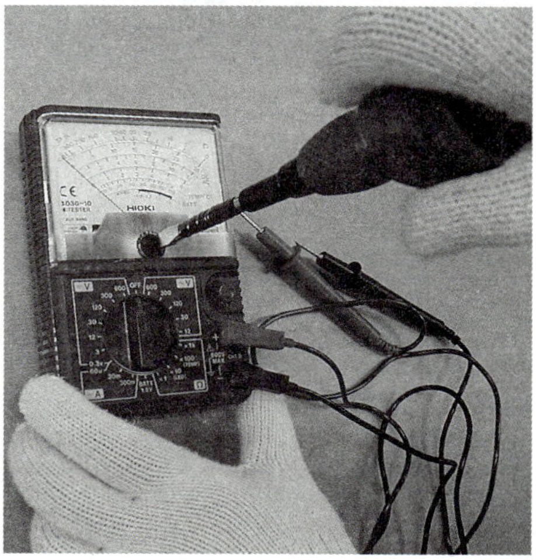

续表11.2

说　明	测试中不要切换量程以免产生测试误差。表笔一般为红色和黑色，一般规定红色为＋端。表身与表笔导线的连接多使用香蕉插头 有的万用表虽然可测试高压电路，但只是指弱电的高压电路。即使万用表有测试高压的量程也不可测试强电的高压电路

表11.3 检相计

知识点1	检相计与简易相序表
图　示	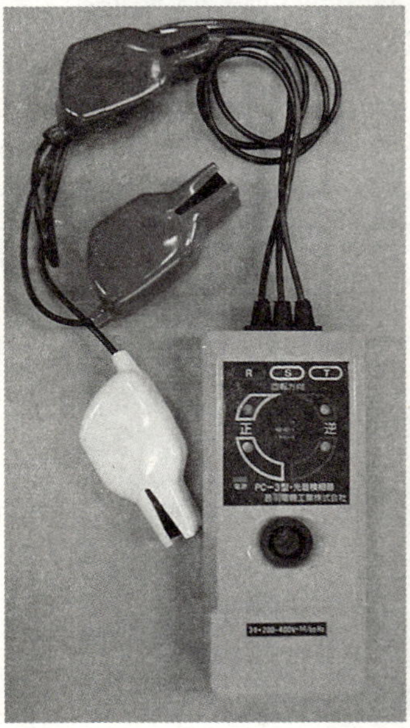 (a) 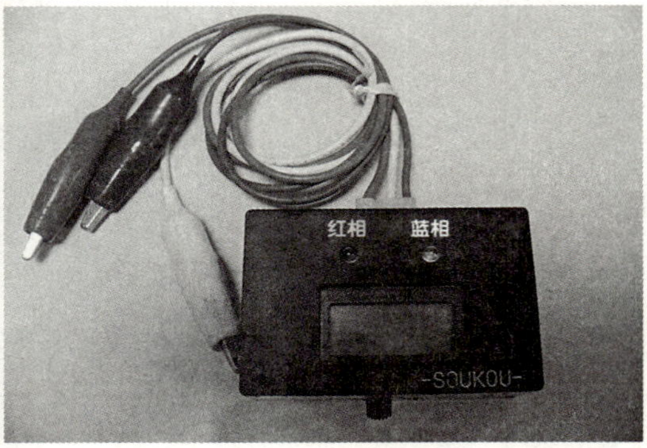 (b)
说　明	检相计图（a）可检查动力用三相交流电源等多相交流电的相旋转（正转或反转）方向 图（b）是能检查R相、S相、T相相序的简易相序表
知识点2	三相电源的相序
图　示	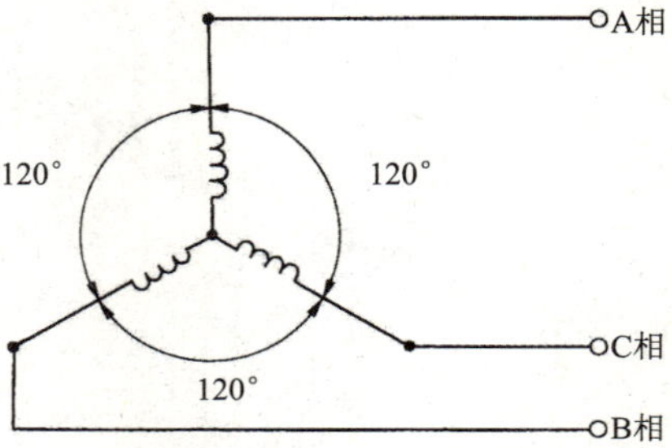
说　明	动力用的三相电源各相的相位都相差120°。如果规定滞后的顺序是A相→B相→C相或A相→C相→B相其中之一的方向为正相，则除此以外的相序就是反相 在使用的设备中通常以R相→S相→T相为正相；以R相→T相→S相为反相

续表11.3

<table>
<tr><th>知识点3</th><th>检相计的使用方法</th></tr>
<tr><td>图　　示</td><td></td></tr>
<tr><td>说　　明</td><td>因电缆的各相有红、白、蓝的标记，检查动力电路的相旋转可将检相计的红色夹子夹在红相，白色夹子夹在白相，蓝色夹子夹在蓝相绝缘电线即可</td></tr>
<tr><td>图　　示</td><td>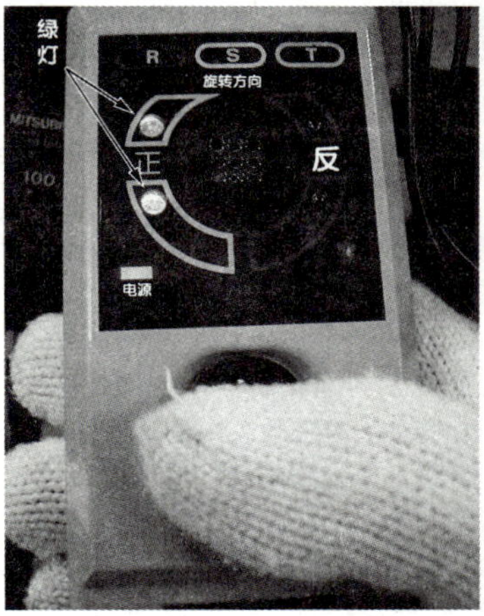

(a)
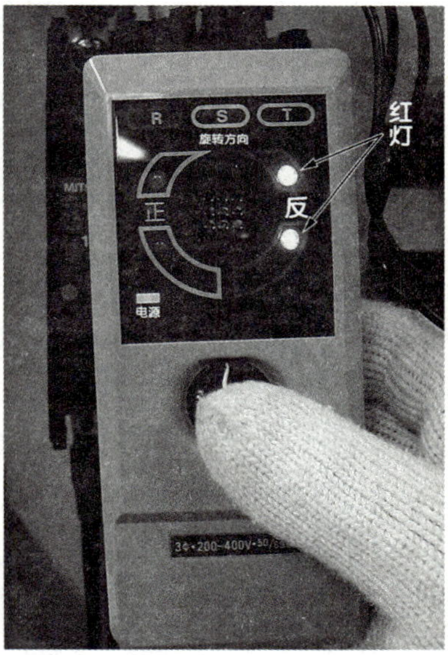

(b)</td></tr>
<tr><td>说　　明</td><td>检相计显示“正”时（图（a））绿灯点亮，测试中的动力电路即为正相
检相计显示“反”时（图（b））红灯点亮，测试中的动力电路即为反相</td></tr>
</table>

表11.4　钳形电流表

知识点1	钳形电流表的构造及原理
图　示	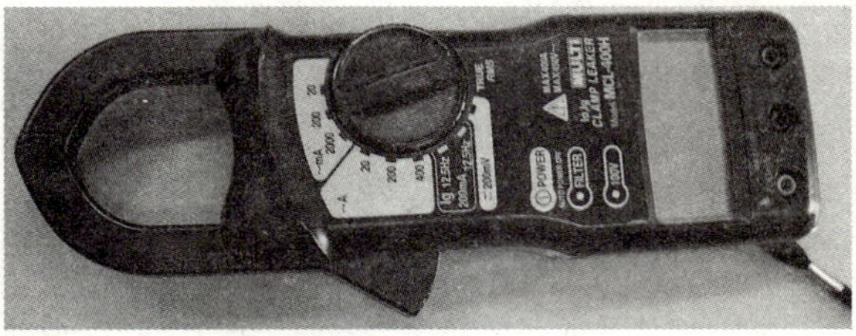
说　明	钳形电流表与万用表或普通电流表不同，不必串联在电路中，因此容易测试运行中的电流。而且从大电流到微小电流都能测试，也能测试负荷电流或漏电流，是重要的现场测试仪器
图　示	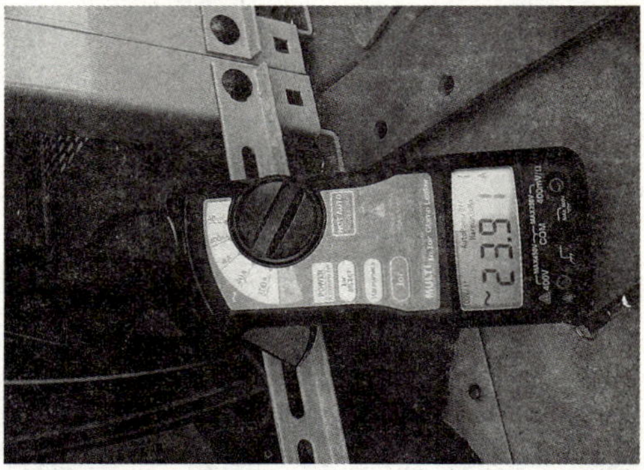
说　明	电气设备技术基准中规定了“在使用电压为低压的电路而测试绝缘电阻有困难的场合，应保证漏电流在1mA以下” 据此，对不停电就不能测试的绝缘电阻要使用钳形电流表，测试漏电流在1mA以下，即可不停电确认绝缘电阻的状态
图　示	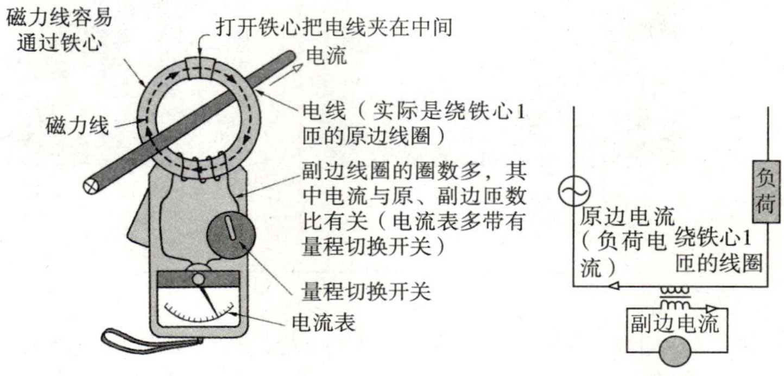 (a)　(b)

续表11.4

说　明	图（a）所示为钳形电流表的构造及接线 图（b）所示为钳形电流表的电路原理
知识点2	测试负荷电流及漏电流
图　示	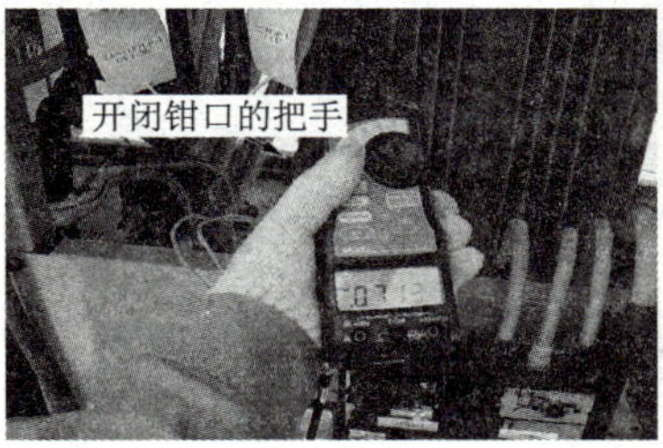 （a）  （b）
说　明	握住钳形电流表的开关把手使铁心打开后夹住要测试的电线 测试时应注意以下几点： ① 钳口所在平面与电线垂直 ② 在不易读数的地方可先锁定指示值，再拿到身边看指示值 ③ 钳口要完全闭合 ④ 电线应尽量处于钳口中间 ⑤ 在被测电线附近尽量没有其他电线（特别是测试漏电流时会受到附近大电流电线产生磁场的影响）
知识点3	测试漏电流
图　示	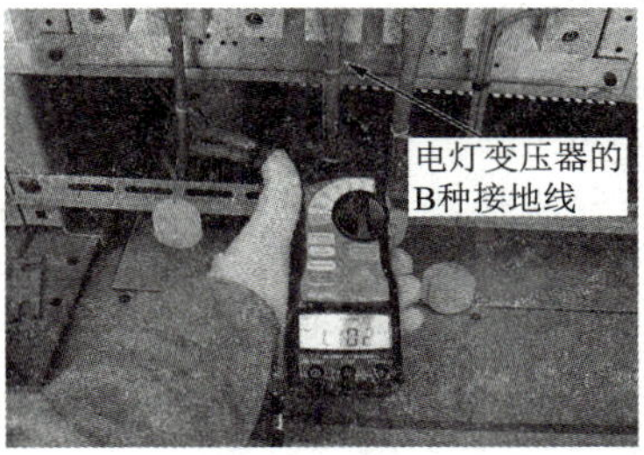
说　明	测试漏电流时，用钳口夹住电灯变压器的B种接地线，此电流就是电灯变压器的漏电流。测试动力变压器的漏电流也用同样方法

续表11.4

知识点4	使用钳形电流表的注意事项
图　示	 (a)　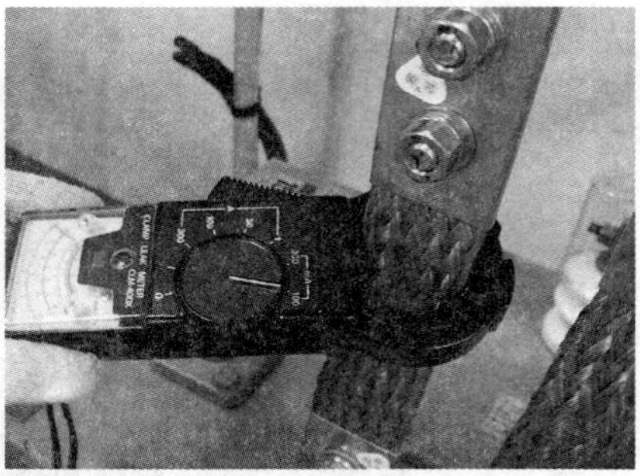 (b)
说　明	钳形电流表的钳口铁心部分是可开闭的构造，如图（a）所示。如果铁心接触面因生锈、污损或夹入尘土异物等将加大测试误差。要经常保持铁心接触面的清洁 勉强测量比钳口铁心内径粗的电线将增大误差，应选用适合电线尺寸的钳形电流表，如图（b）所示
图　示	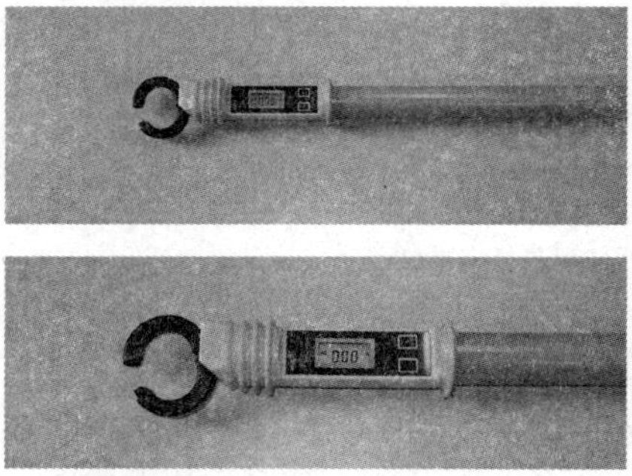
说　明	一般在市场上销售的钳形电流表多用于低压电路，不可测量高压电路。测高压电路必须使用高压用钳形电流表

续表11.4

知识点5	测试高次谐波电流
图　示	 （a）  （b）  （c） 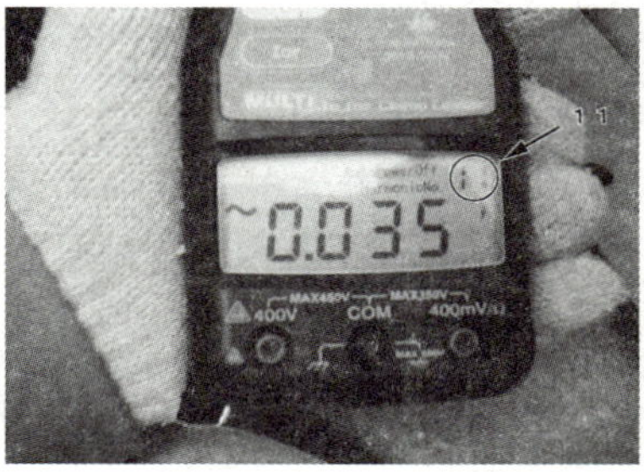 （d）
说　明	① 基波的测试［图（a）］将谐波编号设定在作为基波的“1”，即可测量此时的电流值 ② 3次谐波的测试［图（b）］将谐波编号设定在作为3次谐波的“3”，即可测量此时的电流值 ③ 5次谐波的测试［图（c）］。将谐波编号设定在作为5次谐波的“5”，即可测量此时的电流值 ④ 其他高次谐波的测试［图（d）］。同样可测试第7次、第9次高次谐波。如果第9次高次谐波还大，再测试第11次、第13次、第15次

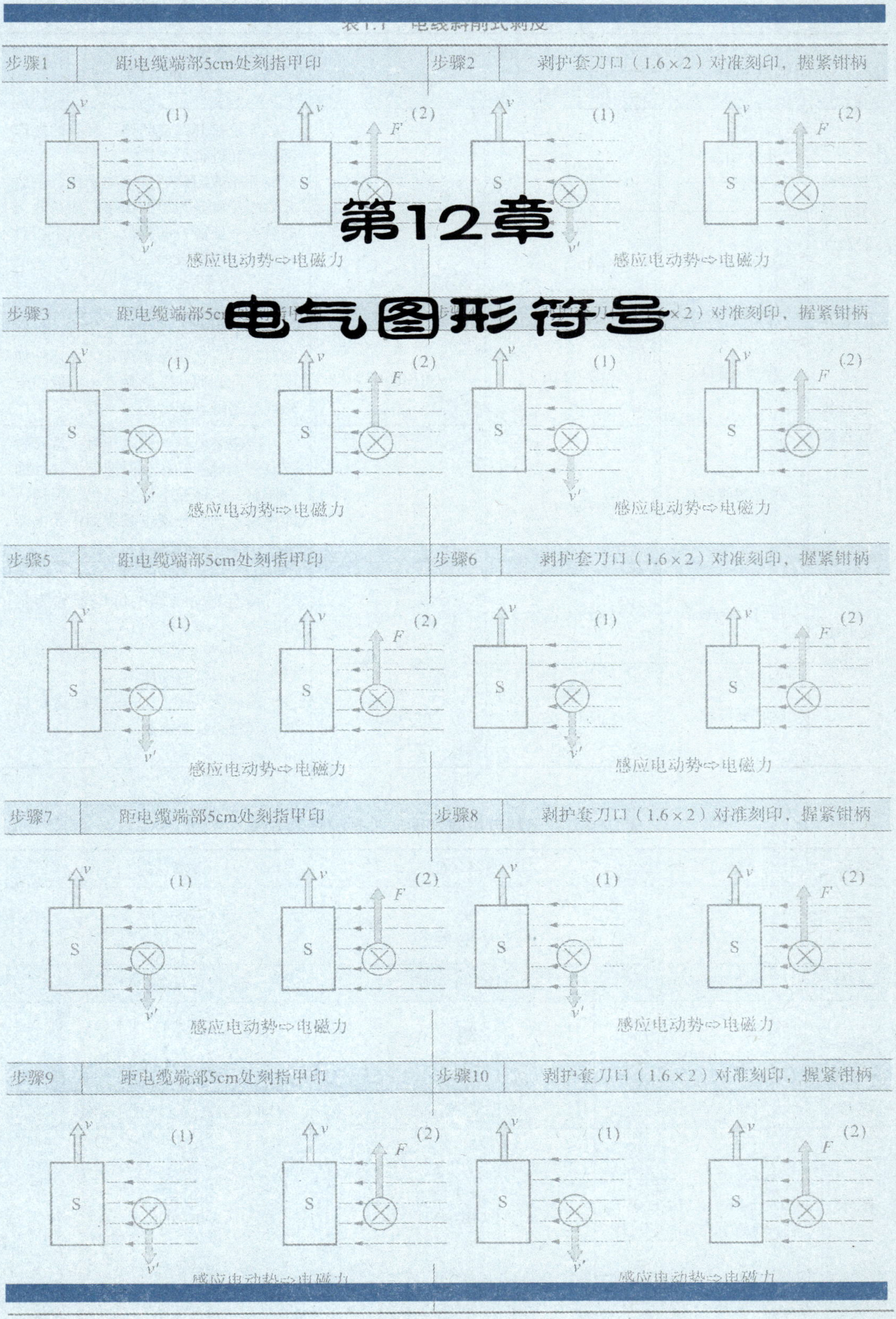
步骤1
距电缆端部5cm处刻指甲印
步骤2
剥护套刀口（1.6×2）对准刻印，握紧钳柄
感应电动势⇨电磁力
感应电动势⇨电磁力
步骤3
步骤5
距电缆端部5cm处刻指甲印
步骤6
剥护套刀口（1.6×2）对准刻印，握紧钳柄
步骤7
距电缆端部5cm处刻指甲印
步骤8
剥护套刀口（1.6×2）对准刻印，握紧钳柄
步骤9
距电缆端部5cm处刻指甲印
步骤10
剥护套刀口（1.6×2）对准刻印，握紧钳柄

第12章

电气图形符号

表12.1 开闭触点图形符号

开闭触点名称		图示		说明
		常开触点	常闭触点	
手动操作开闭器触点	电力用触点	 (07-02-01) 	 (07-02-01) 	无论是开路或闭路，触点的操作都用手动进行 开路或闭路通过手动操作，手放开后由于发条力等的作用，按钮开关的触点一般能自动复位，所以不用对自动复位特别表示 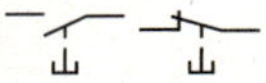
	自动复位触点	 (07-06-01) 	 (07-06-03) 	
电磁继电器触点	继电器触点	 (07-02-01) 	 (07-02-03) 	当电磁继电器外加电压时，常开触点闭合，常闭触点打开。去掉外加电压时回到原状态的触点。一般的电磁继电器触点都属于这一类
	残留功能触点	 (07-06-02) 	 	电磁继电器外加电压时，常开触点或常闭触点动作，但即使去掉外加电压后，机械或电磁状态仍然保持，即使用手动复位或电磁线圈中无电流也不能原状态的触点
延时继电器触点	延时动作触点	 (07-05-01) 	 (07-05-03) 	具有延时功能的继电器称为定时器 延时动作触点，电磁线圈得电后，其触点延时动作 延时复位触点，电磁线圈断电时，其触点延时恢复
	延时复位触点	 (07-05-02) 	 (07-05-04) 	

表12.2 开闭触点中限定图形符号的表示方法

名称	触点功能	断路功能	隔离功能
图示	 (07-01-01)	× (07-01-02)	— (07-01-03)
名称	负荷开闭功能	自动脱扣功能	位置开关功能
图示	 (07-01-04)	■ (07-01-05)	 (07-01-06)
名称	延时动作功能	自动复位功能	非自动复位（残留）功能
图示	(a)  (02-12-06) (b)  (02-12-05) 在半圆的中心方向上，动作延迟	◁ (07-01-07)	◁ (07-01-08)

续表12.2

图示	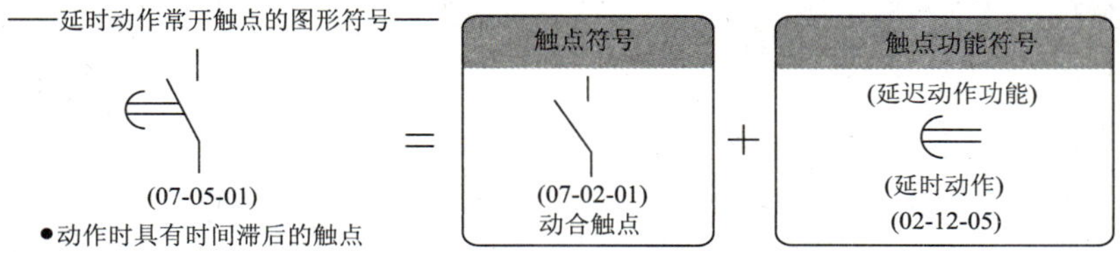
说明	具有开闭触点器件的电气用图形符号一般是在触点符号上组合触点功能符号或操作机构符号进行表示

表12.3　使用触点功能符号的开闭器类图形符号

名称	隔离器	负荷开闭器
图示	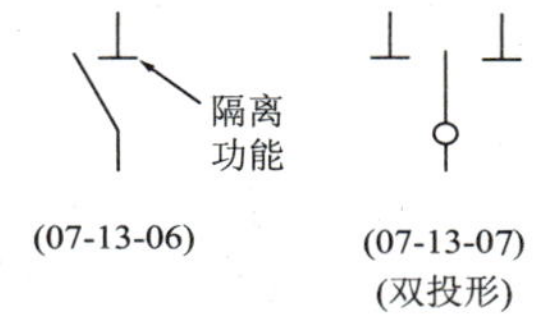	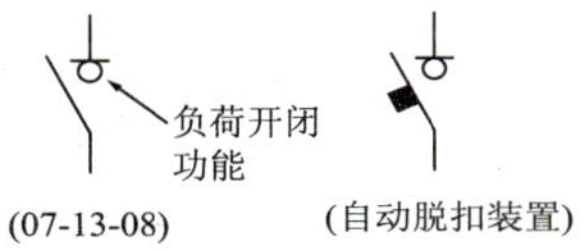
名称	限位开关	旋转开关
图示	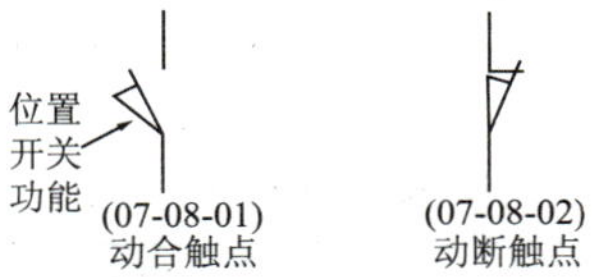	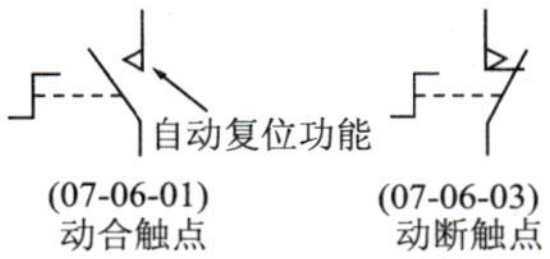
名称	配线断路器	交流断路器
图示	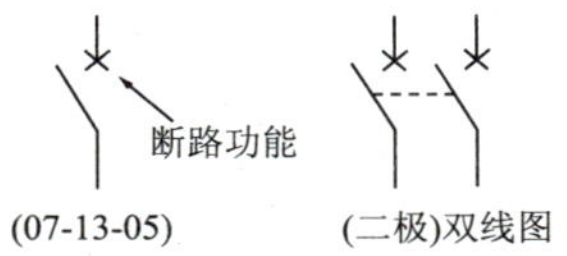	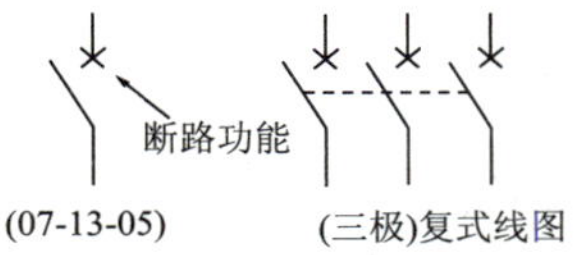
名称	电磁接触器	热继电器
图示	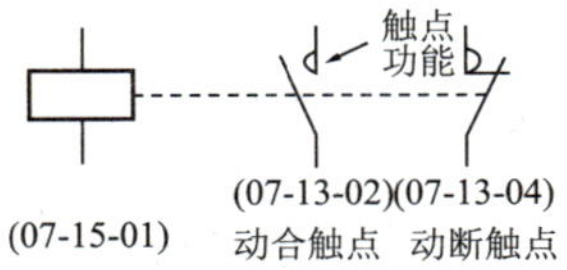	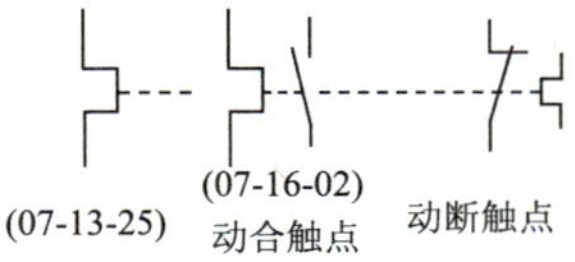
名称	定时器	定时器
图示	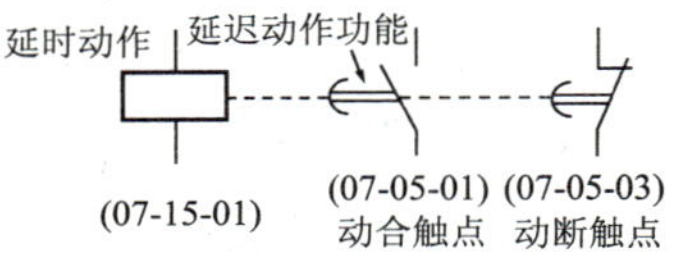	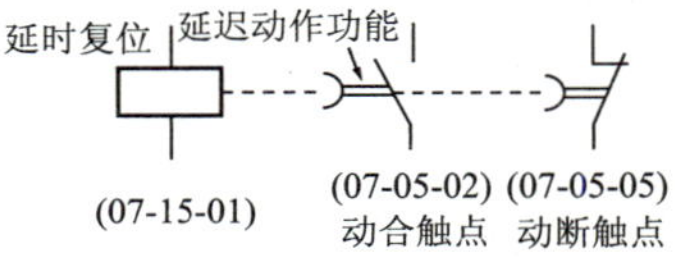

表12.4 开闭触点的操作机构符号表示方法

名称	手动操作（一般）	上位操作	旋转操作
图示	 (02-13-01)	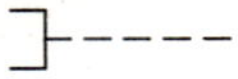 (02-13-03)	 (02-13-04)
名称	按下操作	曲柄操作	紧急操作
图示	 (02-13-05)	 (02-13-14)	 (02-13-08)
名称	手柄操作	足踏操作	杠杆操作
图示	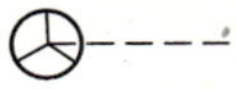 (02-13-09)	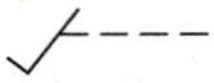 (02-13-10)	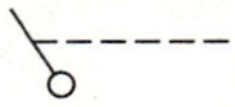 (02-13-11)
名称	装配离合手柄操作	加锁操作	凸轮操作
图示	 (02-13-12)	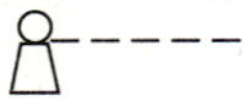 (02-13-13)	 (02-13-16)
名称	电磁效果的操作	压缩空气操作或水压操作	电动机操作
图示	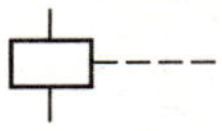 (02-13-23)	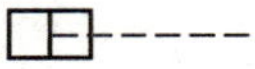 (02-13-21)	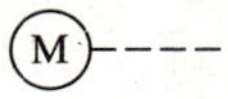 (02-13-26)

表12.5 使用操作机构符号的开闭器类图形符号

名称	按钮开关	按钮开关
图示	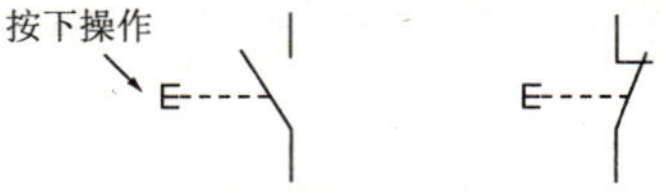 (07-07-02) 动合触点（常开触点） 动断触点（常闭触点）	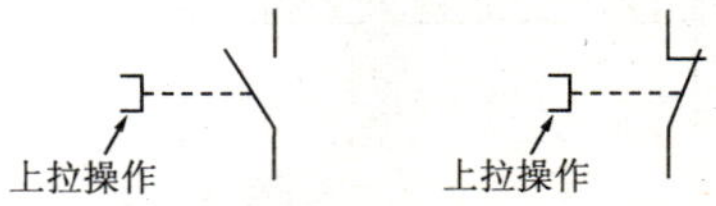 (07-07-03) 动合触点（常开触点） 动断触点（常闭触点）
名称	刀开关	手动操作断路器
图示	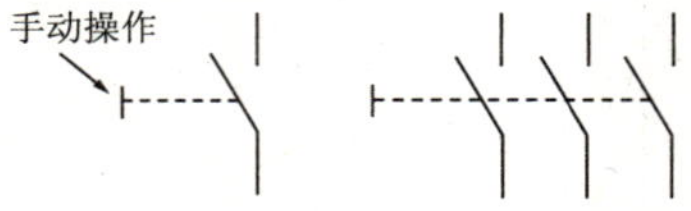 (07-07-01) (三极)多线图	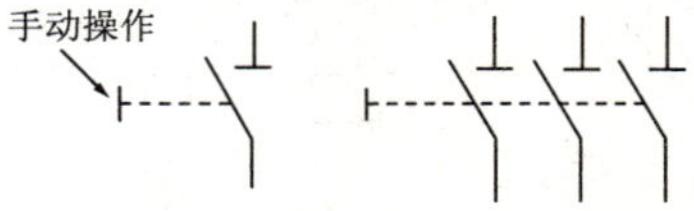 (07-13-06) (三极) 多线图
名称	电动机操作断路器型负荷开闭器	电动机操作断路器
图示	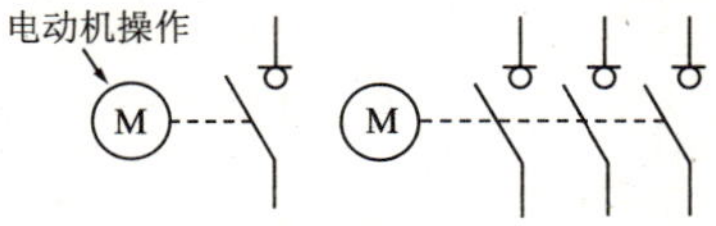 (07-13-08) (三极) 多线图	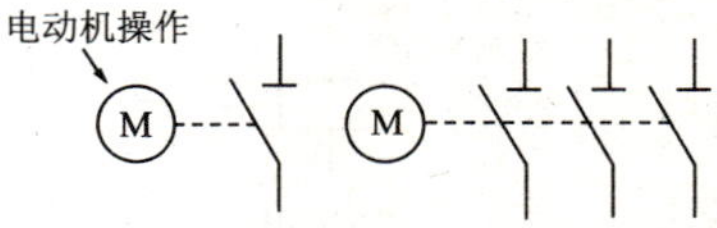 (07-13-06) (三极) 多线图

续表12.5

名称	切换开关	切换开关
图示	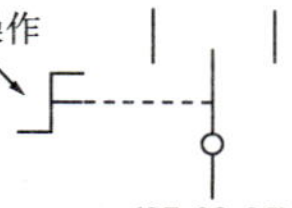 (07-02-05) 旋转操作	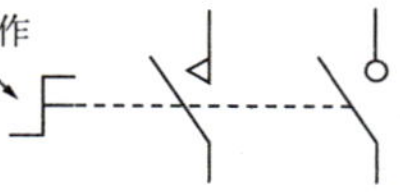 (07-06-01) (07-06-02) 旋转操作(具有残留触点)

表12.6 电气设备图形符号

名　称	图　示
继电器	 (07-13-06)  (07-13-07) (双掷型)
交流断路器	 (07-13-05) 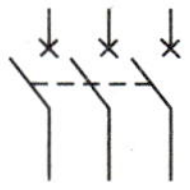 (多线图用)
高压开闭器	 (带熔断器的开闭器) (07-21-07)
交流负载开闭器	  (07-13-08) (07-21-09) (带熔断器)  带自动撤出装置的负载开闭器 (07-13-09)

续表12.6

名　称	图　示
配线断路器	 (07-13-05) 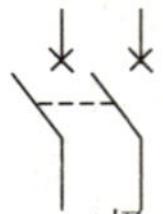 二极 (多线图用)
过电流继电器	I> 注: >在特征量超过 设定值时运行 (02-06-01)
接地保护继电器	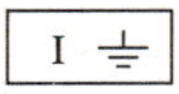 注: ⏚ 表示接地 (02-15-01)
变压器	 (06-09-01) (2线圈变压器)  (06-09-04) (3线圈变压器)  (06-09-06) 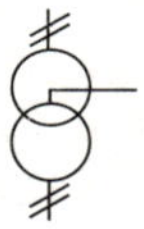 (06-10-03) (中间抽头 单相变压器)  (06-10-07) (三相变压器 Y△连线)  (06-10-11) (单相变压器 Y△连线)
计量器用变压器	 (06-13-01)

续表12.6

名　称	图　示
计量器用变压器	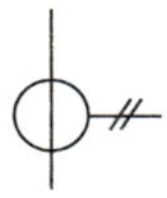 (06-09-10) 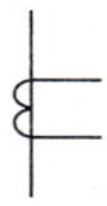 (06-09-11) 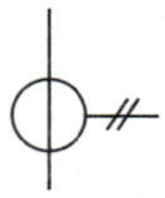 (06-13-06)(带抽头的二次线圈)
零相计量器用变流器	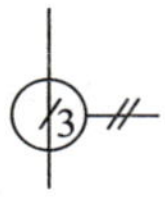 (06-13-10) 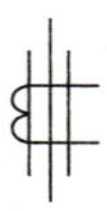 (06-13-11)
计量器用变压交流器	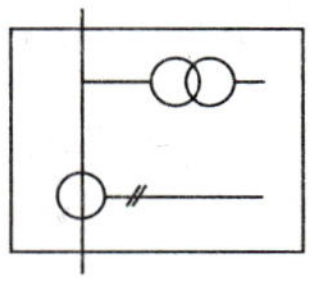
避雷器	 (07-22-03) (07-22-01)(放电间隙)

表12.7　控制设备器件图形符号

名　称	图　示
按钮开关	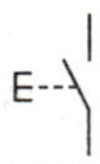 (07-07-02) 常开触点 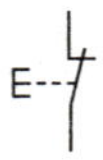 常闭触点

续表12.7

名　称	图　示
电池	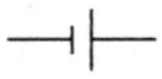 (06-15-01)
闸刀开关	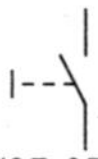 (07-07-01) (手动操作开关) 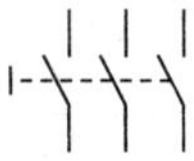
限位开关	 (07-08-01) 常开触点  (07-08-02) 常闭触点
电磁接触器	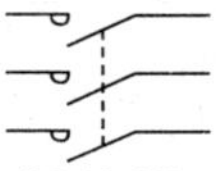 (07-13-02) 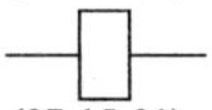 (07-15-01) 常开触点
电磁继电器	 (07-02-01) 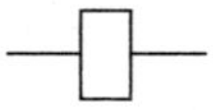 (07-15-01) 常开触点  (07-02-03) 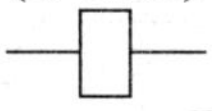 (07-15-01) 常闭触点
电动机/发电机	 (06-04-01) 电动机  发电机 

续表12.7

名　称	图　示
测量器（一般）	 (08-01-01)  (08-02-01)  
继电器线圈	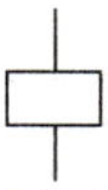 (07-15-01)
电容器	 (04-02-01)  (04-02-07)(可变) 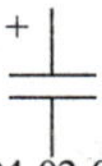 (04-02-05)(有极性)  (04-02-09)(半固定)
电　铃	 (08-10-06)
蜂鸣器	 (08-10-10)
电　灯	 (08-10-01) 颜色代码符号　<参考> RD-红　GN-绿　RL-红　GL-绿 BU-黑　OL-橙　BL-蓝 YE-黄　WH-白　YL-黄　WL-白
变压器	 (06-09-01) 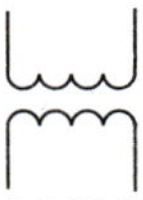 (06-09-02)
整流器	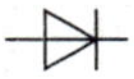 (05-03-01)
电阻器	 (04-01-01)

续表12.7

名 称	图 示
熔断器	 (07-21-01)

表12.8 识读电动送风机的延迟运行运转电路

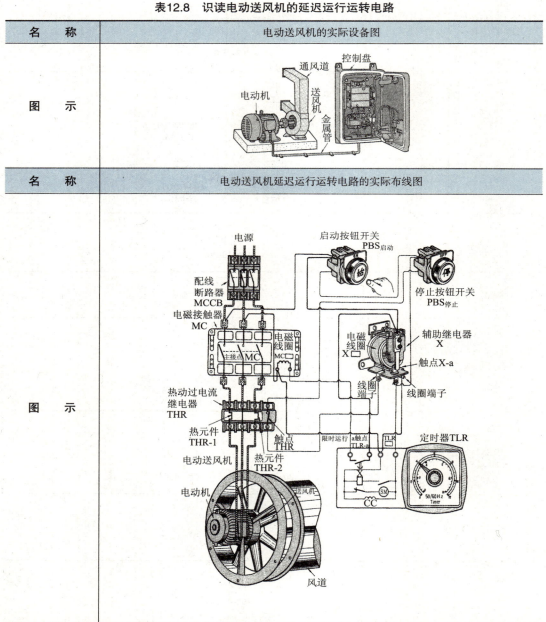

<table>
<tr><th>名 称</th><th>电动送风机的实际设备图</th></tr>
<tr><td>图 示</td><td>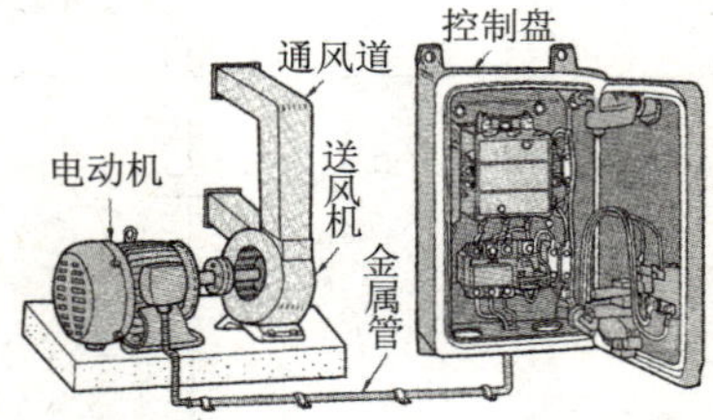
</td></tr>
<tr><th>名 称</th><th>电动送风机延迟运行运转电路的实际布线图</th></tr>
<tr><td>图 示</td><td>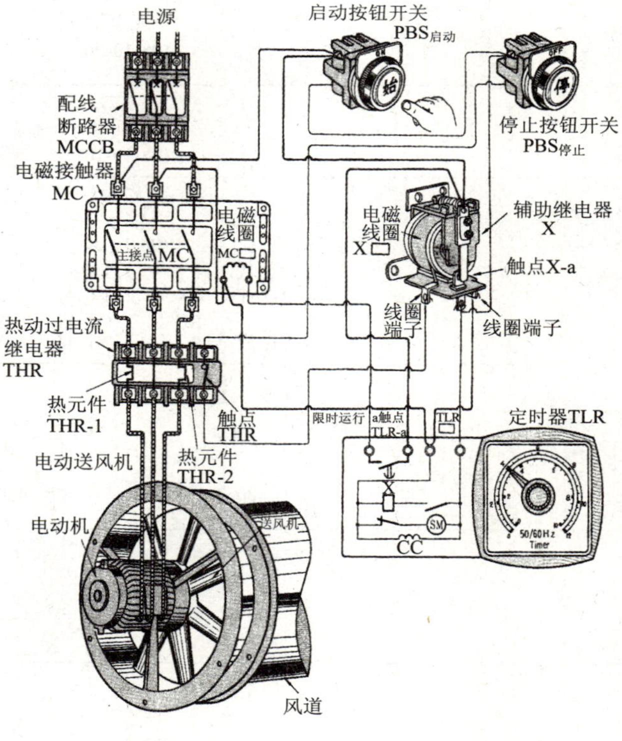
</td></tr>
</table>

续表12.8

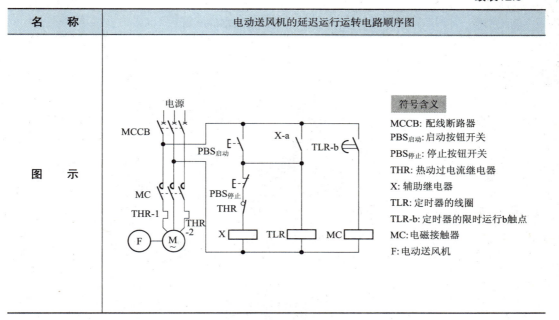

名　称	电动送风机的延迟运行运转电路顺序图
图　示	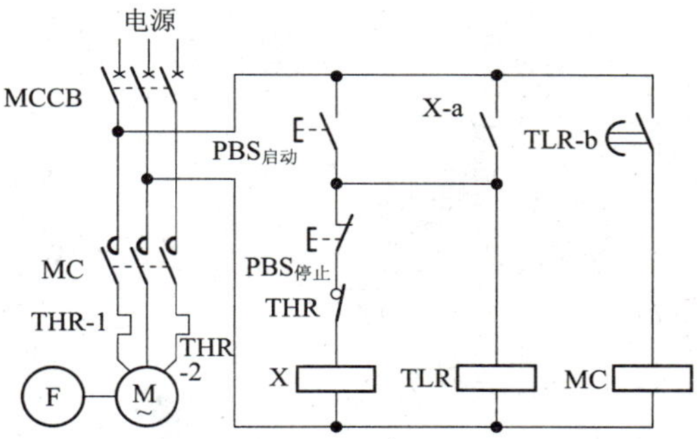 符号含义 MCCB: 配线断路器 $PBS_{启动}$: 启动按钮开关 $PBS_{停止}$: 停止按钮开关 THR: 热动过电流继电器 X: 辅助继电器 TLR: 定时器的线圈 TLR-b: 定时器的限时运行b触点 MC: 电磁接触器 F: 电动送风机

表12.9　识读采用无浮子液位继电器的供水控制电路

名　称	供水设备构造
图　示	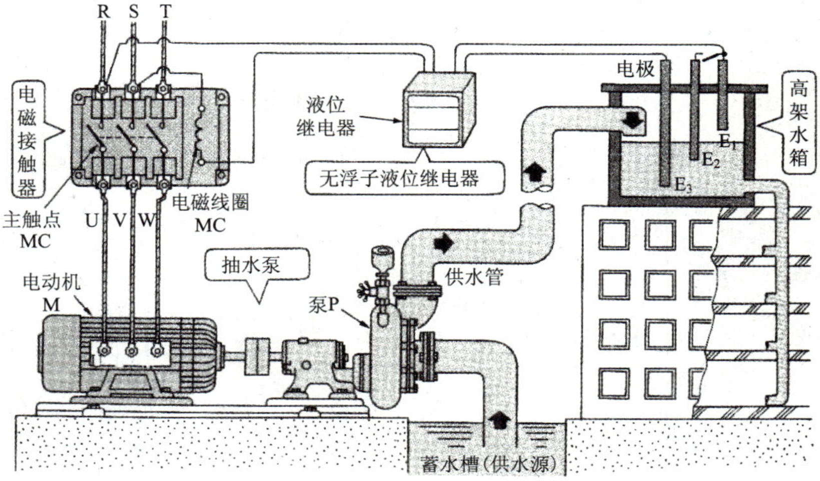

续表12.9

<table>
<tr><th>名　　称</th><th>供水设备实际布线图</th></tr>
<tr><td>图　　示</td><td>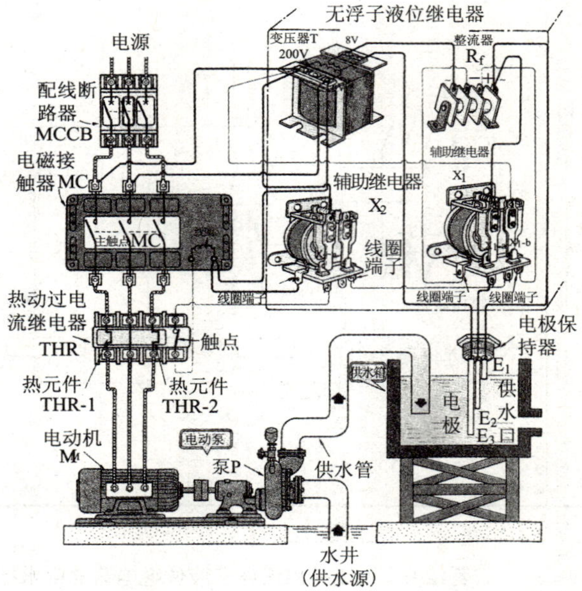
</td></tr>
<tr><th>名　　称</th><th>供水控制电路顺序图</th></tr>
<tr><td>图　　示</td><td>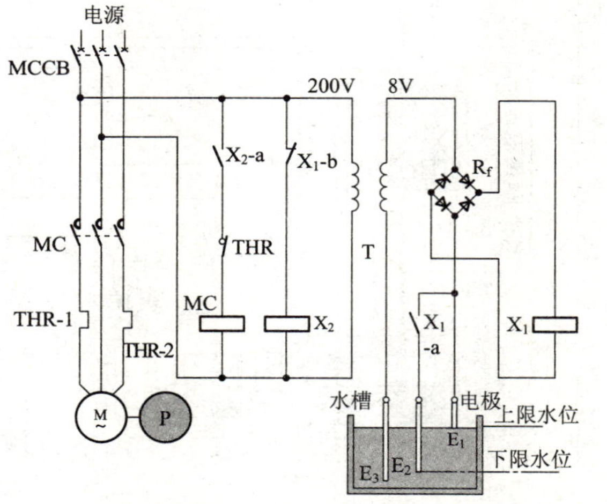

符号含义　T: 变压器　E_1·E_2·E_3 :无浮子液位继电器的电极
R_f: 整流器　M-P: 电动泵</td></tr>
</table>

续表12.9

<table>
<tr><th>名　称</th><th>水箱水位与电动泵的启动及停止方法</th></tr>
<tr><td>图　示</td><td>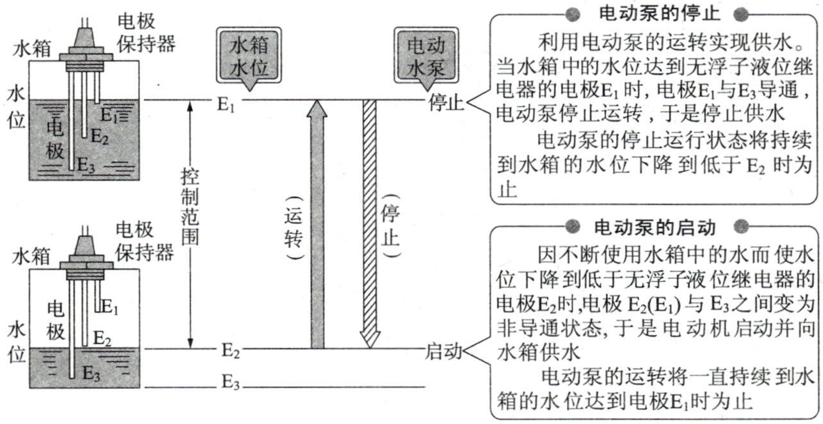
</td></tr>
</table>

表12.10　识读带有缺水报警的供水控制电路

<table>
<tr><th>名　称</th><th>带有缺水报警的供水电路实际布线图</th></tr>
<tr><td>图　示</td><td>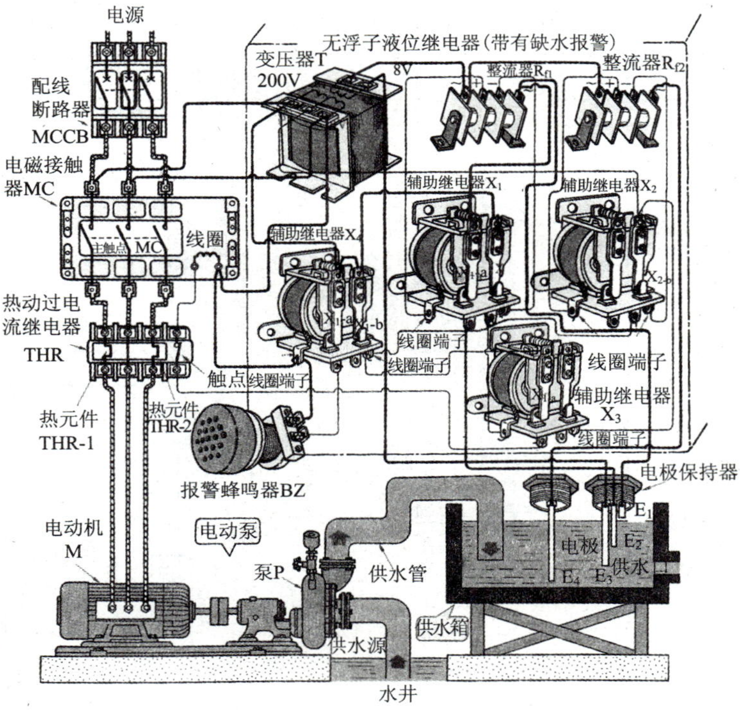
</td></tr>
</table>

续表12.10

名　称	带有缺水报警的供水电路的顺序图
图　示	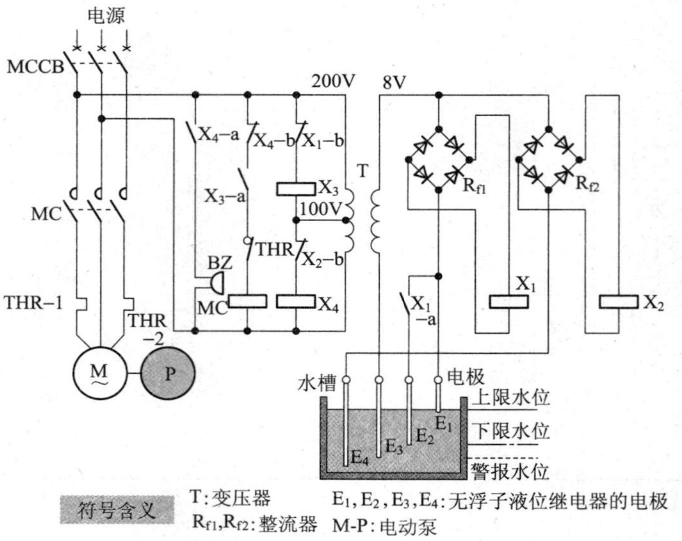 符号含义　T:变压器　Rf1,Rf2:整流器　E1,E2,E3,E4:无浮子液位继电器的电极　M-P:电动泵

表12.11　识读采用无浮子液位继电器的排水控制电路

名　称	排水设备的构造图
图　示	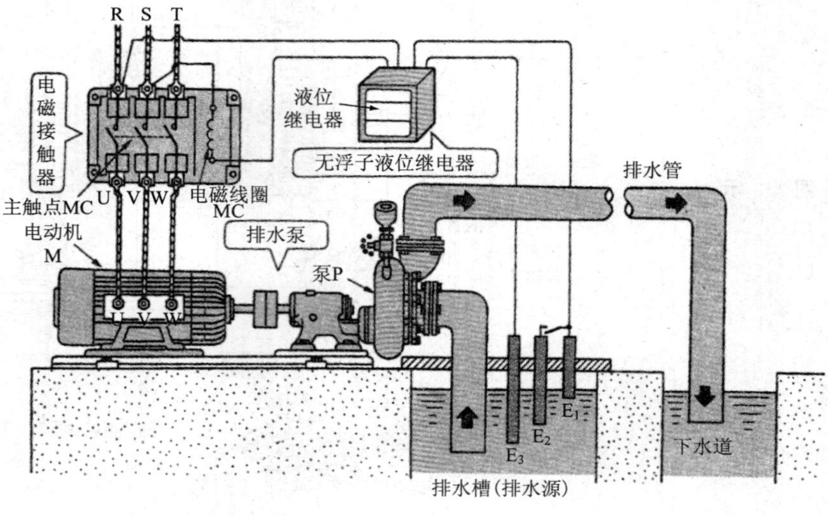

续表12.11

<table>
<tr><th>名　称</th><th>排水控制电路实际布线图</th></tr>
<tr><td>图　示</td><td>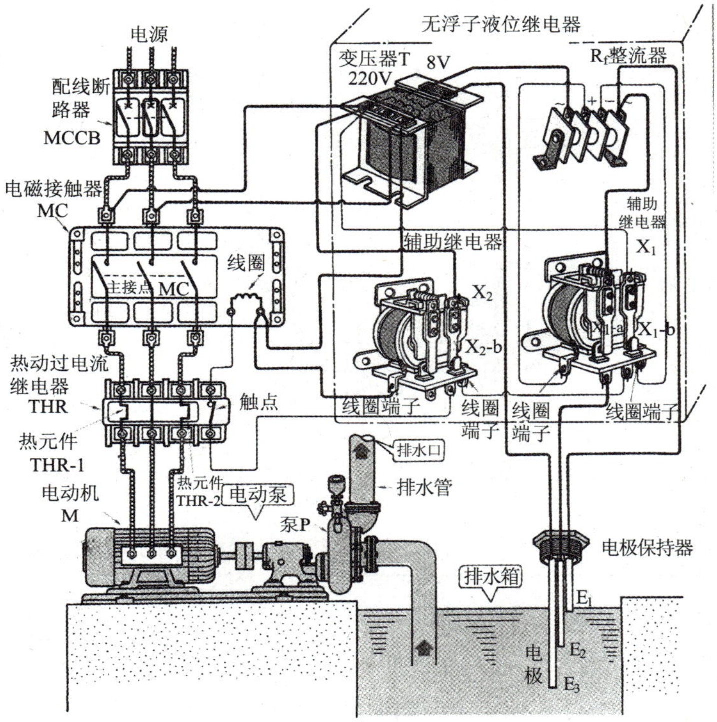
</td></tr>
<tr><th>名　称</th><th>排水控制电路的顺序图</th></tr>
<tr><td>图　示</td><td>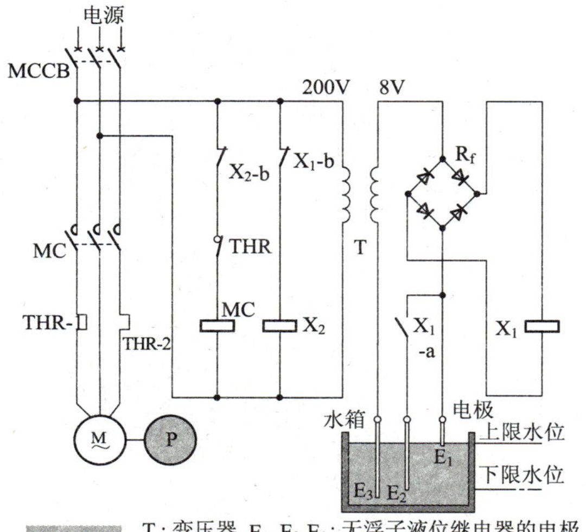

符号含义　T：变压器　E_1,E_2,E_3：无浮子液位继电器的电极
R_f：整流器　M-P：电动泵</td></tr>
</table>

续表12.11

<table>
<tr><th>名　　称</th><th>排水箱水位与电动泵的启动和停止方法</th></tr>
<tr><td>图　　示</td><td>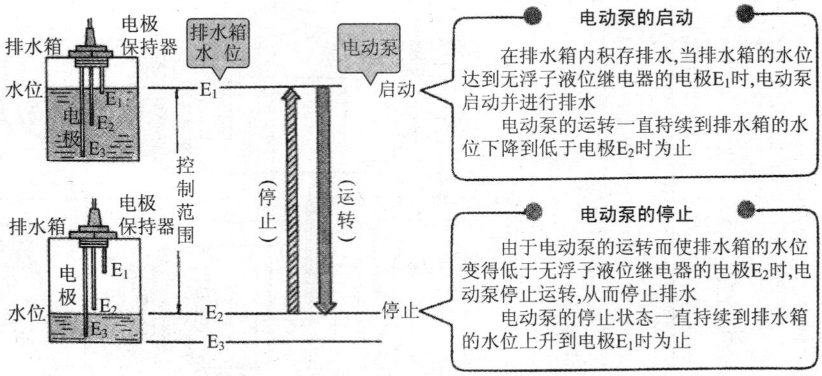
</td></tr>
</table>

表12.12　识读带有涨水报警的排水控制电路

<table>
<tr><th>名　　称</th><th>带有涨水报警的排水控制电路实际布线图</th></tr>
<tr><td>图　　示</td><td>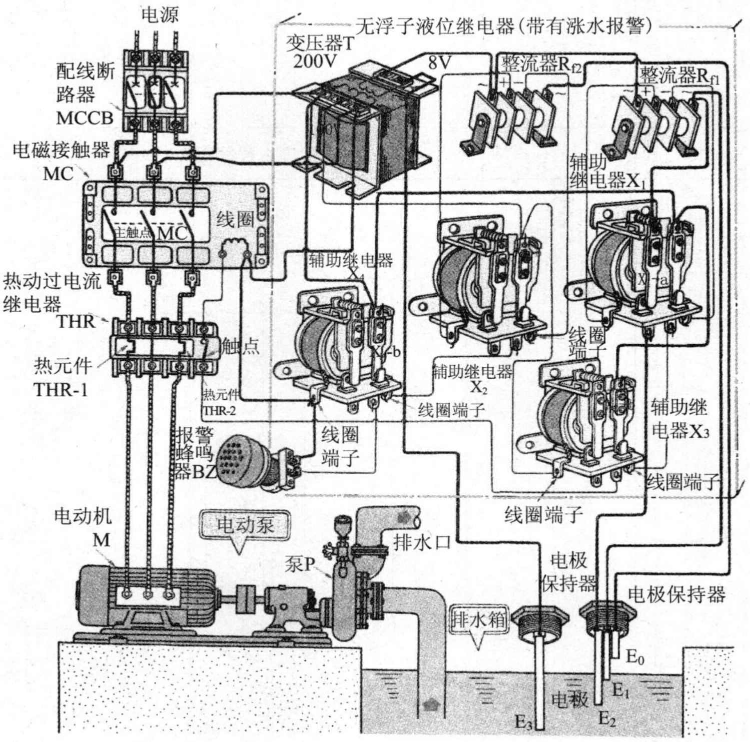
</td></tr>
</table>

续表12.11

名　　称	带有涨水报警的排水控制电路的顺序图
图　　示	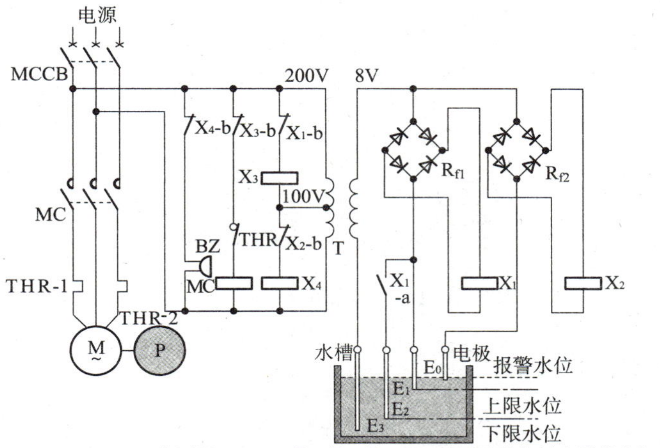 符号含义　T: 变压器　R_{f1}, R_{f2}: 整流器　E_0，E_1，E_2，E_3: 无浮子液位继电器的电极　M-P: 电动泵

表12.13　识读传送带的暂时停止控制电路

名　　称	传送带设备的实际构造
图　　示	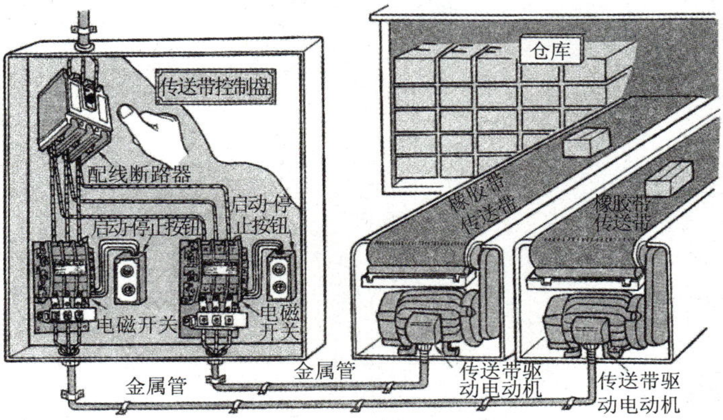

续表12.13

<table>
<tr><th>名　称</th><th>传送带的暂时停止控制实际布线图</th></tr>
<tr><td>图　示</td><td>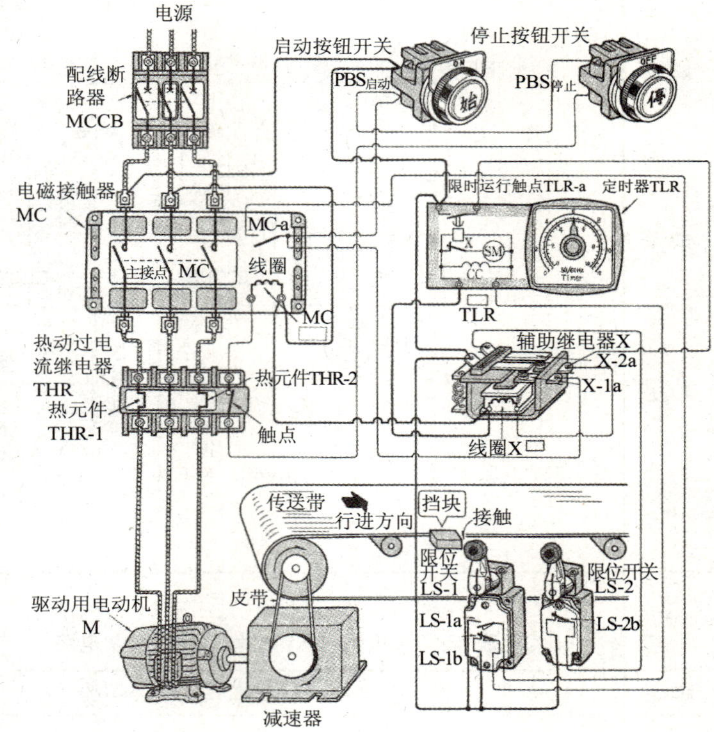
</td></tr>
<tr><th>名　称</th><th>传送带的暂时停止控制电路的顺序图</th></tr>
<tr><td>图　示</td><td>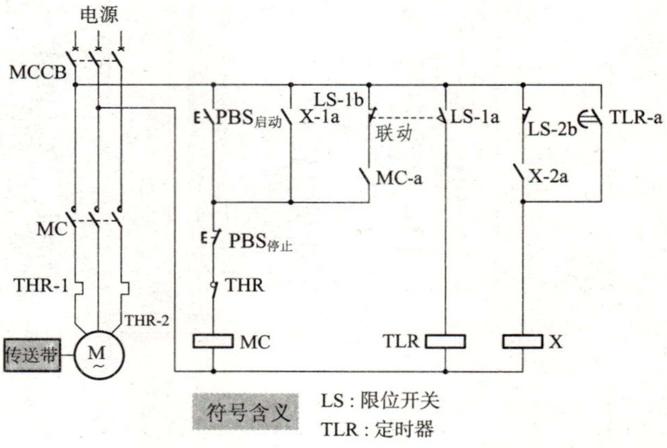
</td></tr>
</table>

表12.14　识读货物升降机的自动反转控制电路

名　称	升降机的自动反转控制实际布线图
图　示	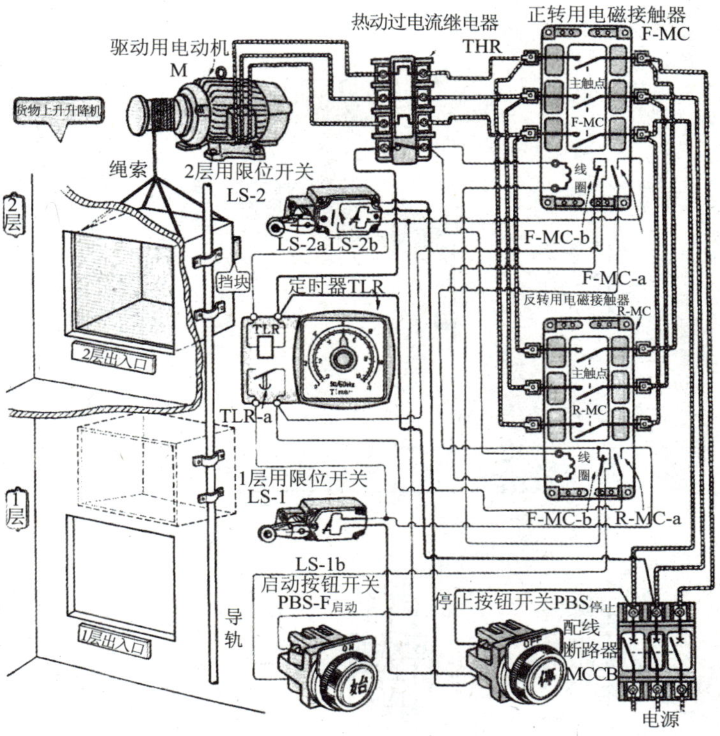

名　称	升降机的自动反转控制电路的顺序图
图　示	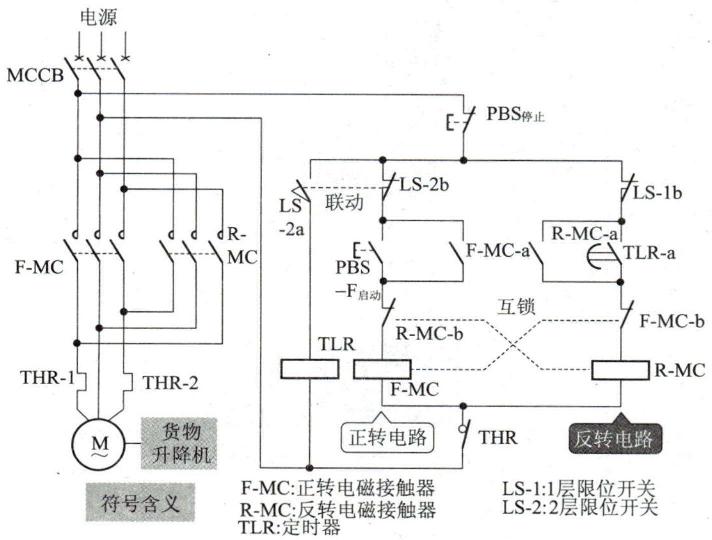

表12.15 识读泵的反复运转控制电路

<table>
<tr><th>名 称</th><th>泵设备的实际构造图</th></tr>
<tr><td>图 示</td><td>

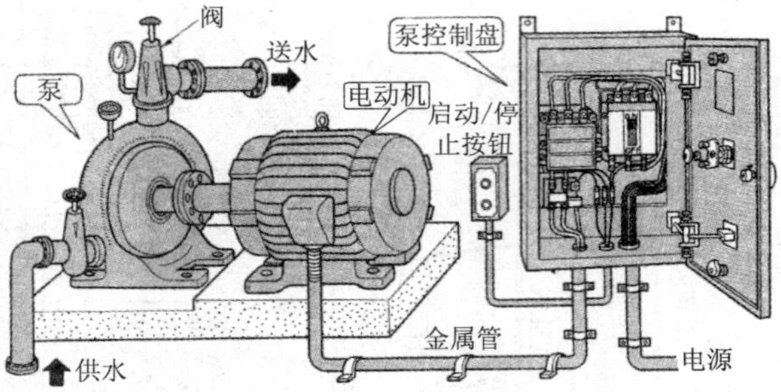

</td></tr>
<tr><th>名 称</th><th>泵的反复运转控制电路的实际布线图</th></tr>
<tr><td>图 示</td><td>

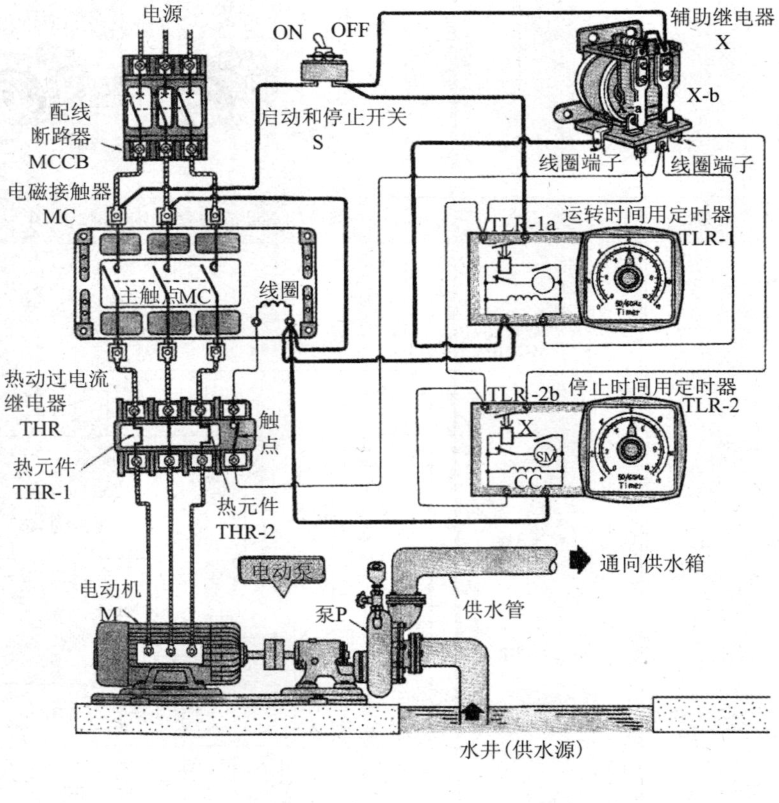

</td></tr>
</table>

续表12.15

名　称	泵的反复运转控制电路的顺序图
图　示	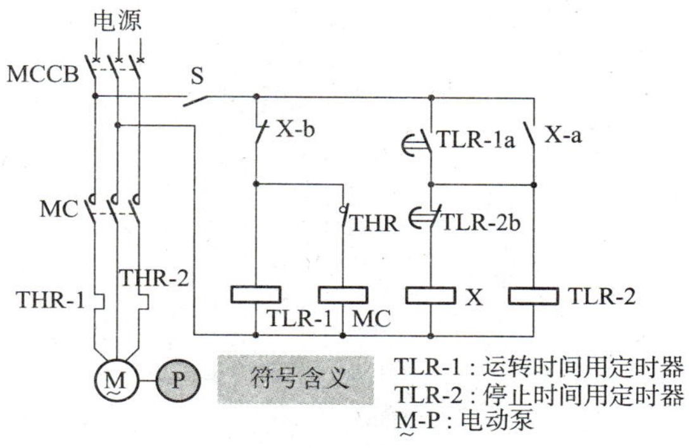

表12.16　识读泵的顺序启动控制电路

名　称	泵的顺序启动控制电路实际布线图
图　示	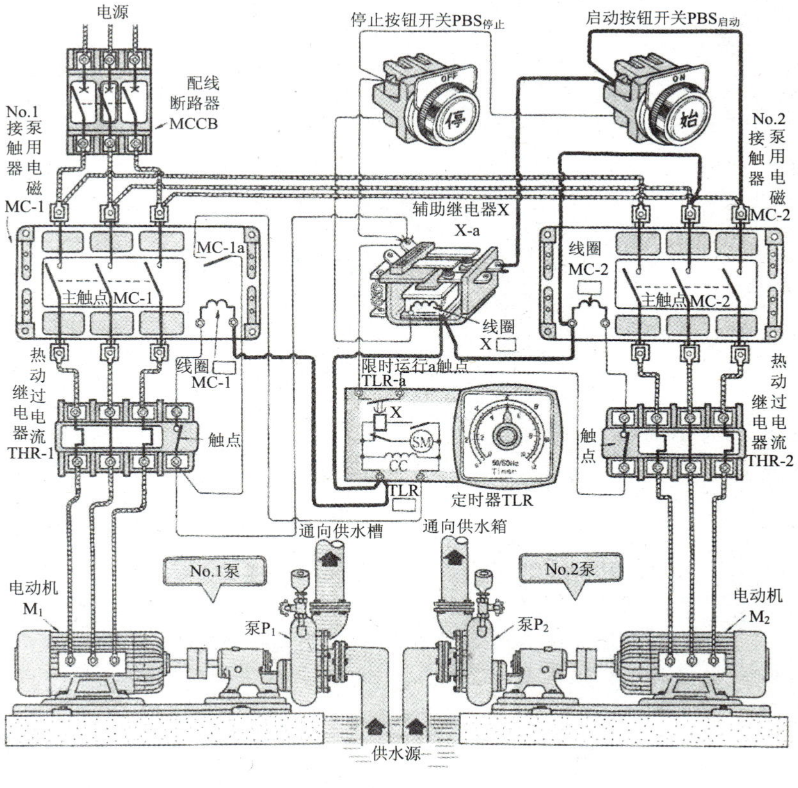

续表12.16

名　　称	泵的顺序启动控制电路的顺序图
图　　示	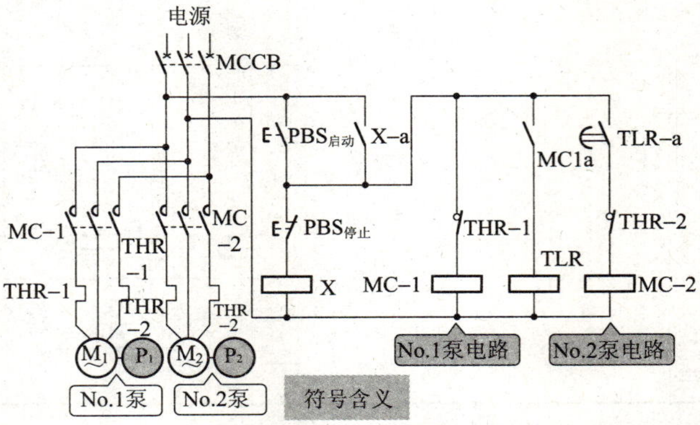 符号含义 MC-1 : No.1泵用电磁接触器　M_1-P_1 : No.1电动泵 MC-2 : No.2泵用电磁接触器　M_1-P_1 : No.2电动泵

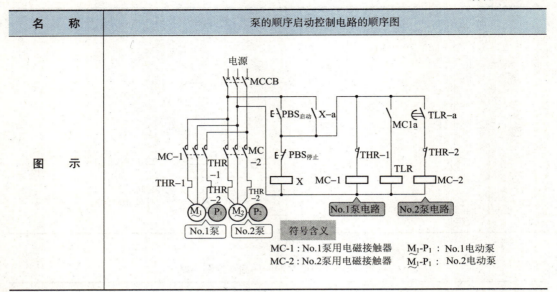